21世纪高等职业教育计算机系列规划教材

计算机应用基础
实训指导

杨 龙 丁 琦 主 编

王 玲 副主编

電子工業出版社

Publishing House of Electronics Industry

北京 • BEIJING

内 容 简 介

在基于工作过程的思想指导下，我们根据计算机在学习、生活中的工作场景及操作流程设计了各种操作案例，强调实践操作，突出应用技能的训练及基础知识的掌握，能很好地满足应用型高职高专的教学需要。

本书突破了传统的实验教程编写模式，围绕教学内容，以工作过程为导向的任务驱动方式精心安排了实验内容。第1章介绍计算机的简单操作及输入法练习；第2章介绍中文 Windows XP 基本操作；第3章介绍文字处理软件 Word 2003 的使用；第4章介绍电子表格 Excel 2003 的使用；第5章介绍 PowerPoint 2003 演示文稿的制作；第6章介绍计算机网络的实验。为了满足部分想参加全国计算机等级考试学生的需要，每章都配有相应的练习题，以巩固所学知识。

本书既可作为高等院校各专业计算机基础的实验教材，也可作为各类人员自学的参考书，还可供计算机等级考试人员参考。

图书在版编目（CIP）数据

计算机应用基础实训指导 / 杨龙，丁琦主编. 北京：电子工业出版社，2010.2
（21世纪高等职业教育计算机系列规划教材）
ISBN 978-7-121-10090-1

Ⅰ. 计… Ⅱ. ①杨…②丁… Ⅲ. 电子计算机－高等学校：技术学校－教学参考资料 Ⅳ. TP3

中国版本图书馆 CIP 数据核字（2009）第 232734 号

责任编辑：徐建军　特约编辑：方红琴
印　　刷：涿州市京南印刷厂
装　　订：涿州市桃园装订有限公司
出版发行：电子工业出版社
　　　　　北京市海淀区万寿路 173 信箱　邮编 100036
开　　本：787×1 092　1/16　印张：12.75　字数：323.2 千字
印　　次：2010 年 2 月第 1 次印刷
印　　数：4 000 册　　定价：22.00 元

凡所购买电子工业出版社图书有缺损问题，请向购买书店调换。若书店售缺，请与本社发行部联系，联系及邮购电话：（010）88254888。

质量投诉请发邮件至 zlts@phei.com.cn，盗版侵权举报请发邮件至 dbqq@phei.com.cn。

服务热线：（010）88258888。

前　言

在信息技术飞速发展的今天，计算机已成为人们工作和学习中使用的重要工具之一，作为21世纪的在校大学生，应该加强对计算机基础知识的了解和学习，熟悉计算机在各行业的应用及操作流程，熟知计算机的相关概念和知识，掌握计算机操作的基本技能。本书强调实践操作，突出应用技能的训练，让学生在训练过程中掌握实际工作所需的技能。此外，我们结合计算机等级考试的要求编写了练习题，帮助读者更好地理解与掌握计算机相关的概念及理论知识。

本书的目标是使读者掌握一定的计算机基础理论知识及实践操作能力。因此，本书在内容的安排上以培养基本应用技能为主线，通过大量的案例及丰富的图示来介绍计算机应用的相关知识，内容丰富，语言简练，通俗易懂。

读者使用本书时，要认真学习各章介绍的内容，通过书中对实例的解析来巩固所学的知识。同时，在学习的过程中要注意书中的实训要求和实训目的。在理解并掌握所学的知识后，独立完成每章后附的练习题，通过自我测试，找到自己学习中存在的薄弱环节。

本书由长期从事计算机教育的人员编写，主要用于对计算机应用基础技能的强化训练。全书共分 6 章，着重介绍计算机的实际应用和操作，内容涵盖了计算机初步操作、Windows XP、Word 2003、Excel 2003、PowerPoint 2003、计算机网络实验。本书的每个实验都与教学大纲的要求相对应，通过上机操作中的说明，把计算机基础知识与操作有机地结合在一起，不仅有益于快速地掌握计算机操作技能，而且也加深了对计算机基础知识的理解，从而达到巩固理论知识、强化操作技能的目的。实验中给出了详细的步骤，以满足初学者的要求。这些步骤仅供参考，读者不要受其束缚，完成实验的方法很多，关键是要抓住重点，开拓思路，提高分析问题、解决问题的能力。为此，我们在各章节后配有综合练习，帮助读者强化操作技能。

本书可作为高等院校计算机公共基础课程教材，也可作为参加计算机基础知识和应用能力等级考试一级考试人员的培训教材。要特别说明的是，为了让同学们能更有准备地参加全国计算机等级考试，本书还提供了全国计算机一级 B 考试精选的几套模拟考试题。

本书由杨龙、丁琦主编，王玲副主编，参加编写的人员有唐磊、丁科家、丁瑜、皮燕萍、甘萍、汪德宏、邓丽、胡俊开、袁素琴、欧阳彬生等，全书由杨龙审稿。

本书在编写过程中得到了各方面的大力支持，在此一并表示感谢。同时，由于编者水平有限和时间仓促，书中难免存在疏漏之处，欢迎广大读者批评指正。

编　者

目　录

第 1 章　计算机初步操作

实验一　微型计算机的硬件结构和软件配置

一、实验目的和要求

1．结合实验的机型，了解一台完整的微型计算机系统由哪些硬件系统和软件系统组成。

2．了解微机外部设备与主机的连接。

3．学会查看微型计算机的主要参数和性能指标。

二、实验内容与指导

1．微型计算机的硬件配置

（1）观察微机系统的基本硬件组成。微型计算机硬件的基本配置是主机箱、显示器、键盘、鼠标等，如图 1.1 所示。另外经常使用的还有打印机、数码相机、扫描仪等设备。

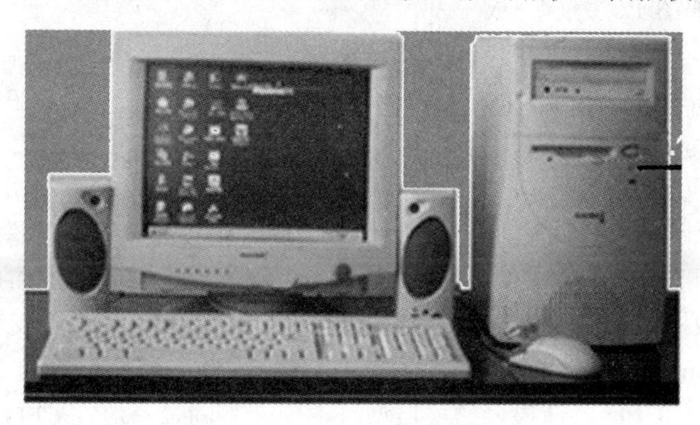

图 1.1　微型计算机示意图

微型计算机从结构上可以分为主机和外部设备两大部分。微型计算机主要功能部件集中在主机上。主机箱的外观虽然千差万别，但每台主机箱前面都有电源开关、电源指示灯、硬盘指示灯、复位键、光盘驱动器等。主机箱里面有中央处理器（简称 CPU）、主存储器、外存储器（硬盘存储器、光盘存储器等）、网络设备、接口部件、声卡、视频卡等配置。

（2）认识主机的内部结构和主要部件。在老师的指导或演示下打开一台主机，可以看见的硬件部件主要有以下几个。

① 主板。主板的英文名称叫做 Motherboard，也可以译做母板。从“母”字可以看出主板在计算机各个配件中的重要性。

主板是微机最重要的部件之一，是整个微机工作的基础，它也是微机中最大的一块高度集成的电路板，如图 1.2 所示。因此，主板不但是整个计算机系统平台的载体，还负担着系统中各种信息的交流。好的主板可以让电脑更稳定地发挥系统性能，反之，系统则会变得不稳定。

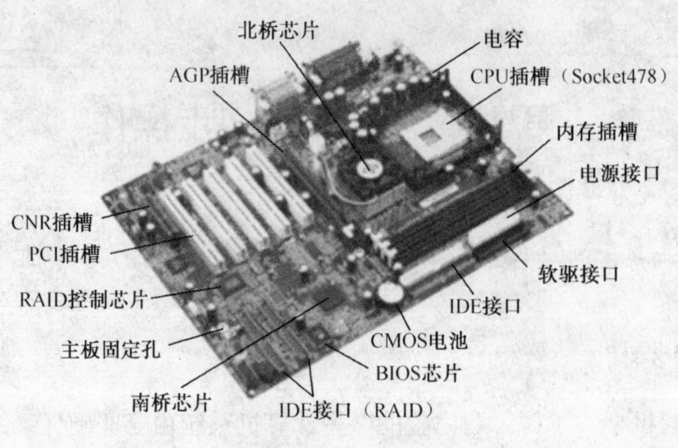

图 1.2　主板示意图

主板上主要包括 CPU、BIOS 芯片、内存条、控制芯片组、硬盘接口、光驱接口、软驱接口、AGP 显卡接口、若干个 USB 接口、并行接口、串行接口、PCI 局部接口、总线等，若声卡、显卡、网卡不是集成在主板上，则主板的插槽上还插有显卡、声卡、网卡等部件。

图 1.3　CPU 示意图

② CPU。在微机中，运算器和控制器被制作在同一个半导体芯片上，称为中央处理器（Central Processing Unit），简称为 CPU，又称为微处理器，如图 1.3 所示。

CPU 是计算机硬件系统中的核心部件，可以完成各种算术运算、逻辑运算和指令控制。衡量 CPU 有两项主要技术指标：一是 CPU 的字长；二是 CPU 的速度和主频。字长是指 CPU 在一次操作中能处理的最大的数据位数，它体现了一条指令所能处理数据的能力，目前 CPU 的字长已达到 64 位。速度和主频是指 CPU 执行指令的速度和时钟频率，系统的时钟频率越高，整个机器的工作速度就越快，CPU 的主频越高，机器的运算速度就越快。目前 CPU 的主频已达到 2.5GHz 以上。

由于 CPU 在微机中起到关键作用，人们往往将 CPU 的型号作为衡量和购买机器的标准，通常用 586、Pentium 等处理器作为机器的代名词。

CPU 的插槽根据 CPU 厂商提供的接口型号不同而不同。一般在 CPU 旁边安装一个风扇，用于 CPU 的散热。

③ 内存条。微机的存储器分为内部存储器和外部存储器，内存是微机的重要部件之一，它是存储程序和数据的装置，一般是由记忆元件和电子线路组成。微机内存一般采用半导体存储器，内存由随机存储器（RAM）、只读存储器（ROM）和高速缓冲存储器（Cache）三部分组成。

随机存储器的特点是 CPU 可以随时进行读出和写入数据，关机后 RAM 中的数据将自动消失，且不可恢复。

只读存储器的特点是 CPU 只能读出而不能写入数据，断电后 ROM 的信息不会消失。因此，ROM 一般用于存放计算机的系统管理程序。在主板上装有 BIOS 芯片（Basic Input Output System），BIOS 即基本的输入输出系统，它保存了计算机系统中重要的输入输出程序、系统设置信息、开机自检和系统启动自举程序、CPU 参数调整、即插即用（PnP）、系统控制和电源控制等功能程序，BIOS 芯片的功能越来越大，有许多主板还可以不定期地对 BIOS 进行升级。BIOS 芯片也是 CIH 病毒攻击的对象。

高速缓冲存储器（Cache）是介于 CPU 与内存之间的一种高速存取信息的存储器，用于解决 CPU 与内存之间的速度匹配问题，它的速度高于 RAM 而又低于 CPU，CPU 在读写程序和数据时先访问 Cache，当 Cache 中无所需要的程序和数据时再访问 RAM，从而提高了 CPU 的工作效率。

目前微机广泛采用动态随机存储器 DRAM 作为主存，它的成本低、功耗低、集成度高，采用的电容器刷新周期与系统时钟同步，使 RAM 和 CPU 以相同的速度同步工作，缩减了数据的存取时间。

微机的内存条一般由动态随机存储器 DRAM 制作，内存条的容量有 32MB、64MB、128MB、256MB、512MB、1GB 等不同的规格。

④ 外存。外存是指硬盘、光盘、软盘、U 盘、移动硬盘等外部存储器。主板上的硬盘接口、光驱接口和软驱接口都与相应的外部设备相连，外存的特点是用于保存暂时不用的程序和数据。另外，外存的容量大，可以长期保存和备份程序与数据，而且停电之后其中的数据也不会消失，便于移动。

⑤ 总线接口。总线是微机中传输信息的公共通道。在机器内部，各部件都是通过总线传递数据和控制信号。

总线可分为内部总线和系统总线，内部总线又称为片总线，是同一部件（如 CPU 的控制器、运算器和各寄存器之间）内部的连接总线；系统总线是同一台计算机的各部件之间的相互连接总线。系统总线分为数据总线、地址总线和控制总线。其中，数据总线用于传输 CPU、内存、I/O 接口之间的数据，地址总线用于传输存储单元或 I/O 接口之间的地址，控制总线用于传输各种控制信号。

2．微型计算机需要安装的常用基本软件

当购置了微机和使用微机时，首先应该安装基本的常用软件才能更方便地使用计算机，只有配置了相应的软件，才能更好地发挥计算机的作用。

软件是指在计算机上运行的各种程序。计算机的软件分为两类：一类是系统软件，另一类是应用软件。系统软件是指控制计算机运行、管理计算机各种资源、为应用软件提供支持和服务的软件。应用软件是为了解决各类实际问题而开发的程序系统，一般应用软件需要在系统软件支持下才能运行。使用计算机时通常安装下列软件。

（1）首先必须安装操作系统，只有安装了操作系统之后才能使用计算机。常用的操作系统有 Windows、UNIX、Linux、Novell Netware 等。

（2）安装实用程序。实用程序可以完成一些与计算机系统资源及文件有关的任务，如安装杀毒软件、解压缩软件、音视频软件等。

（3）语言处理软件。语言处理软件是程序设计的重要工具，我们可使用语言处理软件编写程序，实现特定的功能。面向过程的语言主要有 C 语言、Pascal 语言等；面向对象的语言主要有 C++语言、Java 语言等。

（4）数据库管理系统。数据库管理系统是解决数据处理问题的软件，如用于人事档案管理、财务管理、学籍管理、图书管理等，其中常用的软件有 Access、Visual FoxPro、SQL Server、Oracle 等。

（5）办公软件。办公软件包括文字处理软件、电子表格软件、演示文稿制作软件、网页制作软件等。目前常用的办公软件有 Microsoft Office 2003 等。

（6）工程图形图像制作软件。工程图形图像制作软件主要用于建筑设计、广告设计、电路设计、图形图像制作，包括 AutoCAD、CorelDraw、PhotoShop 等。

（7）多媒体制作软件。多媒体制作软件用于多媒体教学、广告设计、影视制作、游戏设计和虚拟现实等方面的多媒体制作，如 ToolBook、Director、Authorware 等。

3．查看微机的主要参数和性能指标

微机在使用时，可以在操作系统环境下查看微机安装的是什么操作系统、安装的主要硬件设备及其性能指标。

（1）首先启动 Windows XP 操作系统，使用系统工具了解硬件的配置。在 Windows XP 的桌面下方，选择“开始”按钮，在“设置”选项中，选择“控制面板”，弹出控制面板窗口，如图 1.4 所示。

（2）在控制面板的窗口中，双击“系统”，弹出“系统属性”对话框，如图 1.5 所示。

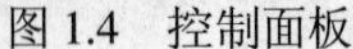

图 1.4　控制面板　　　　图 1.5　“系统属性”对话框

从“系统属性”对话框中可以了解到系统软硬件的具体配置。图 1.5 表明该微机安装的操作系统的版本是 Microsoft Windows XP Professional 版本 2002，系统补丁为 Service Pack 2；计算机的硬件配置为 CPU Intel Pentium 4，主频 3.06GHz，内存 512MB。

实验二　开、关机操作和键盘操作练习

一、实验目的和要求

1．熟悉微机可以采用哪几种方法进行启动，了解计算机启动后应该注意的问题。

2．了解键盘上各功能键的功能，能熟练地操作键盘和鼠标。

二、实验内容与指导

1．计算机的启动方法

计算机的启动方式分为冷启动和热启动，冷启动是通过加电来启动计算机的过程；热启动是指计算机的电源已经打开，在计算机的运行过程中，重新启动计算机的过程。

（1）冷启动。冷启动是指当计算机未通电时的启动方式。其操作步骤是：先打开显示器电源开关，然后按下主机电源开关。

（2）热启动。热启动是指计算机已经开机，并进入 Windows 操作系统后，由于增加新的硬件设备和软件程序或修改系统参数后，系统需要重新启动。当发生软件故障或病毒感染使得计算机不接受任何指令等故障时，也需要热启动计算机。热启动的步骤是：单击桌面上的“开始”按钮，执行“关闭计算机”菜单命令，在弹出的对话框中单击“重新启动”按钮。

（3）复位方式。在计算机使用过程中，由于用户操作不当、软件故障或病毒感染等多种原因，造成计算机“死机”或“计算机死锁”等故障时，可以用系统复位方式来重新启动计算机，即按机箱面板上的复位键（即 Reset 按钮）。如果系统复位还不能启动计算机，再用冷启动的方式启动。

（4）使用计算机时应该注意的问题。计算机开机后各种设备不要随意搬动，不要插拔各种接口卡，不要连接和断开主机和外部设备之间的电缆。这些操作都应该在断电情况下进行。

2．计算机的关闭方法

关机过程就是给计算机断电的过程，这一过程正好和开机过程相反，对关机过程的要求是：先关主机，再关显示器。

关机步骤是：首先把所有打开的任务都关闭；单击“开始”菜单，执行“关闭计算机”命令，再单击“关闭”按钮，即可关机。如果系统不能自动关闭时，可选择强行关机，其方法是按下主机电源开关不放手，持续 5 秒钟，即可强行关闭主机，最后再关闭显示器电源。

3．鼠标的操作方法

目前，鼠标是 Windows 环境下的一个主要的输入设备，常用的鼠标有机械式和光电式两种。鼠标的基本操作有单击、双击、移动、拖动及与键盘组合使用等。

（1）单击：即快速按下鼠标键。单击可分为单击左键和单击右键两种，单击左键是选定鼠标指针指向的内容，单击右键是打开鼠标指针所指内容的快捷菜单。一般情况下若未特殊指明，单击操作均指单击左键。

（2）双击：即快速单击鼠标左键两次。双击左键的操作过程首先选定鼠标指针下面的项目，然后再执行一个默认的操作，双击与单击左键，然后再按回车键的作用是相同的。若双击左键之后没有反应，说明两次单击的速度不够快。

（3）移动：即不按鼠标的任何键移动鼠标，此时屏幕上鼠标指针相应移动。

（4）拖动：即鼠标指针指向某一对象或者某一点时，按下鼠标左键不放开，移动鼠标到目的地时再放开鼠标左键，鼠标左键所指向的对象即被移动到一个新的地方。

（5）与键盘组合使用：有些功能仅仅使用鼠标不能完全实现，需要与键盘上的某些组合键一起使用。如与 Ctrl 键组合可选定不连续的多个文件；与 Shift 键组合则可选定单击的两个文件所形成的矩形区域之间的所有文件。

4．键盘的基本操作

键盘作为计算机的标准输入设备，要求每个操作计算机的人都应该熟练使用，并掌握准确的操作方法。

（1）键盘布局。键盘分为主键盘区、功能键区、编辑键区、数字键区和其他功能键区。

① 主键盘区是键盘中的主体部分，主键盘区共有 71 个键位，其中包括 26 个字母键、10 个数字键、21 个符号键和 14 个控制键，用于输入数字、文字、符号等。

② 功能键区是键盘最上面的一排键位，其中包括取消键 Esc、特殊功能键 F1～F12、屏幕打印键 PrintScreen、滚动锁定键 ScrollLock、暂停键 Break。

③ 编辑键区位于主键盘区的右侧，主要是对光标进行移动操作。

④ 数字键区位于编辑键区的右侧，主要用于输入数字以及加、减、乘、除等运算符号。数字键适合于处理大量数字的人员，如银行职员、各个大型超市的收银员等。

⑤ 在数字键区上方还有数字键盘的锁定灯 NumLock、大写字母锁定灯 CapsLock 和滚屏锁定灯 ScrollLock 三个状态指示灯区。

（2）常用键的作用。键盘常用键的作用如表 1.1 所示。

表 1.1 键盘常用键的作用

按 键	名 称	作 用
Space	空格键	按一下输入一个空格
Backspace	退格键	删除光标左边的字符
Shift	换档键	同时按下 Shift 和具有上下档字符的键，输入上档符
Ctrl	控制键	与其他键组合成特殊的控制键
Alt	控制键	与其他键组合成特殊的控制键
Tab	制表定位	按一次，光标向右跳 8 个字符位置
CapsLock	大小写转换键	CapsLock 灯亮为大写状态，否则为小写状态
Enter	回车键	命令确认，光标移到下一行
Ins（Insert）	插入覆盖转换	插入状态是在光标左边插入字符，否则覆盖当前字符
Del（Delete）	删除键	删除光标右边的字符
PageUp	向上翻页键	光标定位到上一页
PageDown	向下翻页键	光标定位到下一页
NumLock	数字锁定转换	NumLock 灯亮时小键盘数字键起作用，否则为光标定位键起作用
Esc	强行退出	可废除当前命令行的输入，等待新命令的输入，或中断当前正在执行的程序

5. 打字的准确姿势和方法

（1）手指的键位分工。双手在键盘中各个键位上的分工，遵循各执其政、分工明确和互不干扰的原则。在准备操作键盘时，首先应该将双手放在基准键位上，基准键位包括 A、S、D、F、J、K、L 和 ; 8 个键，在 F 和 J 键位上各有一个突起的小横杠，便于找到基准键位。

（2）正确的打字姿势。平坐在椅子上，腰背要挺直，身体稍微向前倾斜，两脚自然地平放在地上。使用高度适当的工作台和椅子，便于手指操作。眼睛与显示器的距离一般为 30cm 左右。两肘轻贴身体两侧，手指轻放在基准键位上，手腕悬空平直。将文稿放在键盘的左侧，键盘稍向左放置，眼睛要看稿子，不要盯着键盘。身体其他部位不要接触工作台和键盘。

（3）正确的击键方法。击键而不是按键，击键时，力量要适中。手指的全部动作只限于手指部分，手腕要平直，手臂不动。手腕至手指呈弧状，指头的第一关节与键面垂直。击键时以指尖垂直向键位瞬间爆发冲击力，并立即由反弹力返回。击键要迅速果断，不能拖拉犹豫。操作时要稳、准、快。击键用力部位是指关节，不要手腕用力，可以把指力和腕力结合使用。

三、综合练习

1. 微机的硬件系统由哪几部分组成？
2. 键盘布局可分几部分？
3. 正确操作键盘应注意哪些问题？

实验三　英文指法练习

一、实验目的和要求

1．了解键盘输入的正确姿势。

2．了解键盘分区及键位分布。

3．进一步掌握并熟悉计算机的键盘操作。

4．初步了解键盘打字的标准指法。

二、实验内容与指导

1．键盘输入的基础知识

（1）键盘输入的要求。击键时腰背挺直，双肩放松，手腕平直不可上下弯曲，更不能将手腕放在键盘上。双手按基准键位时要求将手指自然弯曲地轻放在键位上，击键时通过手指关节活动的力量叩向键位。每次击键完成后，手指始终都要保持在基准键位上，以便下一次击键。

（2）基准键位。A、S、D、F、J、K、L 和 ; 这 8 个键称为基准键位。其中，F、J 键称为定位键（键帽上有一小横杠），其作用是定位左右食指，这样其余三指依次放下就能找到基准键位。基准键位的手指分工如图 1.6 所示。

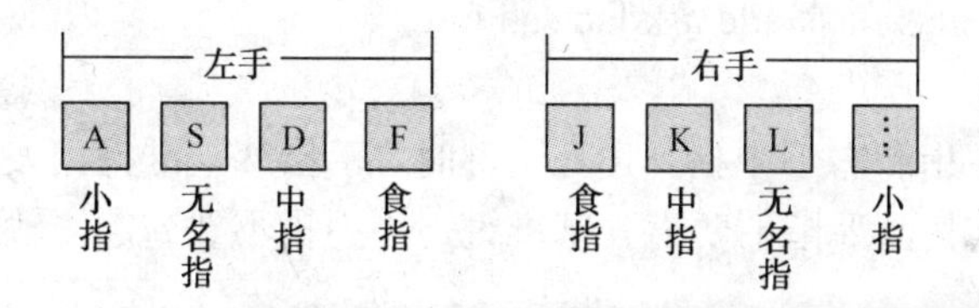

图 1.6　基准键位分布

（3）字母键指法分区。字母键指法分区如图 1.7 所示。凡两斜线范围内的字母键，都必须由规定的手指管理，这样既便于操作，又便于记忆。

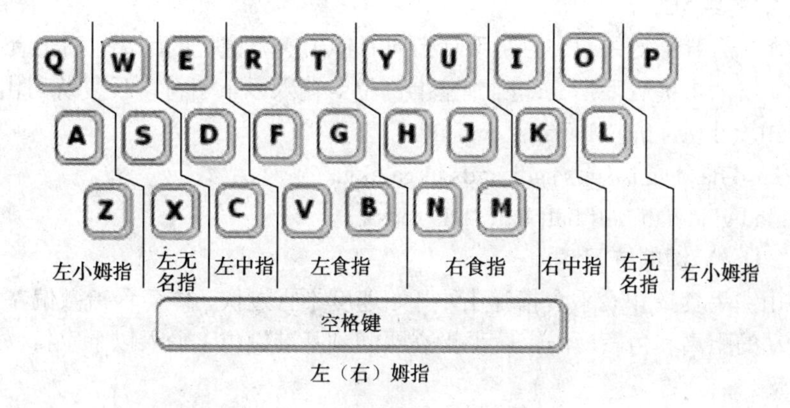

图 1.7　指法分区示意图

其中：

左小拇指负责击打的键为：1 Q A Z Shift

左无名指负责击打的键为：2 W S X

左中指负责击打的键为：3 E D C

左食指负责击打的键为：4 R F V

5 T G B

右食指负责击打的键为：6 Y H N

7 U J M

右中指负责击打的键为：8 I K ,

右无名指负责击打的键为：9 O L .

右小拇指负责击打的键为：0 P ; / Shift Enter

两个大拇指负责击打空格键。

8 个基准键位与手指的对应关系，必须牢牢记住。在基准键位的基础上，其他字母、数字、符号采用与 8 个基准键位相对应的位置来记忆。以下的操作可在“记事本”程序中进行，在 Windows XP 中依次单击“开始”→“程序”→“附件”→“记事本”，即可进入“记事本”程序。

2．基准键的练习

基准键也叫原位键，是打字时手指应保持的固定位置，击打其他键都是以基准键来定位的。在进行击键练习时，手指击键后仍放在原位字母键上。输入以下字符，反复练习击打基准键。

add add add add all all all all dad dad dad dad

ask ask ask ask sad sad sad sad fall fall fall fall

add all dad ask fall alas flask add ask lad sad fall

3．I、E 键的练习

这两个键由左手中指和右手中指弹击。击键时，手指从基准键出发，击完后手指立即回到基准键位上。同时注意其他手指不要离开基准键，小拇指不要翘起。输入以下字符，反复练习击打 I、E 键。

fed fed fed fed eik eik eik eik lid lid lid lid

desk desk desk desk jade jade jade jade less less

said said said said leaf leaf leaf leaf fade fade

4．G、H 键的练习

这两个键在 8 个基准键中央，由左手食指向右伸出一个键位的距离、右手食指向左伸出一个键位的距离叩击，击键后手指立即回到基准键位。输入以下字符，反复练习击打 G、H 键。

gall gall gall gall fhss fhss fhss fhss fhgl fhgl

hasd hasd hasd hasd sgds sgds sgds sgds hkga hkga

glad glad glad glad half half half half shds shds

5．R、T、U、Y 键的练习

这 4 个键由左手食指和右手食指弹击，开始速度不宜过快，体会食指微偏左向前伸和微偏右向前伸所移动的距离和角度，击完后手指立即回到基准键位。输入以下字符，反复练习击打 R、T、U、Y 键。

gart gart gart gart fuss fuss fuss fuss furl furl

hard hard hard hard suds suds suds suds lurk lurk

rual rual rual rual adult adult adult adult altar

6．W、Q、O、P 键的练习

这 4 个键由左手及右手的无名指、小拇指弹击，通常小拇指击键准确度差，应反复练习小拇指击键和回位的动作。输入以下字符，反复练习击打 W、Q、O、P 键。

ford ford ford ford blow blow blow blow spqg spqg

cout cout cout cout swle swle swle swle quest quest

ough ough ough ough toward toward toward toward

7．V、B、M、N 键的练习

这 4 个键由左右手的食指弹击，注意体会食指移动的距离和角度，击完后手指立即回到基准键。输入以下字符，反复练习击打 V、B、M、N 键。

vest vest vest vest time time time time alms alms

verb verb verb verb mine mine mine mine value value

8．C、X、Z 键的练习

用左手中指、无名指、小拇指分别弹击 C、X、Y 键，手指向手心方向微偏右屈伸，击完后手指立即回到基准键。输入以下字符，反复练习 C、X、Y 键的操作。

rich rich rich rich text text text text xrox xrox

quch quch quch quch xfar xfar xfar xfar zbet zbet

exec exec exec exec frenzy frenzy frenzy frenzy

9．主键盘区数字键的练习

数字键离基准键较远，弹击时必须遵守以基准键为中心的原则，依靠左右手的敏锐度和准确的键位感来衡量数字键与基准键的距离和方位。

弹击 1 键时，左手小拇指向上偏左移动，越过 Q 键；依照前一动作，用左手无名指弹击 2 键，用左手中指弹击 3 键；弹击 4 键时，左手食指向上偏左移动，越过 R 键；弹击 5 键时，左手食指向上偏右移动。

弹击 6 键时，右手食指大幅度向左上方伸展；弹击 7 键时，右手食指向上偏左移动，越过 U 键；弹击 8 键时，右手中指向上偏左移动，越过 I 键；依照前一动作，用右手无名指弹击 9 键，用右手小拇指弹击 0 键。

输入以下字符，反复练习击打数字键。

1234 3456 2398 9807 6436 12.4 3.56 87.9 34.9 5.78

a12 ab3 s2d 345 123 789 907 1ST 2ND 3RD 4TH 5TH

JANUARY 15 1994 May 5 1994 BUS NO.6 ROOM 567

10．常用键和符号键的练习

（1）空格键。空格键在键盘的最下方，用大拇指控制。击键的方法是右手从基准键位垂直上抬 1～2cm，大拇指横着向下击空格键，击键完毕立即缩回。

（2）回车键。回车键在键盘上用 Enter 来表示，它应该由右手的小拇指来控制。击键方法是抬右手，伸小拇指弹击回车键，击键完毕立即回到基准键位。

（3）Shift 键。Shift 键的作用是用于控制换档。在键盘上，如果一个键位上有两个字符，当需要输入上档字符时就必须先按住 Shift 键，再弹击上档字符所在的键。

Shift 键是由小拇指控制的。为了便于操作，键盘的左右两端均设有一个 Shift 键。如果待输入的字符是由左手控制的，那么事先必须用右手的小拇指按住 Shift 键，再用左手的相应指头弹击上档字符键；如果待输入的字符是右手控制的字键，那么事先必须用左手的小拇指按住

Shift 键，再用右手相应的指头弹击上档字符键。即先 Shift 键后上档字符键。

（4）符号键。键盘上还有其他一些字符，如“＋”、“－”、“*”、“/”、“(”、“)”、“#”、“!”、“@”、“？”、“&”、“：”、“$”、“%”等。这些字符的输入也必须按照它们各自的指法分区，用相应的手指按规则输入。只要熟悉了 Shift 键的击键原则和方法，这些字符的输入是不难体会和掌握的。输入以下字符，反复练习击打符号键。

＋＋＋＋＋*****－－－－－（）（）（）（）（）#####

!!!!! $$$$$&&&&&?????

三、综合练习

打开 Windows 提供的“记事本”程序，然后输入下面的文字。

Lives given up to save miners

BEIJING, Nov. 23——When Wang Jiguo first noticed a sudden rise in gas levels in the Xinxing Coal Mine, he shouted to more than 500 colleagues underground to get out right away.

Soon afterward, a blast rocked the site and shook the surrounding area in Hegang, Heilongjiang province.

“We were around the gate when it blew. All we heard was a big bang,” said 48-year-old Fu Maofeng, who has worked at the mine for three decades.

“Before we knew it, a heat wave hit us and knocked me right out. Pieces of brick and stone were thrown all over the place.”

Mine safety worker Wang, 35, had managed to save many of his colleagues and is now in a coma in hospital.

Officials say 420 of the 528 miners working underground at the time escaped the blast.

At least 92 were killed.

The force of the blast could be felt as far as 10 km away.

In the wake of the blast, Heilongjiang Governor Li Zhanshu said the province would encourage larger mines to merge with small local collieries.

“Development is the top priority, but gross domestic product cannot be traded with the lives and blood of employees,” Li said.

“We cannot pursue GDP with blood.”

Tales of grit and valor have spread around hospitals as more than 500 rescuers raced against time to save the 16 people still trapped underground and feared dead.

Authorities at the mine also confirmed late yesterday afternoon that Geng Yi, a divisional leader and Liu Zhongyu, a deputy captain, died trying to save more lives. No more personal details of the duo were given.

The mine conducts monthly to bimonthly fire and flood emergency drills, safety officer Fan Minghua told China Daily, adding that he heard two separate explosions at the mine on Saturday.

Xinxing, a State-owned mine, has “never reported any incidents before”, according to Wang Chaojun, who has been with the colliery for 33 years.

“I heard a bang outside my office. I first thought it was a knock on the door,” said Wang, 50.

“When I walked out the door, I found nobody was there. I soon realized something must be wrong.”

His son, Wang Xingang, was working underground. The senior Wang called him numerous times, but there was no answer.

“I suddenly couldn’t feel my legs,” the senior carpenter recalled. “He’s the only son I’ve got.”

Fortunately, the junior Wang, an electrician, managed to grope his way out of the smoke after the explosion. He is now receiving treatment in hospital.

A total of 29 miners were hospitalized, including six with serious injuries, according to Xinhua News Agency. Around 800 medical staff joined rescue operations.

The Xinxing mine is owned and operated by the Heilongjiang Longmei Mining Holding Group. Unlike most small and medium collieries, where accidents typically occur, Xinxing produces 12 million tons of coal a year.

The blast took place during a five-day provincial inspection on work safety conditions in Hegang, local media reported.

Zhang Rongji, deputy work chief of Heilongjiang, and five other inspectors arrived in the city three days prior to the explosion. Local leaders promised to "ensure sustainable, steady work safety conditions" for the remainder of the year.

（Source: China Daily）

实验四　汉字输入练习

一、实验目的和要求

1．掌握汉字输入法的安装与删除方法。

2．掌握汉字输入法的设置与切换方法。

3．熟悉中文输入的几种方法，并能熟练使用五笔字型输入法进行中文输入。

二、实验内容与指导

1．汉字输入法的安装、删除与设置

Windows 系统提供了多种中文输入法，包括区位、全拼、双拼、智能 ABC、微软拼音、郑码、表形码以及五笔字型输入法。可以在系统安装时预装这些输入法，也可以根据需要安装或删除某种输入法。

（1）添加新的输入法。可以利用控制面板中的“区域和语言选项”来添加新的输入法。

具体方法：在控制面板中双击“区域和语言选项”图标，在弹出的“区域和语言选项”对话框中选择“语言”标签，在窗口中单击“详细信息”按钮，打开“文字服务和输入语言”对话框，如图 1.8 所示。选择“设置”选项卡，单击“添加”按钮，出现“添加输入法”对话框，单击“输入法”右边的下拉按钮，选择需要添加的输入法后，单击“确定”按钮即可。

有些输入法可以直接从软件开发者提供的安装程序进行安装，安装后直接可以使用，不需要从控制面板中进行添加。

（2）删除输入法。在图 1.8 所示的“文字服务和输入语言”对话框中，在“已安装的服务”下拉列表框中选择要删除的输入法，单击右边的“删除”按钮，再单击“确定”按钮退出“文字服务和输入语言”对话框，即将该输入法删除。

（3）设置输入法热键。要为某种输入法设置热键，可在图 1.8 所示的“文字服务和输入语言”对话框中单击“键设置”按钮，在打开的“高级键设置”对话框（见图 1.9）中选择“切换至中文-微软拼音输入法”，再单击“更改按键顺序”按钮，打开图 1.10 所示的对话框，按图中所示进行设置后单击“确定”按钮返回。这样，左手 Alt＋Shift＋0 组合键将成为快速切换到微软拼音输入法的热键。

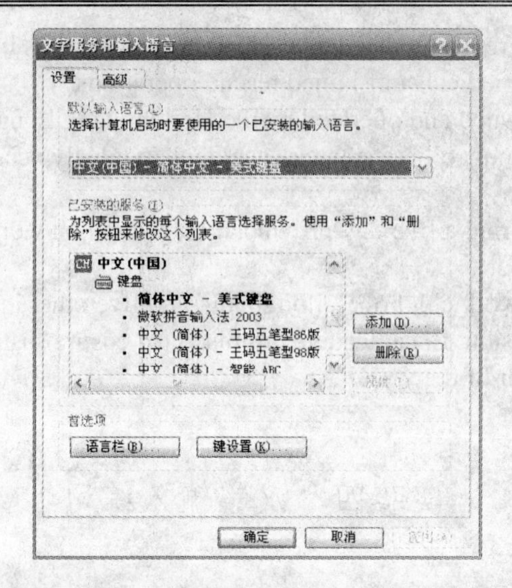

图 1.8　“文字服务和输入语言”对话框

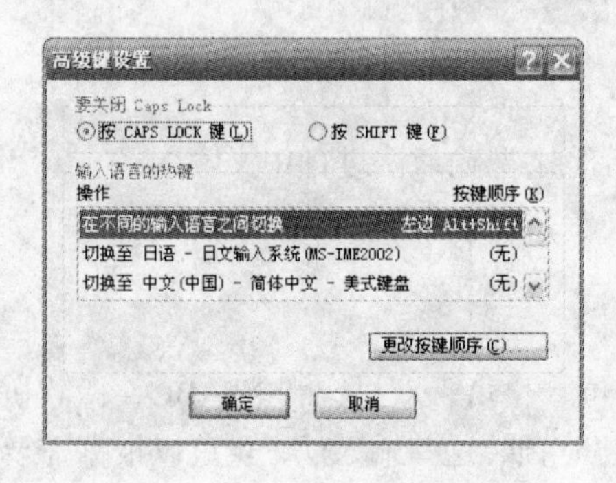

图 1.9　“高级键设置”对话框

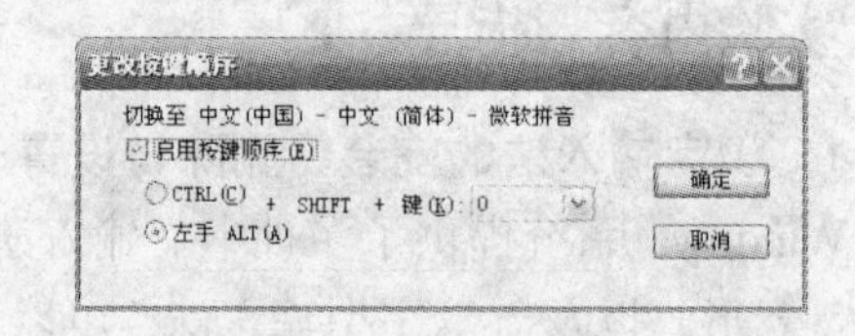

图 1.10　“更改按键顺序”对话框

（4）汉字输入法的切换。

① 使用鼠标切换到“智能 ABC”汉字输入法，然后切换到英文输入状态。单击任务栏上的“输入法指示器”，出现输入法选择菜单，如图 1.11 所示。

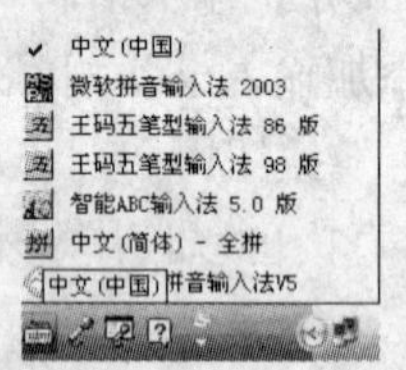

图 1.11　输入法选择菜单

单击“智能 ABC 输入法”，则切换到该输入法，同时，语言指示器上的图标变为相应的图标，旁边也出现该输入法控制图标，若在文本输入状态，左侧还会出现输入法状态条。单击任务栏右边的语言指示器，出现输入法选择菜单。此时单击“中文（中国）”时，则切换回英文输入法状态。

② 中文输入法状态下的英文输入。打开“记事本”程序，切换到“智能 ABC 输入法”状态。单击“输入法状态条”最左边的中英文输入切换图标或者 Shift 键，使其变为“A”图标，则可直接输入英文字符，此时按 Shift＋字母键，可进行大小写字母切换输入。

③ 全角方式、半角方式输入。打开“记事本”程序，切换到“智能 ABC 输入法”状态。单击“全角与半角输入切换”图标，使其变为大黑点，输入：ABCDabcd，再单击“全角与半角输入切换”图标，使其变为半月形，输入：ABCDabcd，观察它们之间的区别。

2．五笔字型输入法的介绍

五笔字型汉字输入法是王永民教授发明的一种目前使用最广泛、装机机种最多、在国内外影响最大的汉字输入方法。这种输入方法的汉字编码属于字形码，最大的优点是不受汉字读音和识字量的限制，重码率低，便于盲打，输入速度较快，是汉字输入法中最理想的一种。

（1）汉字的基本笔画。一般从书写形态上认为汉字的笔形有：点、横、竖、撇、捺、挑（提）、钩、折（左右）八种。在五笔字型输入法中，对笔画的分类只考虑其运笔方向，而不计其轻重长短，故将汉字的笔画只归结为横、竖、撇、捺（点）、折五种。把“点”归结为“捺”类，是因为两者运笔方向基本一致；把挑（提）归结于“横”类；除竖能代替左钩以外，其他带转折的笔画都归结为“折”类。

（2）笔画的书写顺序。在书写汉字时，应该按照如下规则：先左后右，先上后下，先横后竖，先撇后捺，先内后外，先中间后两边，先进门后关门等。

（3）汉字的部件结构。在五笔字型编码输入方案中，选取了大约 130 个部件作为组字的基本单元，并把这些部件称为基本字根。众多的汉字全部由它们组合而成，如明字由日、月组成，吕字是由两个口组成。在这些基本字根中有些字根本身就是一个完整的汉字，如，日、月、人、火、手等。

（4）汉字的部位结构。基本字根按一定的方式组成汉字，在组字时这些字根之间的位置关系就是汉字的部位结构。

① 单体结构。由基本字根独立组成的汉字，例如：目、日、口、田、山等。

② 左右结构。由左右两部分或左中右三部分构成，例如：朋、引、彻、喉等。

③ 上下结构。由上下两部分或自上往下几部分构成，例如：吕、旦、党、意等。

④ 内外结构。由内外部分构成，例如：国、向、句、匠、达、库、厕、问等。

（5）汉字的字型信息。在五笔字型输入法中，为获取的字型信息，把汉字信息分成三类。

① 1 型。左右部位结构的汉字，例如：肚、拥、咽、枫等。虽然“枫”的右边是两个基本字根按内外型组合成的，但整个字仍属于左右型。

② 2 型。部位结构是上下型的字，例如：字、节、看、意、想、花等。

③ 3 型。也被称为杂合型，包括部位结构的单字和内外型的汉字，即没有明显的上下和左右结构的汉字。

在向计算机输入汉字时，只告诉计算机该字是由哪几个字根组成的，往往还不够，例如：“叭”和“只”字，都是由“口”和“八”两个字根组成的，为了区别究竟是哪一个字还必须把字型信息告诉计算机。

3. 五笔编码输入法的使用

（1）五笔的字根及排列。在五笔字型编码输入法中，选取了组字能力强、出现次数多的 130 个左右的部件作为基本字根，其余所有的字，包括那些虽然也能作为字根，但是在五笔字型中没有被选为基本字根的部件，在输入时都要拆分成基本字根的组合。

对选出的 130 多种基本字根，按照其起笔笔画，分成五个区。以横起笔的为第一区，以竖起笔的为第二区，以撇起笔的为第三区，以捺（点）起笔的为第四区，以折起笔的为第五区，如图 1.12 所示。

每一区内的基本字根又分成五个位置，也以 1、2、3、4、5 表示。这样 130 多个基本字根就被分成了 25 类，每类平均 5～6 个基本字根。这 25 类基本字根安排在除 Z 键以外的 A～Y 的 25 个英文字母键上。五笔字型字根总表以及五笔字型键盘字根排列如图 1.13 所示。

在同一个键位上的几个基本字根中，选择一个具有代表性的字根，称为键名。图 1.13 中键位左上角的字根就是键名。

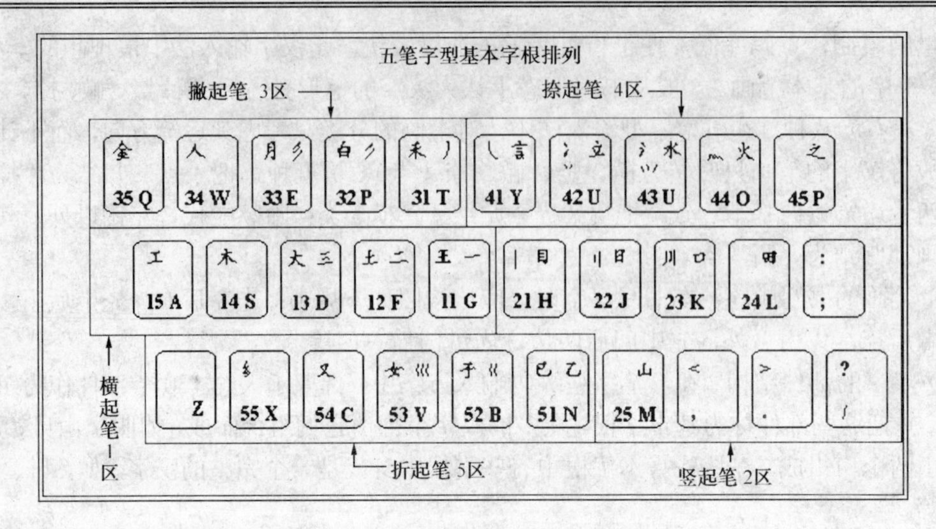

图 1.12　五笔字型基本字根排列表图

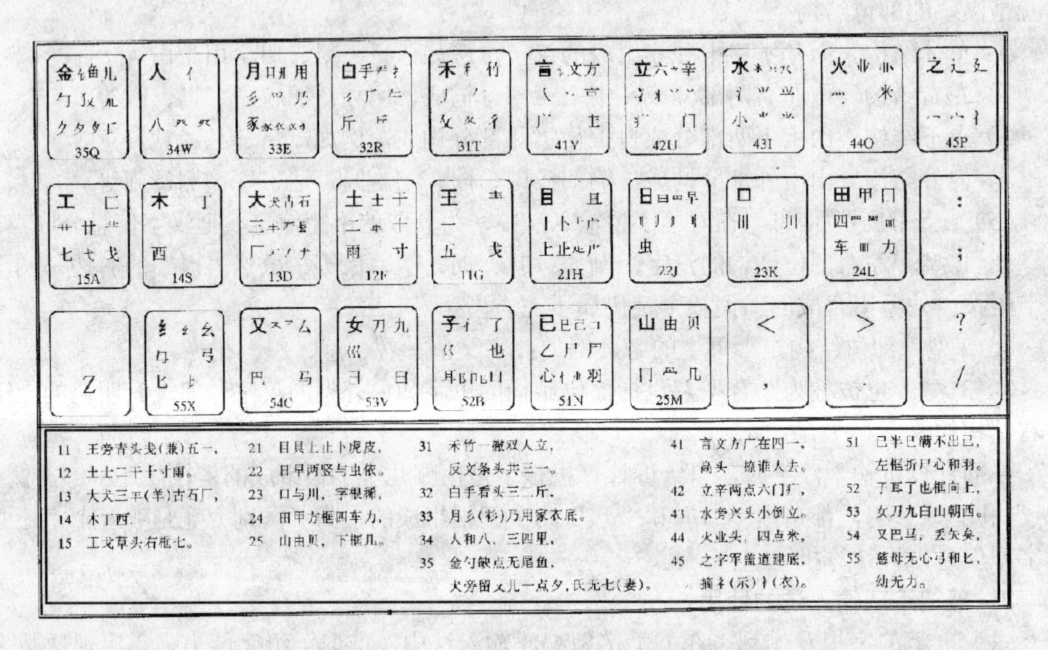

图 1.13　五笔字型键盘字根总图

（2）五笔输入的编码规则。精心地选择基本字根，由基本字根组成的所有汉字，然后有效地、科学地、严格地在目前计算机的输入键盘上实现汉字输入，这是输入法的基本思想。五笔字型输入法一般击四键完成一个汉字的输入，编码规则总表如图 1.14 所示。

① 基本字根编码。这类汉字直接标在字根键盘上，其中包括键名汉字和一般成字字根汉字两种。

键名汉字指：王、土、大、木、工、目、日、口、田、山、言、立、水、火、之、禾、白、月、人、金、已、子、女、又、纟，共 25 个。键名汉字采用将该键连敲四次的方法输入。

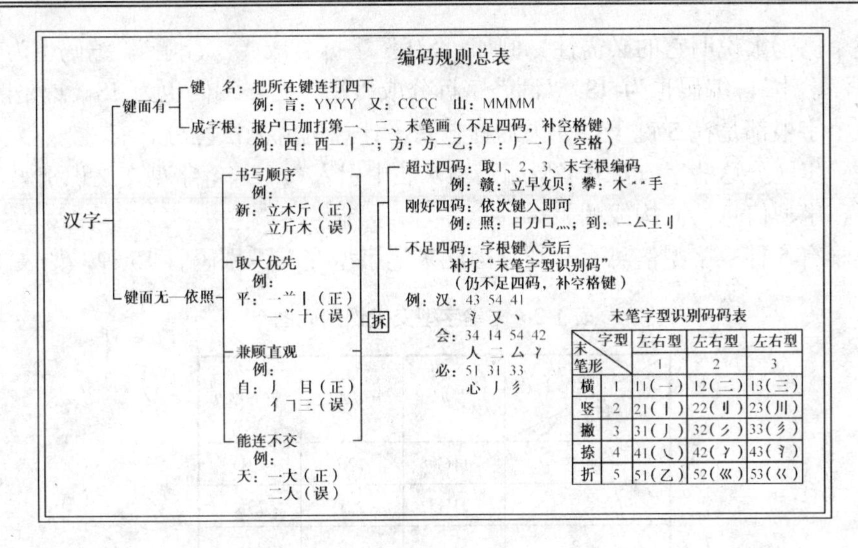

末笔形 \ 字型		左右型 1	左右型 2	左右型 3
横	1	11(一)	12(二)	13(三)
竖	2	21(丨)	22(刂)	23(川)
撇	3	31(丿)	32(彡)	33(彡)
捺	4	41(㇏)	42(冫)	43(氵)
折	5	51(乙)	52(巛)	53(巜)

图 1.14　五笔字型编码规则总表图

一般成字字根的汉字输入采用先敲字根所在键一次（称为挂号或报户口），然后再敲该字字根的第一、第二以及最末一个单笔按键。例如：石，第一键为“石”字根所在的 D，第二键为首笔“横”G 键，第三键为次笔“撇”T 键，第四键为末笔“横”G 键。但对于用单笔画构成的字，第一、二键是相同的，同时规定后面增加两个英文 LL 键。如“一”、“丨”、“丿”、“、”、“乙”等的单独编码分别为：GGLL、HHLL、TTLL、YYLL、NNLL。

② 复合汉字编码。凡是由基本字根（包括笔型字根）组合而成的汉字，都必须拆分成基本字根的一维数列，然后再依次输入计算机。例如：“新”字要拆分成：立、木、斤；“灭”要拆分成：一、火；“未”拆分成：二、小等。拆分要有一定的规则，才能最大限度地保持其唯一性。拆分的基本规则有以下几方面。

a．按书写顺序。例如：“新”字要拆分成：立、木、斤，而不能拆分成立、斤、木；“想”拆分成木、目、心，而不是木、心、目等，以保证字根序列的顺序性。

b．能散不连，能连不交。例如：“于”字拆分为一、十，而不能拆分为二、丨。因为后者两个字根之间的关系为交而前者是“散”。拆分时遵守“散”比“连”优先，“连”比“交”优先的原则。

c．取大优先。保证在书写顺序下拆分成尽可能大的基本字根，使字根数目最少。所谓最大字根是指如果增加一个笔画，则不成其基本字根的字根。例如：“果”拆分为日、木，而不拆分为旦、小。

d．兼顾直观。例如：“自”字拆分成丿、目，而不拆分为白、一，因为后者不够直观。

按上述原则拆分以后，再按字根的多少分别进行处理，复合字编码具有如下规则。

a．刚好四字根，依次取该四个字根的码输入。例如：“到”字拆分成“一、厶、土、刂”，则其编码为 GCFJ。

b．超过四个字根，则取一、二、三、末四个字根的编码输入。例如：“酸”字取“西、一、厶、夂”编码为 SGCT。

c．不足四个字根，加上一个末笔字型交叉识别码，若仍不足四码，则加一空格键。

③ 末笔字型交叉识别码。对于不足四码的汉字，例如：“汉”字拆分成“氵、又”只有 IC 两个码，因此需要增加一个所谓末笔字型交叉识别码 Y。

我们举个例子来说明它的必需性。例如："汀"字拆分成"氵、丁"，编码也为IS，"沐"字拆分成"氵、木"，编码也为 IS；"洒"字拆分成"氵、西"编码也为 IS。这是因为"木、丁、西"三个字根都是在S键上。如果这样输入，计算机就无法区分它们。

为了进一步区分这些字，五笔字型编码输入法中引入一个末笔字型交叉识别码，它是由字的末笔笔画和字型信息共同构成的。

末笔笔画有5种，字型信息有3类，因此末笔字型交叉识别码有15种，如表1.2所示。

表 1.2　末笔字型交叉识别码图

字型 / 末笔笔形	左右型 1	上下型 2	杂合型 3
横 1	11G	12F	13D
竖 2	21H	22J	23K
撇 3	31T	32R	33E
捺 4	41Y	42U	43I
折 5	51N	52B	53V

从表中可见，"汉"字的交叉识别码为 Y，"字"字的交叉识别码为 F，"沐、汀、洒"的交叉识别码分别为 Y、H、G。如果字根编码和末笔交叉识别码都一样，这些汉字称重码字。对重码字只有进行选择操作，才能获得需要的汉字。

（3）五笔编码输入技巧。汉字输入是理论性和技术性都很强的课题，目前五笔字型输入法在国内外得到广泛的应用，是公认的较好的一种汉字编码输入方法。

① 字根键位的特征。五笔字型输入法把130多个字根分成五区五位，科学地排列在25个英文字母键上便于记忆，也便于操作，其特点如下：

a. 每键平均2～6个基本字根，有一个代表性的字根成为键名，为便于记忆，关于键名有一首"键名谱"：横区：王、土、大、木、工；竖区：目、日、口、田、山；撇区：禾、白、月、人、金；捺区：言、立、水、火、之；折区：已、子、女、又、纟。

b. 每一个键上的字根其形态与键名相似。例如："王"字键上有一、五、戋、龶、王等；"日"字键上有日、曰、早、虫等字根。

c. 单笔画基本字根的种类和数目与区位编码相对应。例如：一、二、三这3个单笔画字根，分别安排在1区的第一、二、三位置上；丶、冫、氵、灬这4个单笔画字根，分别安排在4区的第一、二、三、四位上；丨、刂、川这3个单笔画字根分别安排在2区的第一、二、三位上等。

② 字根的区位和助记词。为了便于记忆基本字根在键盘上的位置，王永民教授编写了字根助记词。

a. 横区字根键位排列。

11G 王旁青头戋（兼）五一（借同音转义）；

12F 土士二干十寸雨；

13D 大犬三羊古石厂；

14S 木丁西；

15A 工戈草头右框七。

b. 竖区字根键位排列。

21H 目具上止卜虎皮（"具上"指具字的上部"且"）；

22J 日早两竖与虫依；

23K 口与川，字根稀；

24L 田甲方框四车力；

25M 山由贝，下框几。

c．撇区字根键位排列。

31T 禾竹一撇双人立（“双人立”即“彳”），反文条头共三一（“条头”即“夂”）；

32R 白手看头三二斤（“三二”指键为“32”）；

33E 月彡（衫）乃用家衣底（“家衣底”即“豕”“𧘇”）；

34W 人和八，三四里（“三四”即编号为 34 的键）；

35Q 金勺缺点（勹）无尾鱼犬旁留乂儿一点夕，氏无七（妻）。

d．捺区字根键排列。

41Y 言文方广在四一，高头一捺谁人去；

42U 立辛两点六门疒；

43I 水旁兴头小倒立；

44O 火业头，四点米（“火”、“业”、“灬”）；

45P 之宝盖，摘礻（示）（衣）。

e．折区字根键位排列。

51N 已半巳满不出己，左框折尸心和羽；

52B 子耳了也框向上 （“框向上”指“凵”）；

53V 女刀九臼山朝西（“山朝西”为“彐”）；

54C 又巴马，丢矢矣（“矣”丢掉“矢”为“厶”）；

55X 慈母无心弓和匕，幼无力（“幼”去掉“力”为“幺”）。

③ Z 键的用法。从五笔字型的字根键位图可见，26 个英文字母键只用了 A～Y 25 个键，Z 键只用于辅助学习。当对汉字的拆分一时难以确定用哪一个字根时，不管它是第几个字根都可以用 Z 键来代替。借助于软件，把符合条件的汉字都显示在提示行中，再输入相应的数字，则可把相应的汉字选择到当前光标位置处。在提示行中还显示了汉字的五笔字型编码，可以作为学习编码规则之用。

（4）提高输入速度的方法。五笔字型一般敲四键就能输入一个汉字，为了提高速度，设计了简码输入和词汇码输入方法。

① 简码输入。

a．一级简码字。对一些常用的高频字，敲一键后再敲一空格键即能输入一个汉字。高频字共 25 个，如图 1.15 所示。

键名	Q	W	E	R	T	Y	U	I	O	P
简码	我	人	有	的	和	主	产	不	为	这
键名	A	S	D	F	G	H	J	K	L	
简码	工	要	在	地	一	上	是	中	国	
键名	Z	X	C	V	B	N	M			
简码		经	以	发	了	民	同			

图 1.15　一级简码字表

b．二级简码字。由单字全码的前两个字根代码接着一空格键组成，最多能输入 25×25＝625 个汉字。

c. 三级简码字。由单字前三个字根接着一个空格键组成。凡前三个字根在编码中是唯一的，都选作三级简码字，约 4400 个。虽敲键次数未减少，但省去了最后一码的判别工作，仍有助于提高输入速度。

② 词汇输入。汉字以字作为基本单位，由字组成词。在句子中若把词作为输入的基本单位，则速度更快。五笔字型中的词和字一样，一词仍只需四码。用每个词中汉字的前一、二个字根组成一个新的字码，用它来代表一条词汇。词汇代码的取码规则如下所述。

a. 双字词，分别取每个字的前两个字根构成词汇简码。例如："计算"取"言、十、⺮、目"构成编码（YFIH）。

b. 三字词，前两个字各取一个字根，第三个取前两个字根作为编码。例如："操作员"取"扌、亻、口、贝"构成一个编码（RWKM）；"解放军"取"⺈、方、冖、车"作为编码（QYPL），等等。

c. 四字词，每字取第一个字根作为编码。例如："程序设计"取"禾、广、言、言"（TYYY）构成词汇编码。

d. 多字词，取一、二、三、末四个字的第一个字根作为构成编码。例如："中华人民共和国"取"口、人、人、口"（KWWL），"电子计算机"取"日、子、言、木"（JBYS）等。

五笔字型中的字和词都是四码，因此，词语占用了同一个编码空间。词字之所以能共同容纳于一体，是因为每个字四键，共有 25×25×25×25 种可能的字编码，约 39 万个，大量的码空闲着。对词汇编码而言，由于词和字的字根组合分布规律不同，它们在汉字编码空间中各占据着基本上互不相交的一部分，因此词和字的输入完全一样。

③ 重码与容错码。如果一个编码对应着几个汉字，这几个称为重码字；几个编码对应一个汉字，这几个编码称为汉字的容错码。

在五笔字型中，当输入重码时，重码字显示在提示行中，较常用的字排在第一个位置上，并用数字指出重码字的序号，如果你要的就是第一个字，可继续输入下一个字，该字自动跳到当前光标位置。其他重码字要用数字键加以选择。

例如："嘉"字和"喜"字，都分解（FKUK），因"喜"字较常用，它排在第一位，"嘉"字排在第二位，若需要"嘉"字则要用数字键 2 来选择。

为了减少重码字，把不太常用的重码字设计成容错码字，即把它的最后一码修改为 L，例如：把"嘉"字的码定义为 FKUL，这样用 FKUL 输入，则获得唯一的"嘉"字。

在汉字中有些字的书写顺序往往因人而异，为了能适应这种情况，允许一个字有多种输入码，这些字就称为容错字。在五笔字型编码输入方案中，容错字有 500 多种。

三、综合练习

利用记事本进行汉字文本的输入练习。打开记事本程序后输入下面汉字。

互联网（Internet，又译因特网、网际网），即广域网、局域网及单机按照一定的通信协议组成的国际计算机网络。通过互联网，人们可以与远在千里之外的朋友相互发送邮件、共同完成一项工作、共同娱乐。

互联网始于 1969 年，是在 ARPA（美国国防部研究计划署）制定的协定下将美国西南部的大学 UCLA（加利福尼亚大学洛杉矶分校）、Stanford Research Institute（斯坦福大学研究学院）、UCSB（加利福尼亚大学）和 University of Utah（犹他州大学）的四台主要的计算机连接起来。这个协定由剑桥大学的 BBN 和 MA 执行，在 1969 年 12 月开始联机。到 1970 年 6 月，

MIT（麻省理工学院）、Harvard（哈佛大学）、BBN 和 Systems Development Corpin Santa Monica（加州圣达莫尼卡系统发展公司）加入进来。到 1972 年 1 月，Stanford（斯坦福大学）、MIT's Lincoln Labs（麻省理工学院的林肯实验室）、Carnegie-Mellon（卡内基梅隆大学）和 Case-Western ReserveU 加入进来。紧接着的几个月内 NASA/Ames（国家航空和宇宙航行局）、Mitre、Burroughs、RAND（兰德公司）和 the UofIllinois（伊利诺利州大学）也加入进来。之后越来越多的公司加入，无法在此一一列出。

互联网最初的设计是为了能提供一个通信网络，即使一些地点被核武器摧毁其余主机之间也能正常通信。如果大部分的直接通道不通，路由器就会指引通信信息经由中间路由器在网络中传播。

由于 TCP/IP 体系结构的发展，互联网在 20 世纪 70 年代迅速发展起来，这个体系结构最初是由 BobKahn（鲍勃·卡恩）在 BBN 提出来的，然后由斯坦福大学的 Kahn（卡恩）和 Vint Cerf（温特·瑟夫）等人进一步发展完善。80 年代，Defense Department（美国国防部）采用了这个结构，到 1983 年，整个世界普遍采用了这个体系结构。

第一个检索互联网的成就在 1989 年发明出来，是由 Peter Deutsch 和他的全体成员在 Montreal 的 Mc Fill University 创造的，他们为 FTP 站点建立了一个档案，后来命名为 Archie。这个软件能周期性地到达所有开放的文件下载站点，列出他们的文件并且建立一个可以检索的软件索引。检索 Archie 命令是 UNIX 命令，所以只有利用 UNIX 知识才能充分利用它的性能。

1991 年，第一个连接互联网的友好界面在 Minnesota 大学开发出来。当时学校只是想开发一个简单的菜单系统可以通过局域网访问学校校园网上的文件和信息。紧跟着大型主机的信徒和支持客户/服务器体系结构的拥护者们的争论开始了。开始时大型主机系统的追随者占据了上风，但自从客户/服务器体系结构的倡导者宣称他们可以很快建立起一个原型系统之后，他们不得不承认失败。客户/服务器体系结构的倡导者们很快做了一个先进的示范系统，这个示范系统叫做 Gopher。这个 Gopher 被证明是非常好用的，之后的几年里全世界范围内出现 10 000 多个 Gopher。它不需要 UNIX 和计算机体系结构的知识。在一个 Gopher 里，只需要敲入一个数字选择想要的菜单选项即可。今天你可以用 the UofMinnesotagopher 选择全世界范围内的所有 Gopher 系统。

图形浏览器 Mosaic 的出现极大地促进了这个协议的发展，这个浏览器是由 Marc Andressen 和他的小组在 NCSA（国际超级计算机应用中心）开发出来的。今天，Andressen 是 Netscape 公司的首脑人物，Netscape 公司开发出迄今为止最为成功的图形浏览器和服务器，这一成就是微软公司始终难以超越的。

由于最开始互联网是由政府部门投资建设的，所以它最初只是限于研究部门、学校和政府部门使用。除了以直接服务于研究部门和学校的商业应用之外，其他的商业行为是不允许的。20 世纪 90 年代初，当独立的商业网络开始发展起来，这种局面才被打破。这使得从一个商业站点发送信息到另一个商业站点而不经过政府资助的网络中枢成为可能。

练 习 题

一、单项选择题

1. 微型计算机硬件系统中最核心的部件是（　　）。

   A．主板　　B．CPU　　C．内存储器　　D．I/O 设备

2. 下列术语中，属于显示器性能指标的是（　　）。

A. 速度　　B. 可靠性　　C. 分辨率　　D. 精度

3. 配置高速缓冲存储器（Cache）是为了解决（　　）。

A. 内存与辅助存储器之间速度不匹配问题

B. CPU 与辅助存储器之间速度不匹配问题

C. CPU 与内存储器之间速度不匹配问题

D. 主机与外设之间速度不匹配问题

4. 计算机辅助教学的英文缩写是（　　）。

A. CAI　　B. CAM

C. CAD　　D. CAT

5. 计算机最主要的工作特点是（　　）。

A. 存储程序与自动控制　　B. 高速度与高精度

C. 可靠性与可用性　　D. 有记忆能力

6. 十进制数 0.6531 转换为二进制数为（　　）。

A. 0.100101　　B. 0.100001

C. 0.101001　　D. 0.011001

7. 下列一组数据中的最大数是（　　）。

A. $(227)_8$　　B. $(1FF)_{16}$　　C. $(10100)_2$　　D. $(789)_{10}$

8. 目前普遍使用的微型计算机所采用的逻辑元件是（　　）。

A. 电子管　　B. 大规模和超大规模集成电路

C. 晶体管　　D. 小规模集成电路

9. 如果一个存储单元能存放一个字节，那么一个 32KB 的存储器共有（　　）个存储单元。

A. 3　　B. 32 768　　C. 32 767　　D. 65 536

10. 下列软件中（　　）一定是系统软件。

A. 自编的一个 C 程序，功能是求解一个一元二次方程

B. Windows 操作系统

C. 用汇编语言编写的一个练习程序

D. 存储有计算机基本输入/输出系统的 ROM 芯片

11. 在微机中，1MB 准确等于（　　）。

A. 1024×1024 个字　　B. 1024×1024 个字节

C. 1000×1000 个字节　　D. 1000×1000 个字

12. 计算机存储器中，一个字节由（　　）个二进制位组成。

A. 4　　B. 8　　C. 16　　D. 32

13. 十进制整数 100 转换为二进制数是（　　）。

A. 110 0100　　B. 110 1000　　C. 110 0010　　D. 111 0100

14. CPU 主要由运算器和（　　）组成。

A. 控制器　　B. 存储器　　C. 寄存器　　D. 编辑器

15. 计算机病毒是可以造成计算机故障的（　　）。

A. 一种微生物　　B. 一种特殊的程序

C．一块特殊芯片　　D．一个程序逻辑错误

16．用高级程序设计语言编写的程序要转换成等价的可执行程序，必须经过（　　）。

A．汇编　　B．编辑　　C．解释　　D．编译和连接

17．下列 4 项中不属于计算机病毒特征的是（　　）。

A．潜伏性　　B．传染性　　C．激发性　　D．免疫性

18．第一台电子计算机是 1946 年在美国研制的，该机的英文缩写名是（　　）。

A．ENIAC　　B．EDVAC　　C．EDSAC　　D．MARK-Ⅱ

19．运算器的组成部分不包括（　　）。

A．控制线路　　B．译码器　　C．加法器　　D．寄存器

20．把内存中的数据传送到计算机的硬盘称为（　　）。

A．显示　　B．读盘　　C．输入　　D．写盘

21．操作系统是计算机系统中的（　　）。

A．核心系统软件　　B．关键的硬件部件

C．广泛使用的应用软件　　D．外部设备

22．计算机硬件的组成部分主要包括：运算器、存储器、输入设备、输出设备和（　　）。

A．控制器　　B．显示器　　C．磁盘驱动器　　D．鼠标器

23．计算机内部采用的数制是（　　）。

A．十进制　　B．二进制　　C．八进制　　D．十六进制

24．在微机的硬件设备中，既可以做输出设备，又可以做输入设备的是（　　）。

A．绘图仪　　B．扫描仪　　C．手写笔　　D．磁盘驱动器

25．RAM 具有的特点是（　　）。

A．海量存储

B．存储在其中的信息可以永久保存

C．一旦断电，存储在其上的信息将全部消失且无法恢复

D．存储在其中的数据不能改写

26．下列叙述中，正确的选项是（　　）。

A．计算机系统由硬件系统和软件系统组成

B．程序语言处理系统是常用的应用软件

C．CPU 可以直接处理外部存储器中的数据

D．汉字的机内码与汉字的国标码是一种代码的两种名称

27．下列关于计算机病毒的叙述中，正确的选项是（　　）。

A．计算机病毒只感染.exe 和.com 文件

B．计算机病毒可以通过读写软盘、光盘或 Internet 网络进行传播

C．计算机病毒是通过电力网进行传播的

D．计算机病毒是由于软盘片表面不清洁而造成的

28．二进制数 00111101 转换成十进制数为（　　）。

A．57　　B．59　　C．61　　D．63

29．用高级程序设计语言编写的程序称为（　　）。

A．目标程序　　B．可执行程序

C．源程序　　D．伪代码程序

30．下列叙述中正确的是（　　）。

A．反病毒软件通常滞后于计算机新病毒的出现

B．反病毒软件总是超前于病毒的出现，它可以查、杀任何种类的病毒

C．感染过计算机病毒的计算机具有对该病毒的免疫性

D．计算机病毒会危害计算机用户的健康

31．计算机软件系统是由哪两部分组成（　　）。

A．网络软件、应用软件　　B．操作系统、网络系统

C．系统软件、应用软件　　D．服务器端系统软件、客户端应用软件

32．为了避免混淆，十六进制数在书写时常在后面加上字母（　　）。

A．H　　B．O　　C．D　　D．B

33．在计算机中采用二进制，是因为（　　）。

A．可降低硬件成本　　B．两个状态的系统具有稳定性

C．二进制的运算法则简单　　D．上述 3 个原因

34．目前各部门广泛使用的人事档案管理、财务管理等软件应属于（　　）。

A．实时控制　　B．科学计算　　C．计算机辅助工程　　D．数据处理

35．微型计算机存储器系统中的 Cache 是（　　）。

A．只读存储器　　B．高速缓冲存储器

C．电可编程只读存储器　　D．电可擦除可再编程只读存储器

36．下列关于计算机病毒的叙述中有错误的一项是（　　）。

A．计算机病毒是一个标记或一个命令

B．计算机病毒是人为制造的一种程序

C．计算机病毒是一种通过磁盘、网络等媒介传播、扩散，并能传染其他程序的程序

D．计算机病毒是能够实现自身复制，并借助一定的媒体存在的具有潜伏性、传染性和破坏性的程序

37．计算机中对数据进行加工与处理的部件通常称为（　　）。

A．运算器　　B．控制器　　C．存储器　　D．显示器

38．计算机内存储器比外存储器（　　）。

A．读写速度快　　B．存储容量大　　C．运算速度慢　　D．以上 3 项都对

39．在操作系统中，存储管理主要是对（　　）。

A．外存的管理　　B．内存的管理

C．辅助存储器的管理　　D．内存和外存的统一管理

40．16 个二进制位可表示整数的范围是（　　）。

A．0～65 535　　B．－32 768～32 767

C．－32 768～32 768　　D．－32 768～32 767 或 0～65 535

41．微型计算机使用的键盘上的 Ctrl 键称为（　　）。

A．控制键　　B．上档键　　C．退格键　　D．交替换档键

42．微机中 1K 字节表示的二进制位数是（　　）。

A．1000　　B．8×1000　　C．1024　　D．8×1024

43．计算机硬件能直接识别和执行的只有（　　）。

A．高级语言　　B．符号语言　　C．汇编语言　　D．机器语言

44. 存储 400 个 24×24 点阵汉字字形所需的存储容量是（　　）。

A. 255KB　　B. 75KB　　C. 37.5KB　　D. 28.125KB

45. CPU 中有一个程序计数器（又称指令计数器），它用于存放（　　）。

A. 正在执行的指令的内容　　B. 下一条要执行的指令的内容

C. 正在执行的指令的内存地址　　D. 下一条要执行的指令的内存地址

46. 微型计算机中，控制器的基本功能是（　　）。

A. 进行算术运算和逻辑运算　　B. 存储各种控制信息

C. 保持各种控制状态　　D. 控制机器各个部件协调一致地工作

47. 在微机中，应用最普遍的字符编码是（　　）。

A. BCD 码　　B. 汉字编码

C. ASCII 码　　D. 补码

48. 在微型计算机内存储器中，不能用指令修改其存储内容的部分是（　　）。

A. RAM　　B. DRAM　　C. ROM　　D. SRAM

49. 个人计算机属于（　　）。

A. 小巨型机　　B. 小型计算机　　C. 微型计算机　　D. 大型计算机

50. 电子计算机的发展已经历了四代，四代计算机的主要元器件分别是（　　）。

A. 电子管、晶体管、集成电路、激光器件

B. 电子管、晶体管、集成电路、大规模集成电路

C. 晶体管、集成电路、激光器件、光介质

D. 电子管、数码管、集成电路、激光器件

二、填空题

1. “32 位机”中的 32 位表示的是一项技术指标，即为________。
2. 微机系统与外部交换信息主要通过________。
3. ________是决定微处理器性能优劣的重要指标。
4. 磁盘属于________。
5. SRAM 存储器是________。
6. 断电会使存储数据丢失的存储器是________。
7. 内存储器是计算机系统中的记忆设备，它主要用于________。
8. 用计算机进行资料检索工作是属于计算机应用中的________。
9. 打印机是一种________设备。
10. 标准 ASCII 码字符集总共的编码有________个。

第 2 章　中文 Windows XP 基础

实验一　安装 Windows XP 操作系统

一、实验目的和要求

1．学习安装 Windows XP 操作系统。

2．了解驱动程序的用途，掌握安装主板、声卡、显卡驱动程序的方法。

3．学会安装 U 盘、数码相机等设备。

二、实验内容与指导

1．安装 Windows XP 操作系统

（1）使用 Windows XP 安装光盘启动计算并进入安装画面。在 CMOS 设置中将启动顺序调整为首先由光盘引导，将 Windows XP 安装光盘插入光驱，并重新启动。计算机启动会自动进入 Windows XP 安装画面，如图 2.1 所示。

（2）这里列出了当前硬盘的所有有效分区，如果不存在有效分区则显示“未划分空间”，按 C 键进入划分空间画面，输入新分区所占空间的大小，如图 2.2 所示。

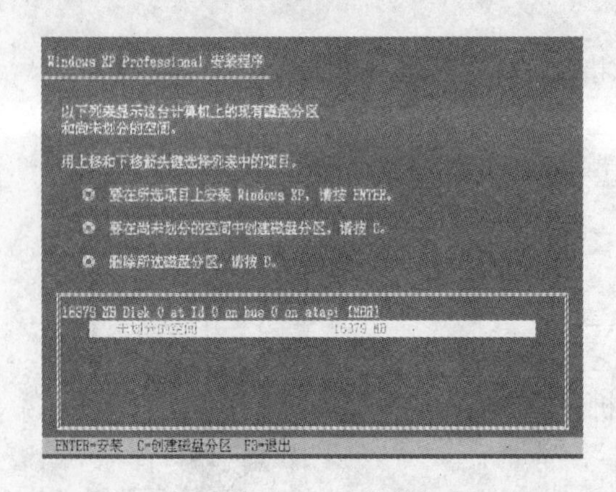

图 2.1　安装画面（没有有效分区）

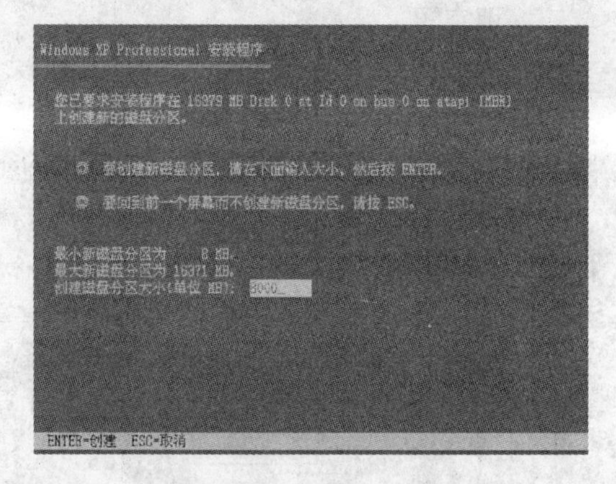

图 2.2　指定当前分区的大小

（3）确认分区后，系统将提示格式化。这里有 4 种模式供选择，NTFS 格式对于仅安装 Windows XP 系统的用户比较适用，如果要安装多个操作系统则建议选择 FAT 格式，以避免其他系统不能访问 NTFS 分区，另外两种方式分别是前两种的快速格式化方式，如图 2.3 所示。确认后系统会自动完成格式化，并回到分区选择画面，如图 2.4 所示，按 Enter 键确认安装。

（4）稍等片刻，安装程序复制完文件后会自动重新启动，并进入安装界面，如图 2.5 所示。接下来的几十分钟里（时间的长短视计算机配置的不同会有所差别，另外，安装程序提示的剩余时间并不准确）Microsoft 会展示一些 Windows XP 的新功能和特点，这些都不需要人为操作和干预，直至安装程序完成文件复制和必要程序模块的建立。

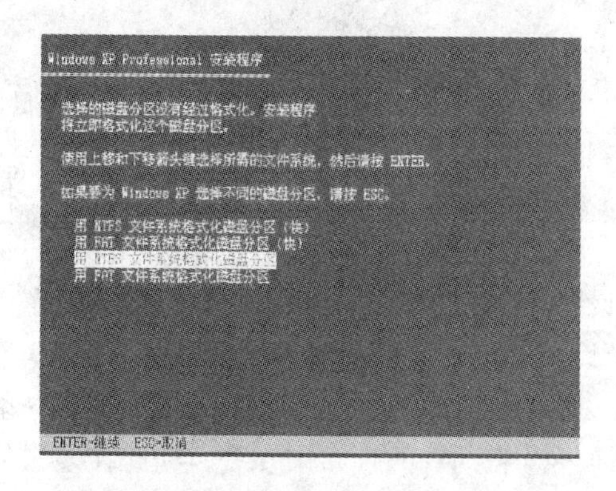

图 2.3　选择分区格式

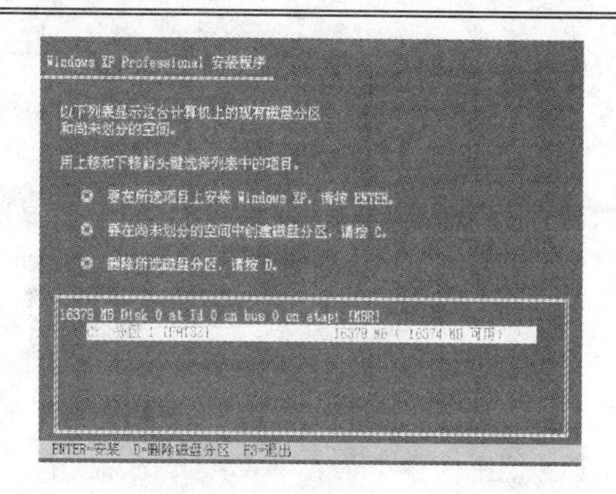

图 2.4　选择系统安装的分区

（5）再次重新启动将进入 Windows XP 的使用界面并完成安装后信息的收集和激活，如图 2.6 所示，如实填写即可。

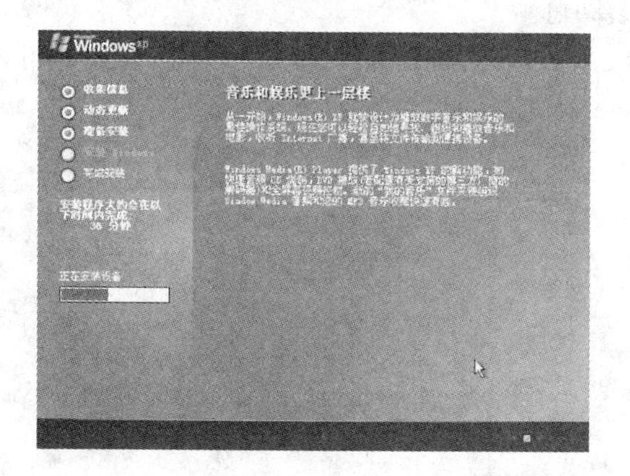

图 2.5　安装程序正在进行

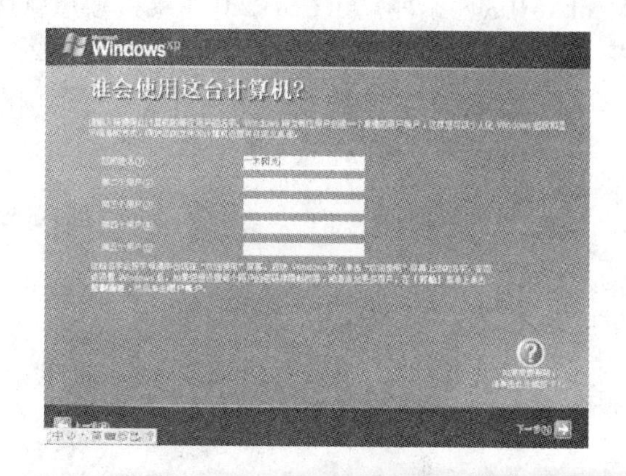

图 2.6　输入用户信息

全部完成之后系统会返回 Windows XP 桌面，如图 2.7 所示。至此，Windows XP 系统安装成功。

图 2.7　首次启动的 Windows XP 管理员桌面

2．安装驱动程序

驱动程序（Device Driver）全称为“设备驱动程序”，是一种可以使 Cpu 和设备通信的特殊程序，可以说相当于硬件的接口，操作系统只能通过这个接口，才能控制硬件设备的工作，假如某设备的驱动程序未能正确安装，便不能正常工作。

正因为这个原因，驱动程序在系统中占有十分重要的地位，一般当操作系统安装完毕后，首要的便是安装硬件设备的驱动程序。不过，大多数情况下，并不需要安装所有硬件设备的驱动程序，例如硬盘、显示器、光驱、键盘、鼠标等就不需要安装驱动程序，而显卡、声卡、扫描仪、摄像头、MODEM 等就需要安装驱动程序。另外，不同版本的操作系统对硬件设备的支持也是不同的，一般情况下版本越高所支持的硬件设备也越多。

Windows XP 系统支持硬件即插即用功能，自带了许多通用的硬件的驱动程序，但也不是所有的硬件安装到计算机中都能马上使用，对于那些必须安装的驱动程序，它们的基本安装顺序一般应该按照主板芯片程序、AGP 支持、板卡驱动、其他外设驱动等的顺序来安装。因此在安装好 Windows XP 操作系统后应该立即开始安装各个驱动程序，保证计算机所有硬件都能正常工作。

将主板驱动光盘放入光驱，一般会自动进入安装程序画面，如图 2.8 所示，在 Driver 选项卡中列出了需要安装的驱动程序列表，这里自上而下分别是 VIA 驱动程序包、AC97 声卡驱动、VIA6103 网卡驱动、USB 2.0 驱动，按照顺序安装即可。

驱动程序的安装过程都比较简单，基本上连续单击 OK（确定）、Next（下一步）按钮即可顺利完成安装，如图 2.9 所示。如果遇到询问选项，选择默认设置。

图 2.8　安装磐正 8K9AI 主板驱动程序

图 2.9　安装板载 AC97 声卡驱动程序

驱动程序安装成功后系统会提示重新启动计算机使驱动程序生效，由于重启很消耗时间，可以在所有驱动都安装完毕后再重新启动。板卡（如声卡、显卡、网卡）驱动程序的安装与主板相关驱动安装过程基本类似，参考上面的安装过程即可。

外设中如 U 盘、知名品牌的数码相机等设备可以不用安装驱动，只要将设备连接到计算机上，Windows XP 会自动为其安装相应的驱动程序以方便用户使用（一般是 USB 设备），如图 2.10 所示。这些设备与计算机物理断开前应该先使用 Windows XP 的卸载命令将其卸载，以免盲目热插拔对计算机硬件造成损坏，如图 2.11 所示。

图 2.10　安装 USB 驱动

图 2.11　使用“安全删除硬件”命令卸载硬件

其他，如打印机、扫描仪、游戏手柄等外设必须安装驱动程序。首先要保证设备与计算机正确连接，通电源后启动 Windows XP。一般系统会提示找到新硬件并询问驱动程序位置，这时有两种方法：一是指定驱动程序位置后系统会自动安装；另一种是取消安装，运行随设备附带的驱动安装程序，按提示操作即可。这里建议使用第二种方法，因为一般厂商提供的驱动程序兼容性比较好，安装程序也较容易使用。

虽然与计算机连接的设备的种类和型号很多，驱动程序的安装方法也是多种多样的，但只要有一个大概的思路和方向，都能正确地安装设备的驱动程序。

实验二　Windows XP 的基本操作

一、实验目的和要求

1. 掌握 Windows XP 启动和关闭的步骤。
2. 掌握鼠标、键盘的基本操作。
3. 掌握桌面对象的基本操作和任务栏的设置。
4. 掌握 Windows XP 的菜单、工具栏与系统帮助的基本操作。

二、实验内容与指导

1. Windows XP 的启动与正常关闭

(1) 启动 Windows XP 的步骤。依次打开计算机的外部电源、主机电源开关，计算机开始进行硬件测试，之后引导 Windows XP，如果没有设置登录密码，系统自动登录。如果设置了登录密码，则引导 Windows XP 后会出现登录界面，单击某登录账户前面的图标则出现密码框，输入正确的密码后，按回车键即可正常启动。

(2) 正常关闭 Windows XP 的步骤。在计算机数据处理工作完成以后，用户需要将 Windows XP 关闭后才能切断计算机的供电。直接切断计算机电源的做法可能会对 Windows XP 系统造成损害。

首先关闭所有的应用程序，然后执行“开始”→“关闭计算机”命令，打开“关闭计算机”对话框，在该对话框中单击“关闭”按钮，即可安全地关闭计算机。

2. 认识桌面的组成部分，掌握桌面的各种操作

通常桌面由图标、桌面背景和任务栏 3 部分组成，如图 2.12 所示。

图 2.12　Windows XP 桌面

（1）取消桌面上图标的自动排列功能，将“我的电脑”图标移动到桌面的右下角。在桌面任意空白处单击右键，在弹出的快捷菜单中执行“排列图标”→“自动排列”命令，此时“自动排列”前面的“√”标记消失，如图 2.13 所示。按住鼠标左键把“我的电脑”拖动到桌面的右下角，松开鼠标即可。

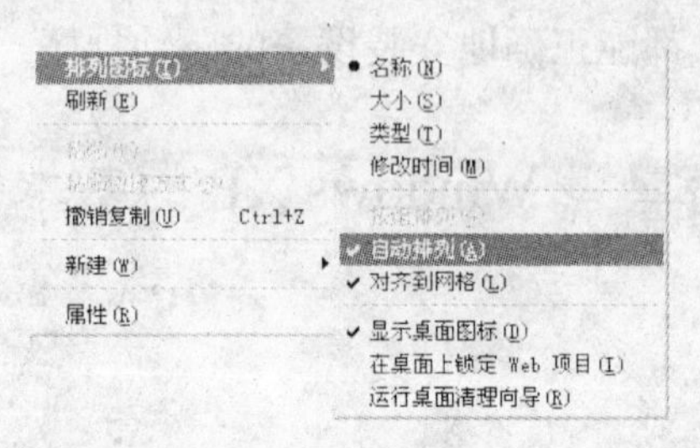

图 2.13　“排列图标”快捷菜单

（2）将桌面上的图标分别按名称、大小、类型、修改时间排列。在桌面任意空白处单击右键，从弹出的快捷菜单中执行“排列图标”→“名称”、“排列图标”→“大小”、“排列图标”→“类型”、“排列图标”→“修改时间”命令即可。

（3）将“我的电脑”图标名称改为“我的计算机”。右击“我的电脑”图标，在弹出的快捷菜单中执行“重命名”命令，或者两次单击“我的电脑”图标的名称框，或者选定“我的电脑”图标，然后按 F2 键，则插入点在图标名称框中闪烁，删除原名或直接输入“我的计算机”，按回车键即可。

（4）在桌面上新建一个名为“我的练习”的文件夹，再将其删除掉。右击桌面空白处，在弹出的快捷菜单中执行“新建”→“文件夹”命令，即可在桌面上增加一个名为“新建文件夹”的文件夹图标，将其重新命名为“我的练习”即实现创建。

右击“我的练习”文件夹图标，在弹出的快捷菜单中执行“删除”命令，或者选定“我的练习”文件夹图标，按 Delete 键。在打开的“确认文件夹删除”对话框中单击“是”按钮即可删除“我的作业”文件夹。另外，也可以直接将“我的练习”文件夹图标拖入回收站。

（5）在桌面上创建一个 Microsoft Word 的快捷方式。单击“开始”按钮，选择“所有程序”菜单，在弹出的子菜单中选择 Microsoft Word，单击右键，在弹出的快捷菜单中，执行“发送到”→“桌面快捷方式”命令，如图 2.14 所示。或者在弹出的快捷菜单中执行“复制”命令，然后再在桌面空白处单击右键，在弹出的快捷菜单中执行“粘贴”命令也可。

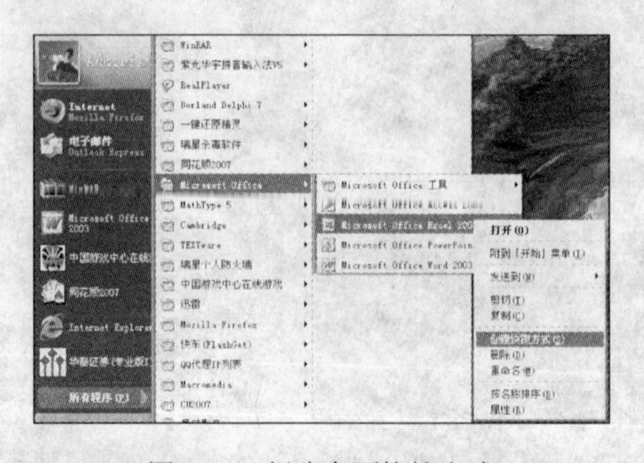

图 2.14　创建桌面快捷方式

（6）将任务栏放在屏幕的右边，将任务栏设置为“自动隐藏”，再恢复原状。

① 将鼠标指向任务栏的空白处，单击右键，在弹出的快捷菜单中确保“锁定任务栏”命令没有被选定，即该命令前没有“√”。

② 再将鼠标指向任务栏的空白处，拖动任务栏至屏幕右边，松开鼠标即可将任务栏放在屏幕的右边。

③ 执行“开始”→“设置”→“任务栏和开始菜单”命令，或者右击任务栏的空白处，在弹出的快捷菜单中执行“属性”命令，打开“任务栏和『开始』菜单属性”对话框，如图 2.15 所示。

④ 在“任务栏”选项卡中选中“自动隐藏任务栏”复选框，单击“确定”按钮即可。

⑤ 按以上步骤，取消对“自动隐藏任务栏”复选框的选择，可恢复原状。

（7）取消任务栏右端的时间显示。执行“开始”→“设置”→“任务栏和开始菜单”命令，或者右击任务栏的空白处，在弹出的快捷菜单中执行“属性”命令，打开“任务栏和『开始』菜单属性”对话框，在“任务栏”选项卡中取消对“显示时钟”复选框的选择，单击“确定”按钮即可。

（8）更改桌面背景。右击桌面空白处，在弹出的快捷菜单中执行“属性”命令，打开“显示属性”对话框，单击“桌面”选项卡，如图 2.15 所示。单击“背景”选项列表中所需的文件，单击“确定”按钮。

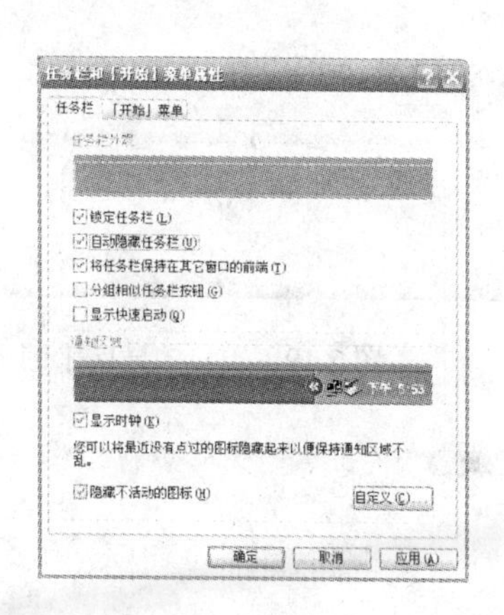

图 2.15　“任务栏和『开始』菜单属性”对话框

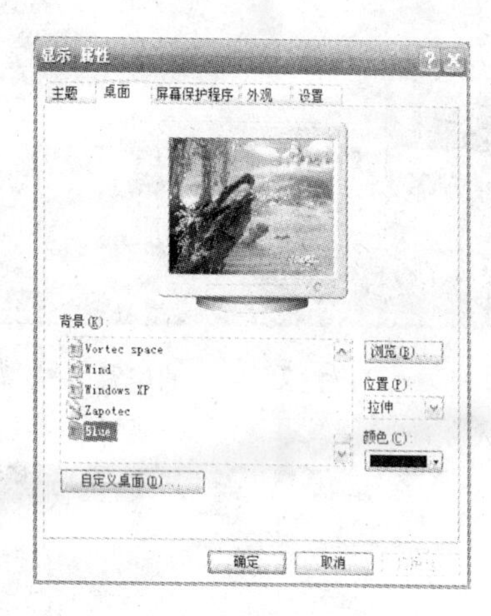

图 2.16　“桌面”选项卡

3．窗口的操作

（1）打开“我的电脑”窗口，熟悉窗口的各组成部分，分别使用标题栏左端的“控制菜单”按钮和标题栏右端的各按钮完成对“我的电脑”窗口的最小化、最大化、还原、移动和关闭操作。

① 双击“我的电脑”图标打开窗口，窗口由标题栏、菜单栏、工具栏、用户区、滚动条、状态栏等部分组成。

② 通过单击标题栏右端的按钮，可实现窗口的最小化、最大化和关闭操作，左键拖动标题栏的空白区可实现窗口的移动操作。

③ 也可单击标题栏左端的“控制菜单”按钮，打开控制菜单，如图 2.17 所示。

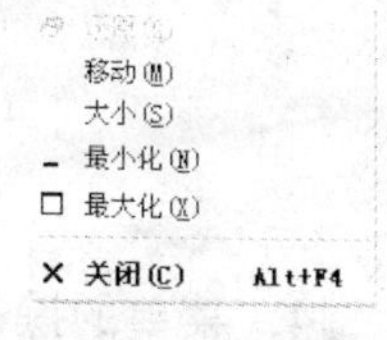

图 2.17　控制菜单

（2）依次打开“我的电脑”、“我的文档”、“回收站”窗口，分别使用键盘和鼠标在各窗口切换，并将窗口排列方式分别设置为“层叠窗口”、“横向平铺窗口”、“纵向平铺窗口”的方式。

依次双击“我的电脑”、“我的文档”、“回收站”图标，或者鼠标右击相应图标，在弹出的快捷菜单中执行“打开”命令，可打开“我的电脑”、“我的文档”、“回收站”窗口。然后分别使用鼠标或键盘进行窗口切换练习。

① 使用鼠标切换。单击窗口暴露部分，或者单击任务栏上的窗口图标可切换不同的窗口。

② 使用键盘切换。按 Alt＋Tab 组合键，会在屏幕上弹出一个框，框内排列着所有打开的窗口，按一次 Alt＋Tab 组合键，就会顺序选择框中的一个图标，当选择到所需窗口图标时，释放键盘，则被选择窗口为当前活动窗口。使用 Alt＋Tab 组合键可以在所有打开的窗口（包括已经最小化的窗口）之间进行切换。也可以通过 Alt＋Esc 组合键切换窗口，但只能在打开而没有最小化的窗口之间切换。

③ 使用鼠标进行窗口的排列。鼠标右击任务栏的空白区，在弹出的快捷菜单中选择“层叠窗口”、“横向平铺窗口”、“纵向平铺窗口”命令，可实现多窗口的层叠、横向平铺、纵向平铺排列。这三种窗口排列的效果分别如图 2.18、图 2.19、图 2.20 所示。

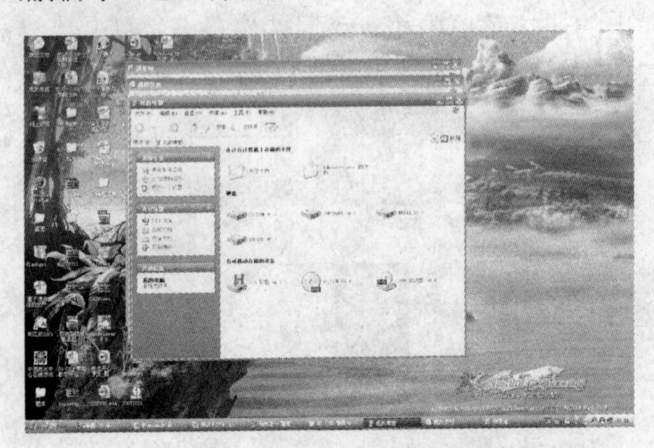

图 2.18　窗口的层叠

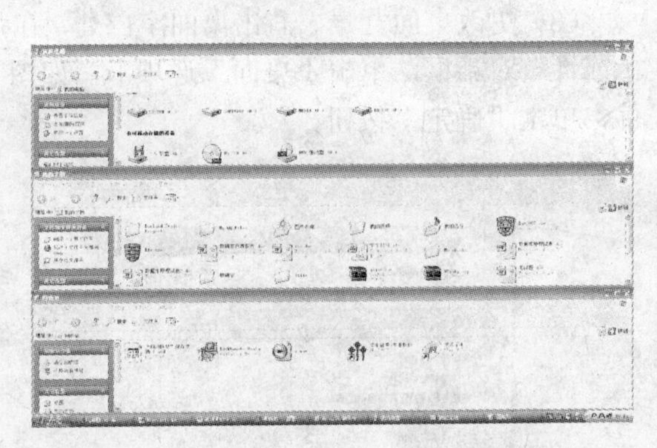

图 2.19　窗口的横向平铺

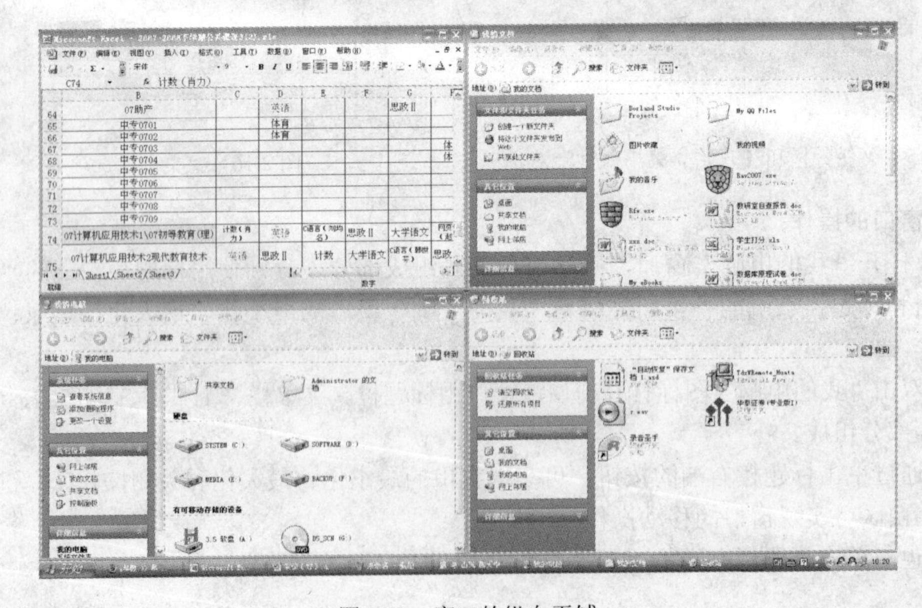

图 2.20　窗口的纵向平铺

4. 菜单的操作

(1) 分别使用键盘和鼠标打开“开始”菜单，学习“开始”菜单中各菜单项的功能与用法，最后"关闭"菜单。

① 使用键盘打开"开始"菜单，按 Ctrl+Esc 组合键。

② 使用鼠标打开"开始"菜单，单击任务栏的"开始"按钮。

③ 使用鼠标或键盘关闭"开始"菜单，左键单击菜单项以外的区域，或者按 Esc 键。

（2）打开"我的电脑"窗口，分别用键盘和鼠标打开窗口中的"工具"菜单并关闭。

① 打开"我的电脑"窗口，左键单击菜单栏中的"工具"菜单项或者按 Alt+T 组合键。

② 单击菜单项以外的区域，或者按 Esc 键，可关闭已打开的菜单。

（3）使用快捷菜单打开"我的电脑"。右键单击"我的电脑"图标，在弹出的快捷菜单中执行"打开"命令。

5. 对话框操作

（1）在"我的文档"窗口中执行"工具"→"文件夹选项"命令，打开"文件夹选项"对话框，认识对话框的各组成部分，并练习对各部分的操作。一个完整的对话框由标题栏、选项卡、列表框、单选按钮、复选框和命令按钮等组成。双击"我的文档"图标，则打开"我的文档"窗口，选择窗口菜单栏中的"工具"→"文件夹选项"命令，打开图 2.21 所示的对话框。通过对"文件夹选项"对话框各组成部分的操作，掌握对话框的使用。

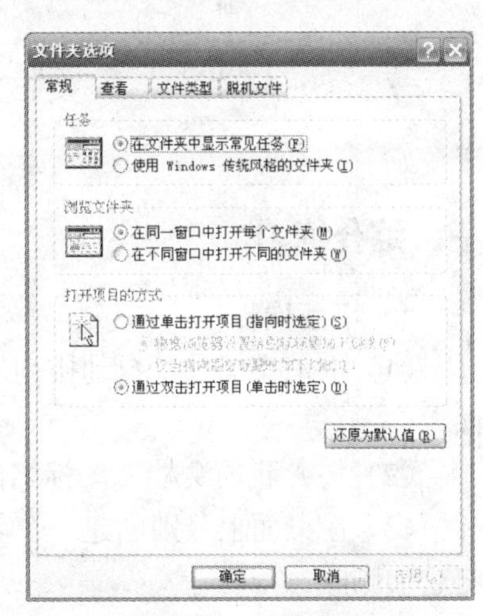

图 2.21　"文件夹选项"对话框

（2）比较对话框与窗口，总结对话框与窗口的主要区别。通过比较可知，对话框的标题栏中没有"控制菜单"、最大化、最小化和还原按钮，对话框只能移动但不能改变其大小，而窗口既能改变大小也能进行移动。

6. 打开 Windows XP 帮助系统，寻求"创建新文件夹"的帮助信息

执行"开始"→"帮助和支持"命令，或者执行文件夹窗口中的"帮助"→"帮助和支持"命令，打开图 2.22 所示的"帮助和支持中心"窗口。在"搜索"文本框中输入"创建新文件夹"，单击"开始搜索"按钮或者按 Enter 键，打开搜索结果窗口，单击左边窗口中的"创建新文件夹"选项，右边窗口中即会显示有关创建新文件夹的帮助信息，如图 2.23 所示。

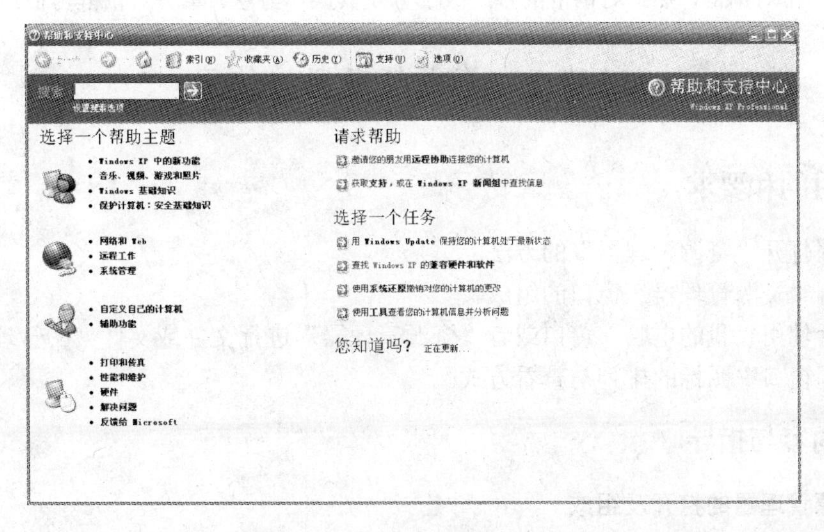

图 2.22　"帮助和支持中心"窗口

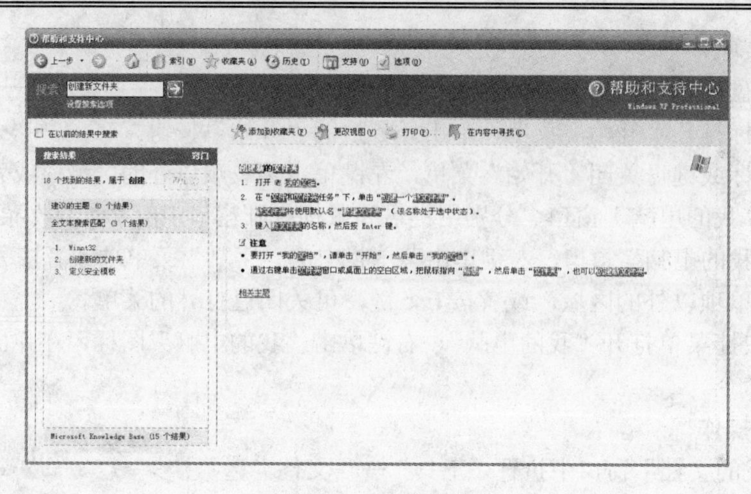

图 2.23　帮助信息

三、综合练习

1．桌面操作

（1）取消桌面的“自动排列”功能，将“我的文档”图标移动到桌面的右上角，并刷新桌面。

（2）将“我的文档”图标名改为“My Files”。

（3）在桌面上分别创建一个名为“作业”的文件夹和名为“我的信息”的文本，然后同时将它们删除。

（4）将任务栏放在屏幕的左边，并取消任务栏中的“快速启动”工具栏，最后恢复原状。

2．窗口操作

（1）熟悉窗口各组成部分，练习窗口的各种操作，不通过标题栏左右两端的按钮完成窗口的最大化、还原操作。

（2）打开多个窗口，分别用鼠标和键盘在多个窗口之间切换，并练习多窗口的各种排列方式。

3．对话框的操作

打开任一个对话框，熟悉对话框的各组成部分及其操作方法，掌握对话框与窗口的主要区别。

实验三　资源管理器的使用

一、实验目的和要求

1．掌握打开“资源管理器”的方法。

2．了解“资源管理器”窗口的组成。

3．学会使用“我的电脑”窗口或者“资源管理器”进行文件或文件夹的管理。

4．掌握窗口中图标的排列与查看方式。

二、实验内容与指导

1．资源管理器的打开及组成

打开“资源管理器”的方法有以下 3 种。

（1）执行“开始”→“所有程序”→“附件”→“Windows 资源管理器”命令。

（2）右击“我的电脑”、“回收站”、“网上邻居”等图标，在弹出的快捷菜单中执行“资源管理器”命令。

（3）右击“开始”按钮，在弹出的快捷菜单中执行“资源管理器”命令。

用不同的方法启动“资源管理器”时，打开的窗口结构相同，但窗口中的内容不尽相同。通过右击“我的电脑”图标打开的“资源管理器”窗口如图 2.24 所示。

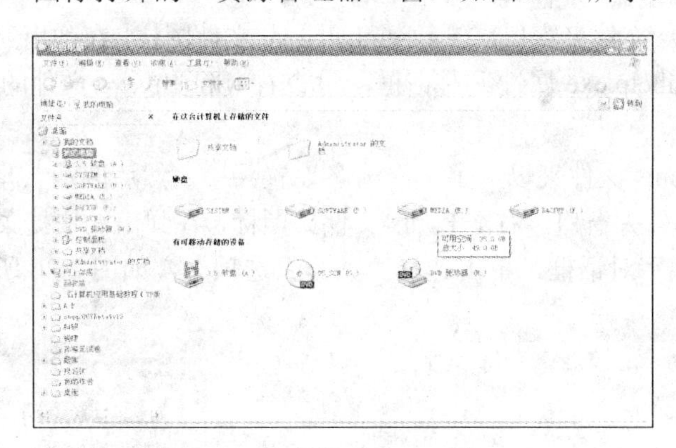

图 2.24　“资源管理器”窗口

“资源管理器”窗口与“我的电脑”窗口不同，除了标题栏、菜单栏、工具栏、地址栏、状态栏以外，它的工作区还分成左右两个窗口。

“资源管理器”的左窗口列出了全部资源的树形结构，窗口中包括计算机桌面上的所有图标，如“我的电脑”、“回收站”、“我的文档”等以及它们的下级图标（如展开“我的电脑”时将显示各驱动器的图标等）。当某一图标前面有“＋”时，表示它有下级文件夹，单击“＋”号，可以展开下级文件夹，这时“＋”变成“－”。当单击“－”时，下级文件夹将会折叠，“－”号又变成“＋”号。“资源管理器”的右窗口是“内容窗口”，它显示的是左窗口中选定对象的具体内容。

2．设置图标的显示和排列方式

将 C:\Windows 文件夹窗口中的图标以“列表”方式显示，并按“类型”排列图标。

打开 Windows 文件夹，执行“查看”→“列表”命令可将窗口中的图标以列表方式显示。执行“查看”→“排列图标”→“类型”命令，或者右击窗口空白处，在弹出的快捷菜单中执行“排列图标”→“类型”命令，可将窗口中的图标按类型排列。

3．浏览文件夹中的内容

分别通过“我的电脑”和“资源管理器”浏览 C:\Windows 文件夹

（1）打开“我的电脑”窗口，双击窗口中的 C 盘图标，再双击 C 盘下的 Windows 文件夹。

（2）打开“资源管理器”窗口，单击左窗口的 C 盘图标，再单击 C 盘下的 Windows 文件夹。

4．设置文件夹属性

给 C:\Windows\help 文件夹设置隐藏属性，显示 C:\Windows 文件夹窗口中各文件的扩展名，并且不显示该窗口中的隐藏对象。查看该窗口中的 winhelp.exe 文件的属性。

（1）打开 Windows 文件夹窗口，右击窗口中的 help 文件夹，在弹出的快捷菜单中执行“属性”命令，或者先选中 help 文件夹，再执行“文件”→“属性”命令，打开图 2.25 所示的“Help

属性”对话框。单击选中对话框中的“隐藏”复选框（前面出现“√”标记），单击“确定”按钮即可为 help 文件夹设置隐藏属性。

（2）打开 Windows 文件夹窗口，执行“查看”→“文件夹选项”命令，单击“查看”选项卡，打开图 2.21 所示的“文件夹选项”对话框，选中窗口列表中“不显示隐藏的文件或文件夹”单选项，可隐藏窗口中已设置了“隐藏”属性的对象；取消“隐藏已知文件类型的扩展名”复选框，可显示窗口中所有文件的扩展名。

（3）打开 Windows 文件夹窗口，右击 winhelp.exe 文件图标，在弹出的快捷菜单中执行“属性”命令，打开“winhelp.exe 属性”对话框，可查看 winhelp.exe 文件的属性。

5．共享文件夹

将 C:\Windows\fonts 文件夹以“字体”为名设置共享，然后取消共享设置。

打开 Windows 文件夹窗口，右击 Fonts 文件夹图标，在弹出的快捷菜单中执行“属性”命令，打开“Fonts 属性”对话框，单击选择“共享”选项卡，如图 2.26 所示。

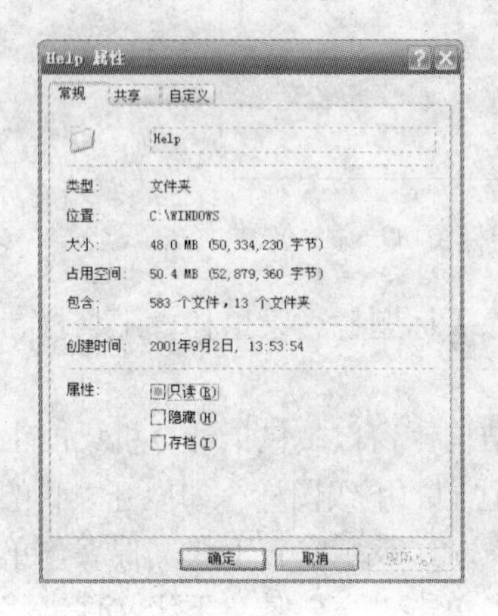

图 2.25　“Help 属性”对话框

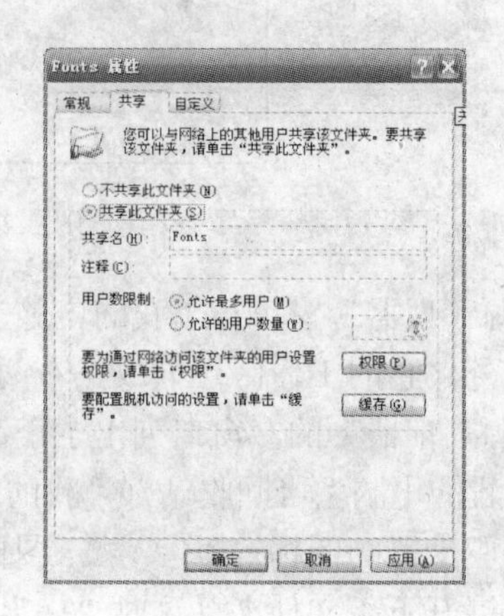

图 2.26　“Fonts 属性”对话框

单击选择“共享此文件夹”选项，在“共享名”文本框中输入“字体”，单击“确定”按钮。此时 Fonts 文件夹图标上出现了手形标记，表示共享设置成功。

6．选定图标

对 C:\Windows 文件夹窗口中的图标进行如下操作。

（1）选中前两行图标（要求窗口中的图标以“图标”方式显示）。打开 Windows 文件夹窗口，单击第一行第一个图标，按住 Shift 键，再单击第二行最后一个图标，即可选中前两行图标。

（2）选中第 1、3、5、7 个图标。按住 Ctrl 键，逐个单击第 1、3、5、7 个图标。

（3）选中全部图标。执行“编辑”→“全部选定”命令，或者按 Ctrl＋A 组合键。

7．查找指定文件

查找 C 盘上的以“Flashget”为名的所有文件或文件夹，再查找 C:\Windows 文件夹中所有扩展名为.exe 的文件。

（1）执行“开始”→“搜索”命令，打开“搜索结果”窗口，单击窗口中“您想要查找什么”选项中的“所有文件或文件夹”，打开“搜索结果”窗口，在“在这里寻找”列表中选择 C 盘，在“全部或部分文件名”文本框中输入“Flashget”，单击“搜索”按钮即可查找到“Flashget”为名的所有文件或文件夹。也可以通过右击 C 盘图标，在弹出的快捷菜单中执行“搜索”命令来完成上述操作。

（2）右击 Windows 文件夹图标，在弹出的快捷菜单中执行“搜索”命令，打开“搜索”窗口，在“全部或部分文件名”文本框中输入“*.exe”，单击“搜索”按钮即可查找 Windows 文件夹中所有扩展名为.exe 的文件。

三、综合练习

1．用多种方法启动“资源管理器”，观察“资源管理器”窗口，理解左窗口中的“＋”和“－”号的意义，比较“我的电脑”窗口与“资源管理器”窗口，总结他们的异同。

2．通过“我的电脑”或“资源管理器”浏览 D 盘及各文件夹的内容。

3．将 C：\Windows 文件夹窗口中的图标以“详细信息”方式显示，并安“大小”排序。

4．练习文件夹属性的设置、显示与取消，学习文件夹的共享设置。

5．练习文件或文件夹的选定操作。

6．查找 C 盘上所有扩展名为.bat 的文件。

实验四　文件管理

一、实验目的和要求

1．熟练掌握文件或文件夹的新建、更名、复制、移动及删除操作。

2．掌握“回收站”的使用方法。

3．了解建立和删除快捷方式的操作。

二、实验内容与指导

1．文件夹的相关操作

双击 C 盘驱动口图标打开 C 盘，执行“文件”→“新建”→“文件夹”命令，如图 2.27 所示。或者右击窗口的空白处，在弹出的快捷菜单中执行“新建”→“文件夹”命令，如图 2.28 所示，在 C 盘窗口中将出现一个“新建文件夹”图标，且名称反向显示，将名称改为 TEST。

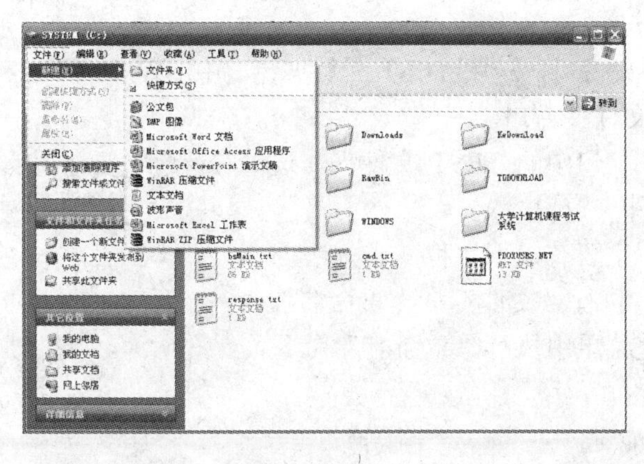

图 2.27　“文件”菜单中的“新建”子菜单

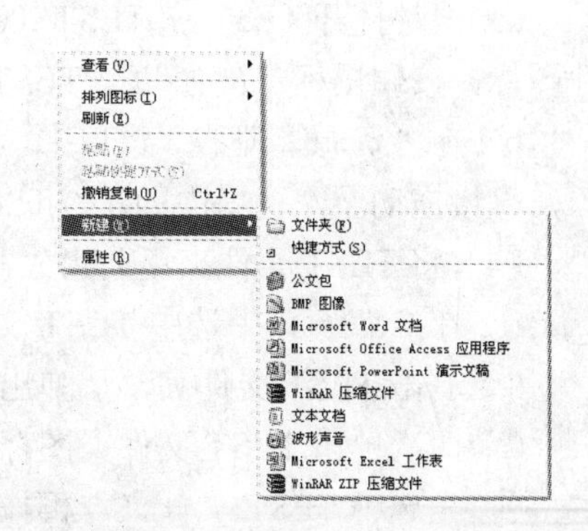

图 2.28　快捷菜单中的“新建”子菜单

（1）在 TEST 文件夹下依次创建名为 TESTSUB 的子文件夹、名为 WSY1.TXT 的文本文件、名为 WSY2.DOC 的 Word 文档、名为 WSY3.XLS 的工作簿文件。

① 打开 TEST 文件夹，用上述方法建立 TESTSUB 子文件夹。

② 单击图 2.28 所示菜单中的“文本文档”命令，窗口中出现“新建文本文档.txt”图标，且名称反向显示，将名称改为“WSY1.TXT”。

③ 单击图 2.28 所示菜单中的“Microsoft Word 文档”命令，窗口中出现“新建 Microsoft Word 文档.doc”图标，且名称反向显示，将名称改为“WSY2.DOC”。

④ 单击图 2.28 所示菜单中的“Microsoft Excel 工作表”命令，窗口中出现“新建 Microsoft Excel 工作表.xls”图标，且名称反向显示，将名称改为“WSY3.XLS”。

（2）将 WSY1.TXT、WSY2.DOC 文件复制至 TESTSUB 子文件夹下。

① 使用菜单进行复制，步骤如下所述。

a. 按住 Ctrl 键，单击 WSY1.TXT 和 WSY2.DOC 文件图标选中要复制的文件。

b. 执行“编辑”→“复制”命令，或者右击所选中的图标，从弹出的快捷菜单中执行“复制”命令，将要复制的对象放在“剪贴板”上。

c. 打开 TESTSUB 子文件夹，执行“编辑”→“粘贴”命令，或者右击窗口的空白处，从弹出的快捷菜单中执行“粘贴”命令。

② 使用拖动法进行复制，主要有以下两种方法。

a. 同时打开 TEST 和 TESTSUB 文件夹窗口，选中 TEST 文件夹窗口中的 WSY1.TXT 和 WSY2.DOC 文件图标，按住 Ctrl 键，按住鼠标左键将其拖动至 TESTSUB 文件夹窗口，即完成复制。

b. 在“资源管理器”窗口中，单击左窗口中的 TEST 文件夹，选中右窗口中要复制的对象，按住 Ctrl 键拖动至左窗口中的 TESTSUB 文件夹窗口。

（3）将 WSY3.XLS 移动至 TESTSUB 子文件夹下。

① 使用菜单进行移动，其步骤介绍如下。

a. 选中 WSY3.XLS 文件图标。

b. 执行“编辑”→“剪切”命令，或者右击所选中的图标，从弹出的快捷菜单中执行“剪切”命令，将要复制的对象放在“剪贴板”上。

c. 打开 TESTSUB 子文件夹，执行“编辑”→“粘贴”命令，或者右击窗口的空白处，从弹出的快捷菜单中执行“粘贴”命令。

② 使用拖动法进行复制，也是两种方法，如下如述。

a. 同时打开 TEST 和 TESTSUB 文件夹窗口，选中 TEST 文件夹窗口中的 WSY3.XLS 文件图标，按住鼠标左键拖动至 TESTSUB 文件夹窗口。

b. 在“资源管理器”窗口中，单击左窗口中的 TEST 文件夹，选中右窗口中要移动的对象，直接拖动至左窗口中的 TESTSUB 文件夹窗口。

（4）将 TEST 文件夹更名为“测试”，主要有以下 4 种操作方法。

① 在 C 盘窗口中选中 TEST 文件夹，执行“文件”→“重命名”。

② 右击 TEST 文件夹，从弹出的快捷菜单中执行“重命名”命令。

③ 两次单击 TEST 文件夹图标的名称框。

④ 先选中 TEST 文件夹，再按 F2 功能键。

使用上述方法之一，则该文件夹名称反向显示，直接输入“测试”，按 Enter 键，或者右击方框以外的区域。

（5）删除“测试”文件夹下的 WSY1.TXT、WSY2.DOC 文件。用“我的电脑”或“资源管理器”打开“测试”文件夹，选中要求删除的文件图标，用下列方法之一可将其删除。

① 执行“文件”→“删除”命令。

② 右击选中的文件图标，从弹出的快捷菜单中执行“删除”命令。

③ 选中要删除的文件图标，按 Delete 键。

执行以上操作之一，都会打开“确认文件删除”对话框。单击对话框中的“是”按钮即可删除选中的文件，此时删除的文件被放入“回收站”。也可在回收站和被删除对象均能看见的情况下，直接将选中的对象拖入回收站。还可以在“资源管理器”右窗口中选中删除对象，直接拖至左窗口的回收站。

2．回收站的使用

（1）打开回收站，还原对 WSY1.TXT 的删除。双击桌面上的“回收站”图标，打开回收站窗口，执行下列任一操作即可实现对删除文件的还原操作。

① 选中 WSY1.TXT 文件图标，执行“文件”→“还原”命令。

② 右击 WSY1.TXT 文件图标，在弹出的快捷菜单中执行“还原”命令。

③ 单击回收站窗口左边“回收站任务”中的“还原此项目”选项。

（2）清空回收站中的所有内容，关闭回收站。打开回收站窗口，执行下列操作之一，实现清空回收站操作。

① 右击“回收站”图标，从弹出的快捷菜单中执行“清空回收站”命令。

② 执行“文件”→“清空回收站”命令。

③ 右击回收站窗口，从弹出的快捷菜单中选择执行“清空回收站”命令。

④ 选中对象，单击回收站窗口左边“回收站任务”中的“清空回收站”选项。

单击回收站窗口标题栏右端的 ☒ 按钮，或者单击标题栏左端的“控制菜单”按钮，执行菜单中的“关闭”命令均可关闭回收站。

3．快捷方式的建立和删除

（1）使用快捷方式向导在桌面上建立快速启动“画图”的快捷方式。

右击桌面的空白处，从弹出的快捷菜单中执行“新建”→“快捷方式”命令，打开“创建快捷方式”对话框，如图 2.29 所示。

如果知道“画图”启动文件所在位置，可在对话框“请键入项目的位置”文本框中直接输入路径，单击“下一步”按钮；否则，单击“浏览”按钮，打开“浏览文件夹”对话框，在 C:\Windows\system32 文件夹下找到启动“画图”程序的文件 mspaint.exe，单击“确定”按钮返回“创建快捷方式”对话框，此时在“请键入项目的位置”文本框中显示“C:\Windows\system32\mspaint.exe”的路径，单击“下一步”按钮，打开“创建快捷方式”对话框，输入快捷方式名称（默认名称为 mspaint.exe），如图 2.29 所示。单击“完成”按钮，此时桌面上就创建了一个“mspaint.exe”的快捷方式图标。

（2）使用直接拖动的方法在桌面上建立“计算器”快捷图标。选中“开始”→“所有程序”→“附件”→“计算器”，“计算器”图标被反向显示，此时可执行下列任一操作。

① 按住鼠标左键不放，将“计算器”图标直接拖动到桌面上。

② 右击“计算器”图标，在级联菜单中执行“发送到”→“桌面快捷方式”，如图 2.30 所示。

（3）删除桌面上的“计算器”快捷图标。右击“计算器”快捷方式图标，在弹出的快捷菜单中执行“删除”命令。

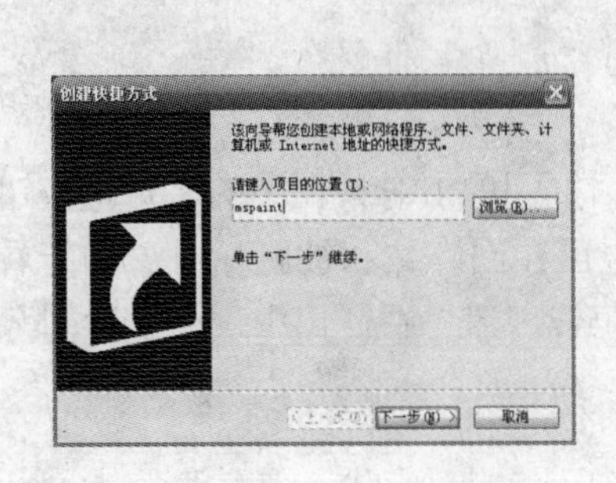

图 2.29 “创建快捷方式”对话框

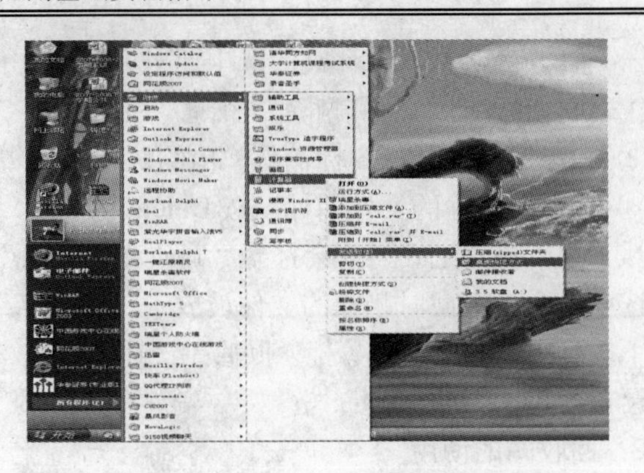

图 2.30 “发送到”子菜单

实验五 Windows XP 的磁盘管理

一、实验目的和要求

1. 了解磁盘清理和磁盘碎片整理的操作。
2. 掌握磁盘共享的设置。

二、实验内容与指导

1. 用磁盘清理工具清理 C 盘

（1）执行“开始”→“所有程序”→“附件”→“系统工具”→“磁盘清理”命令，打开“选择驱动器”对话框，如图 2.31 所示。

（2）单击“确定”按钮，弹出“磁盘清理”对话框并开始扫描，如图 2.32 所示。

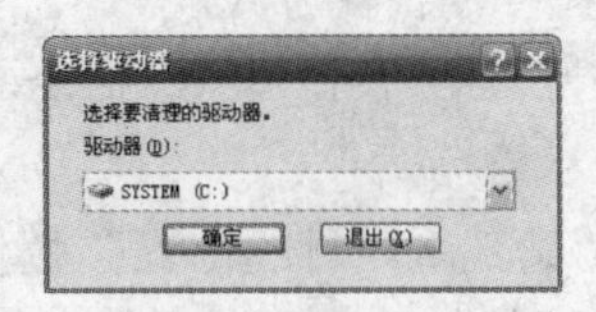

图 2.31 磁盘清理

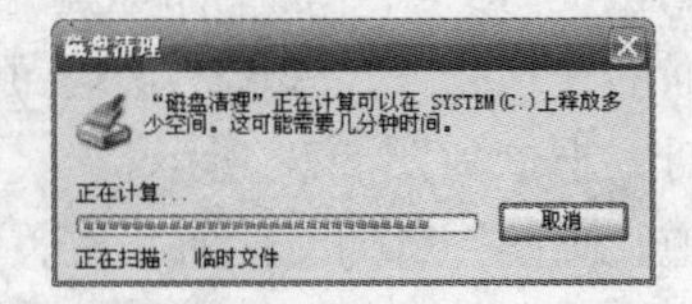

图 2.32 磁盘清理——计算释放空间

（3）扫描结束后会弹出“（C:）的磁盘清理”对话框，如图 2.33 所示。

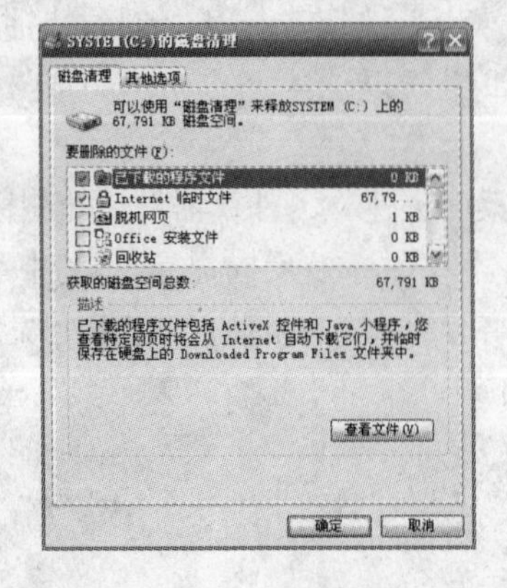

图 2.33 “（C:）的磁盘清理”对话框

（4）选择列表中要删除的文件，单击“确定”按钮，打开“确认磁盘清理”对话框，如图 2.34 所示。

（5）单击“是”按钮，打开图 2.35 所示的对话框，直至清理结束。

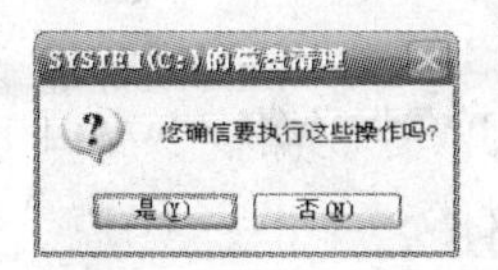

图 2.34　确认磁盘清理

图 2.35　磁盘清理——清理文件

2．将 C 盘以“共享资源”为名共享

在“我的电脑”或“资源管理器”窗口中右击 C 盘图标，从弹出的快捷菜单中执行“共享”命令，打开图 2.36 所示的对话框，选择“共享”选项卡，选择“共享此文件夹”单选按钮后单击“确定”按钮即可。

3．对某一个磁盘进行碎片整理

（1）执行“开始”→“所有程序”→“附件”→“系统工具”→“磁盘碎片整理程序”命令，打开“磁盘碎片整理程序”对话框，这里选择 C 盘，如图 2.37 所示。

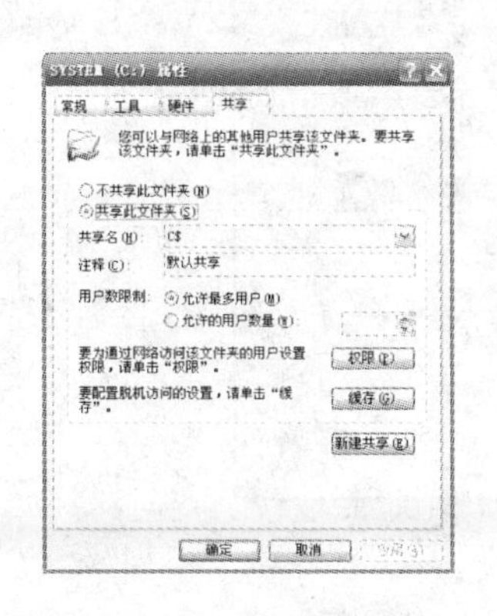

图 2.36　共享设置对话框

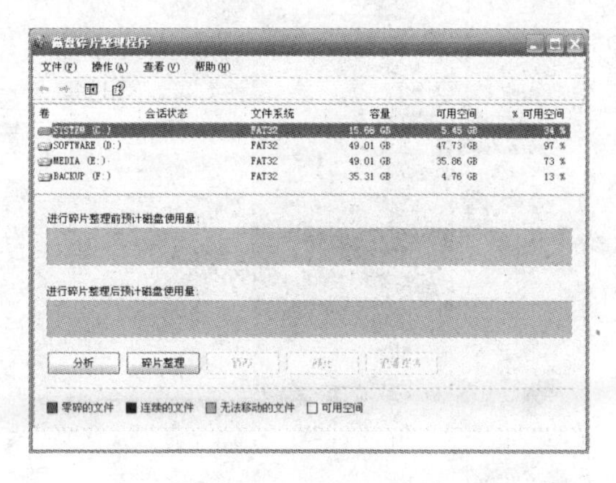

图 2.37　“磁盘碎片整理程序”对话框

（2）单击“碎片整理”按钮，开始整理磁盘，整理完毕会弹出碎片整理报告对话框。

（3）如果不想看碎片整理报告，则直接单击“关闭”按钮，完成磁盘碎片整理；如果想查看碎片整理报告，则单击“查看报告”按钮，会弹出“碎片整理报告”对话框，查看完毕，单击“关闭”按钮。

三、综合练习

1．用磁盘清理工具清理 D 盘。

2．将 D 盘以“我的资料”为名共享，并设置只能读取的共享属性。

实验六　Windows XP 系统环境的配置

一、实验目的和要求

1．掌握“控制面板”的启动方法、显示器属性设置、日期和时间设置。

2．了解鼠标属性设置。

3．学会通过控制面板添加/删除程序。

二、实验内容与指导

1．认识“控制面板”

打开“控制面板”，认识“控制面板”各组成部分；掌握“控制面板”窗口中各工具栏用法，并分别以“分类视图”和“经典视图”显示窗口中的图标。

可以采用以下任一方法，打开“控制面板”窗口。“控制面板”窗口如图 2.38 所示。

（1）执行“开始”→“设置”→“控制面板”命令。

（2）双击“我的电脑”图标，在打开的“我的电脑”窗口左边列表中单击“控制面板”选项。

（3）在“资源管理器”左窗口中单击“控制面板”图标。

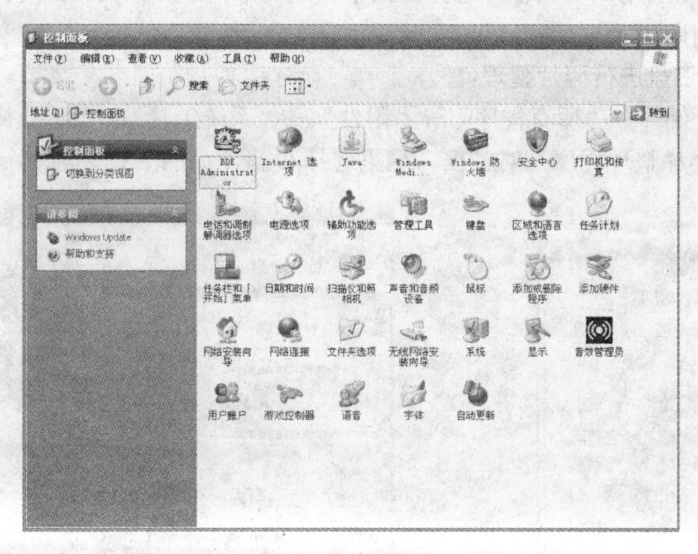

图 2.38　“控制面板”窗口

单击窗口左边“控制面板”选项中的“切换到分类视图”或者“切换到经典视图”，即可将窗口中的图标以“分类视图”或者“经典视图”显示。

2．设置显示属性

将桌面主题改为“Windows 经典”方式；更换当前的桌面背景；给屏幕设置“贝塞尔”曲线的屏幕保护程序，并设置等待时间为 3 分钟；将活动窗口标题栏颜色改为：颜色 1 为黄色，颜色 2 为绿色；将屏幕分辨率改为 800×600。

（1）更改主题。双击“控制面板”窗口中的“显示”图标，打开“显示属性”对话框，系统默认的是“主题”选项卡，打开“主题”下拉列表框，选择“Windows 经典”选项，如 2.39 所示，单击“确定”按钮。

（2）更改桌面背景。单击“显示属性”对话框中的“桌面”选项卡，选择“背景”列表中合适的图片文件，单击“确定”按钮。

（3）设置屏幕保护程序。单击“显示属性”对话框中的“屏幕保护程序”选项卡，选择“屏幕保护程序”下拉列表框中的“贝塞尔曲线”，在“等待”框中输入或选择数值 3，如图 2.40 所示，最后单击“确定”按钮。

图 2.39 “主题”选项卡

图 2.40 “屏幕保护程序”选项卡

（4）改变活动窗口标题栏的颜色。选择“显示属性”对话框中的“外观”选项卡，如图 2.41 所示。单击“高级”按钮，打开“高级外观”对话框，选择“项目”下拉列表框中的“活动窗口标题栏”选项，再将“颜色 1”选为黄色，“颜色 2”选为绿色，如图 2.42 所示。

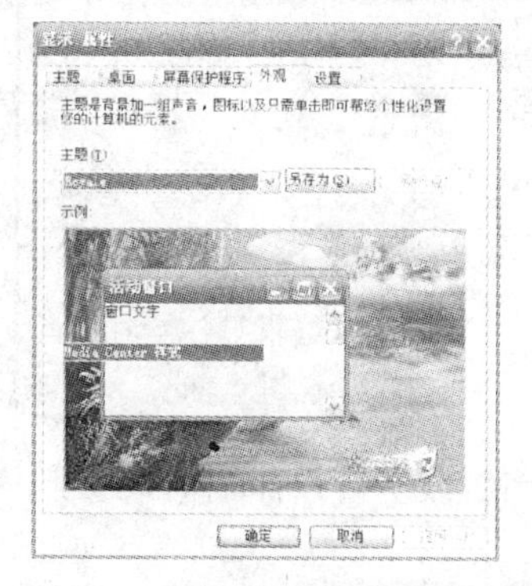

图 2.41 “外观”选项卡

图 2.42 “高级外观”对话框

单击“确定”按钮，返回“显示属性”对话框，单击“确定”按钮即可。

（5）设置屏幕分辨率。单击“显示属性”对话框中的“设置”选项卡，拖动“屏幕分辨率”滑块至 800×600，如图 2.43 所示，单击“确定”按钮。

3. 设置鼠标指针形状

理解各鼠标指针形状的含义，将鼠标指针形状改为“恐龙”形状，并设置“显示指针踪迹”效果。

双击“控制面板”窗口中的“鼠标”图标，打开“鼠标属性”对话框，单击“指针”选项卡，选择“方案”下拉列表中的“恐龙”选项，如图 2.44 所示，再单击“指针选项”选项卡，选中“显示指针踪迹”复选框，如图 2.45 所示，最后单击“确定”按钮。

4. 设置系统日期和时间

将系统日期改为 2008 年 8 月 8 号，时间改为 20：56：36，再改回当前的正确日期和时间。

双击“控制面板”窗口中的“日期和时间”图标，打开“日期和时间属性”对话框，如图 2.46 所示。在“日期”选项组中将日期改为题目中要求的日期，分别单击“时间”选项组时间显示框中的小时、分、秒，输入题目要求的时间，单击“确定”按钮。

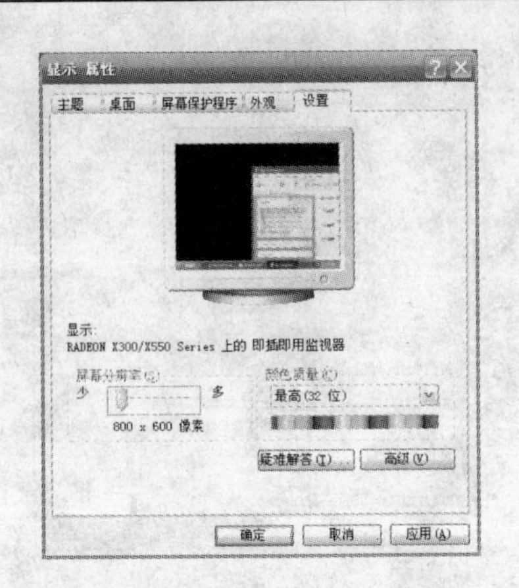

图 2.43　“设置”选项卡

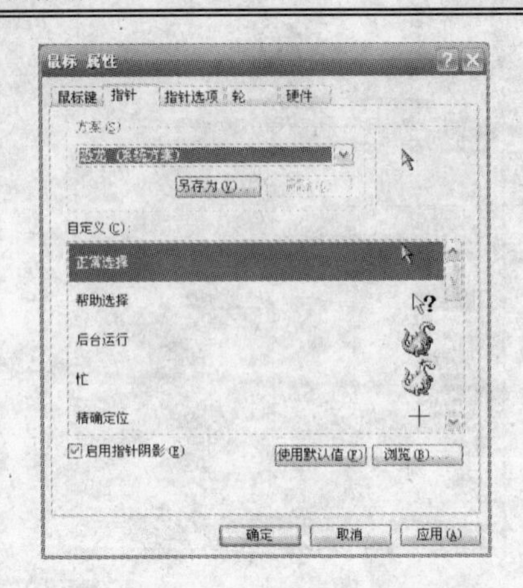

图 2.44　“指针”选项卡

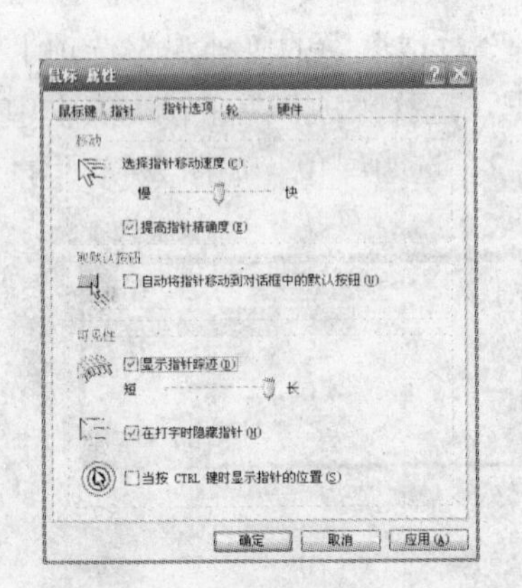

图 2.45　“指针选项”选项卡

图 2.46　“日期和时间”选项卡

三、综合练习

1．利用控制面板，在“开始”菜单中添加“画图”应用程序的启动程序菜单。

2．给屏幕设置“三维管道”屏幕保护程序，并加入口令；将菜单的颜色设置为绿色；练习调整屏幕的分辨率。

3．将鼠标指针形状改为“三维青铜色”形状，并设置“在打字时隐藏指针”效果。

4．利用控制面板，将系统日期改为 2008 年 8 月 8 日，时间修改为 20:00:00，再改回当前正确的日期和时间。

5．通过控制面板添加/删除一种应用程序。

实验七　Windows XP 附件的使用

一、实验目的和要求

1．掌握画图和计算器的使用。

2．了解记事本和写字板的功能和使用方法。

二、实验内容与指导

1. “画图”程序的使用

利用“画图”应用程序，创建名为 HT.BMP 的图片文件，在文件上绘制图 2.47 所示的图形，图形中的圆形用黄色填充，正方形内的三角形用红色填充。其余颜色均用蓝色填充制作完成后保存文件(保存位置自定)，最后关闭“画图”应用程序。

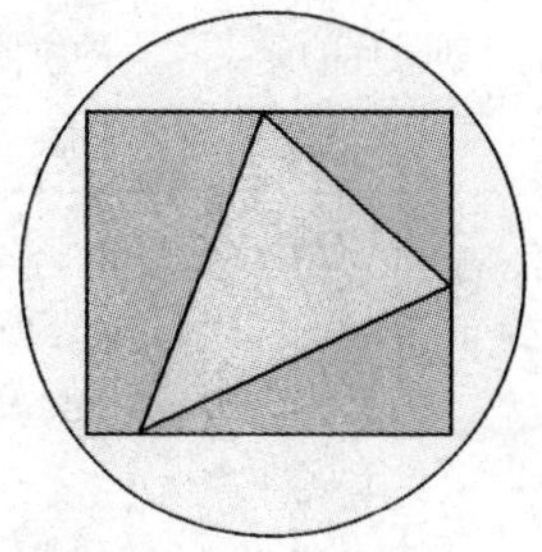

图 2.47　画图

(1) 执行“开始”→“程序”→“附件”→“画图”命令，打开“画图”窗口。

(2) 使用窗口左边工具栏中的“铅笔”、“直线”或“多边形”工具，画出图中的三角形。

(3) 单击“矩形”工具，按住 Shift 键向右下方拖动鼠标画出图中的正方形。

(4) 单击“椭圆”工具，按住 Shift 键向右下方拖动鼠标画出图中的圆形。

(5) 使用“用颜色填充”工具填充各图形中要求的颜色。

(6) 执行“文件”→“保存”命令，打开“另存为”对话框，在“保存位置”选项列表中选择合适的保存位置，在“文件名”框中输入 HT.BMP，单击“保存”按钮即可保存文件。

(7) 最后，单击“画图”窗口的“关闭”按钮关闭“画图”应用程序。

2. 计算器的使用

打开计算器，将计算器界面切换为“科学型”，用计算器将十进制数 25 转换成二进制数和十六进制数，并计算 12^3 和 6^5 的值。

(1) 执行“开始”→“程序”→“附件”→“计算器”命令，打开“计算器”窗口。执行窗口菜单“查看”→“科学型”命令，打开图 2.48 所示的“科学型”计算器窗口。

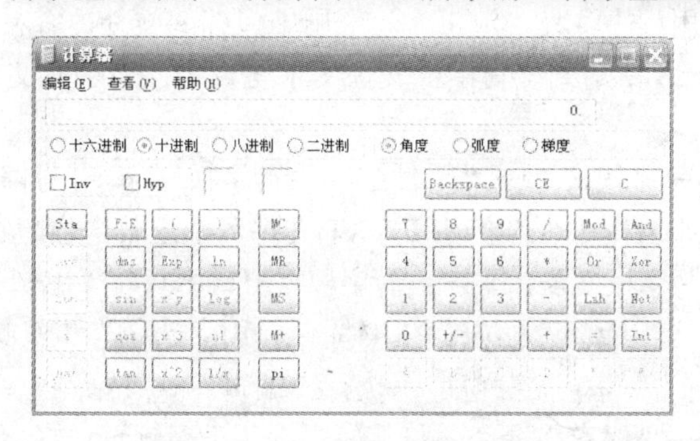

图 2.48　科学型“计算器”窗口

(2) 选中科学型计算器界面中的“十进制”选项，输入 25，然后单击“二进制”选项，则显示对应的二进制数为 11001，单击“十六进制”选项，则显示对应的十六进制数为 19。

(3) 计算 12^3 的值。先输入 12，再按计算器上的 x^3 键即可。

(4) 计算 6^5 的值。先输入 6，再按计算器上的 x^y 键，再按 5，最后按“＝”即可。

3. “记事本”的应用

利用“记事本”应用程序，创建一个名为 JSB.TXT 的文本文件，设置“自动换行”功能，在文件中输入下列内容。

计算机的发展

1946年2月，世界上第一台通用电子数字计算机（ENIAC）在美国宾夕法尼亚大学诞生。它共用了18 000多个电子管、1500多个继电器以及其他器件，总体积约90立方米，重达30吨，占地140平方米，运算速度为每秒500次加法。虽然其功能在今天看来还不如一台手掌式的可编程计算器，但它在人类文明史上具有划时代的意义，它的发明是现代人类文明进入高速发展的重要标志之一，它的出现引起了当代政治、经济、科学、教育、生产和生活等方面的巨大变化。

（1）执行“开始”→“程序”→“附件”→“记事本”命令，打开“记事本”窗口。

（2）设置自动换行，执行“格式”→“自动换行”命令。

（3）输入要求的文字。

（4）对输入的文字作如下所述的设置。

① 设置页面纸张大小为A4，上下左右页边距均为2.5厘米。页面设置的方法为：执行“文件”→“页面设置”命令，选择纸张大小为A4，输入要求的页边距，单击“确定”按钮。

② 将正文复制一份，成为第二段，删除第二段中的最后一句话。

a. 复制正文。选定正文文字，执行“编辑”→“复制”命令，将插入点定位于正文的下一行，执行“正文”→“粘贴”命令。

b. 删除文本。选定要删除的文本，按Delete键。

③ 将全文设置为隶书五号字并保存（保存位置自定）。选定全文，执行“格式”→“字体”命令，打开“字体”对话框，执行“字体”选项组中的“隶书”和“大小”选项组中的“五号”，单击“确定”按钮。

（6）执行“文件”→“保存”命令，打开“另存为”对话框，在“保存位置”选项列表中选择合适的保存位置，在“文件名”框中输入“JSB.TXT”，单击“保存”按钮即可保存文件。

4. “写字板”的应用

打开“写字板”应用程序，将“记事本”应用中保存的文件内容粘贴到该新文件中，再将“画笔”应用中保存的图片粘贴到该写字板文件的末尾，将该写字板文件以XZB.DOC为名保存（保存位置自定）。

（1）执行“开始”→“程序”→“附件”→“写字板”命令，打开“写字板”窗口。

（2）打开“记事本”应用中保存的JSB.TXT文件，选定其内容，执行“编辑”→“复制”命令，将插入点置于“写字板”窗口，在“写字板”窗口中执行“编辑”→“粘贴”命令即可。

（3）打开“画笔”应用中保存的HT.BMP文件，用“选定”工具选择图片，执行“编辑”→“复制”命令，切换到“写字板”窗口，执行“编辑”→“粘贴”命令即可。

（4）执行“文件”→“保存”命令，打开“另存为”对话框，在“保存位置”选项列表中选择合适的保存位置，在“文件名”框中输入“XZB.DOC”，单击“保存”按钮即可保存文件。

第 3 章　Word 2003 文字处理软件

实验一　Word 2003 的启动、退出与工作界面

一、实验目的和要求

1．掌握 Word 2003 程序的启动与退出方法。

2．熟悉 Word 2003 的窗口组成。

3．熟悉 Word 2003 中各种浏览视图的设置。

二、实验内容与指导

1．Word 2003 的启动

可以采用以下 3 种不同的方式来启动 Word 2003。

（1）从“开始”菜单启动 Word 2003。执行“开始”→“程序”→Microsoft Office→Microsoft Office Word 2003 命令，如图 3.1 所示。

图 3.1　启动 Word 2003

（2）利用快捷图标启动 Word 2003。如果桌面上有 Word 2003 的快捷方式图标，双击该图标也可以启动 Word 2003。

（3）通过打开 Word 文档启动 Word 2003。利用“资源管理器”或“我的电脑”找到要打开的 Word 文档，双击该 Word 文档图标，或右击该图标，从弹出的快捷菜单中执行“打开”命令，也可以启动 Word 2003，同时打开此文档。

2．熟悉 Word 2003 窗口的组成

Word 2003 窗口主要由程序窗口和文档窗口组成，即由标题栏、菜单栏、各种工具栏、标尺、编辑区、滚动条、状态栏和任务窗格等组成，如图 3.2 所示。

单击“常用”或“格式”工具栏最后的“工具栏选项”按钮，从弹出的菜单中执行“在一行内显示按钮”或“分两行显示按钮”。

鼠标指针指向“格式”工具栏的移动控制杆（即工具栏最前面的竖线）处，使得光标变成双向箭头的形状，将其拖动到“常用”工具栏之后或“常用”工具栏的下面。

3. 各种浏览视图

在 Word 窗口的左下角有视图切换按钮，分别单击可切换不同的视图，也可以单击 Word 2003 中的“视图”菜单，分别执行“普通”、“Web 版式”、“页面”、“阅读版式”、“大纲”命令来进行视图切换，请仔细观察各种视图的不同。

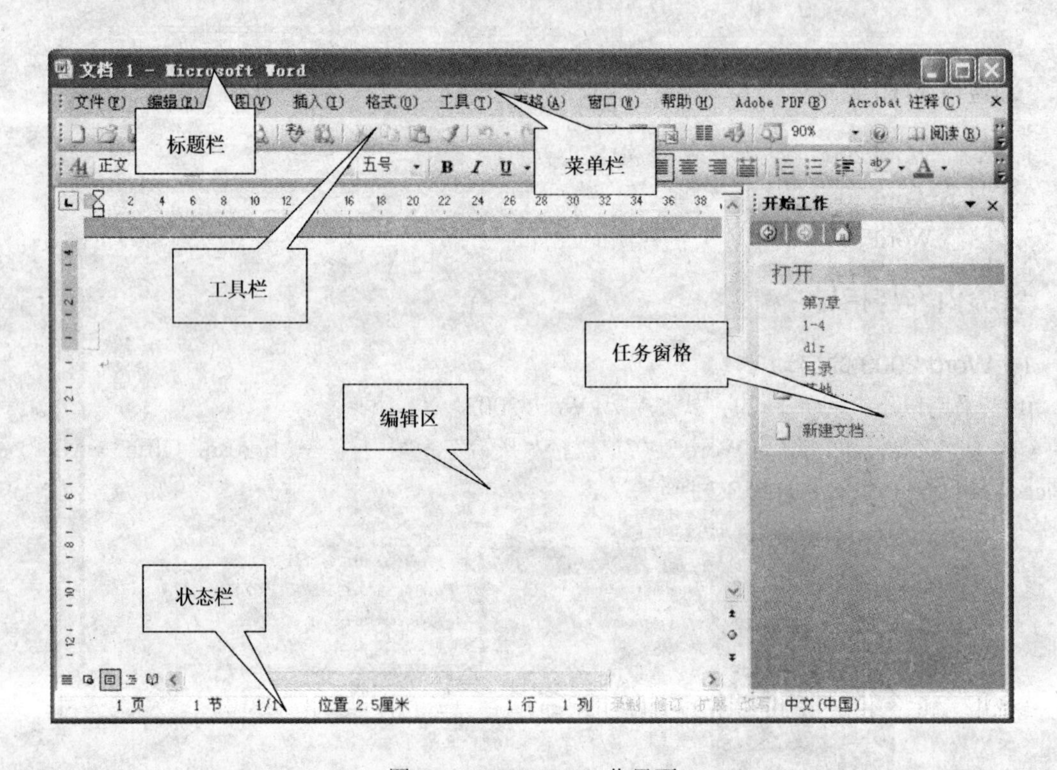

图 3.2　Word 2003 工作界面

4. 改变窗口的布局

可以采用以下 3 种方法改变窗口的布局。

（1）执行“窗口”→“拆分”命令，鼠标会变成形状，然后拖动鼠标到合适位置。

（2）鼠标双击“拆分条”（），可将窗口平均分成两个窗口，“拆分条”在“垂直滚动条”上边。

（3）拖动“拆分条”到任意位置也可以改变窗口的布局。

如果 Office 2003 是默认安装，则可打开 C:\Program Files\Microsoft Office\Templates\ 2052\典雅现代型报告.doc，把它拆分成两个窗口，如图 3.3 所示。打开文件，执行“窗口”→“拆分”命令，拖动鼠标到合适的位置，单击鼠标即可。

5. 隐藏和显示各种工具栏

（1）执行“视图”→“工具栏”→“常用”命令，可隐藏或显示“常用”工具栏，其他类同。

（2）执行“视图”→“工具栏”→“表格和边框”命令，可把“表格和边框”工具栏显示出来，并将其放到“格式”工具栏下边，如图 3.4 所示。

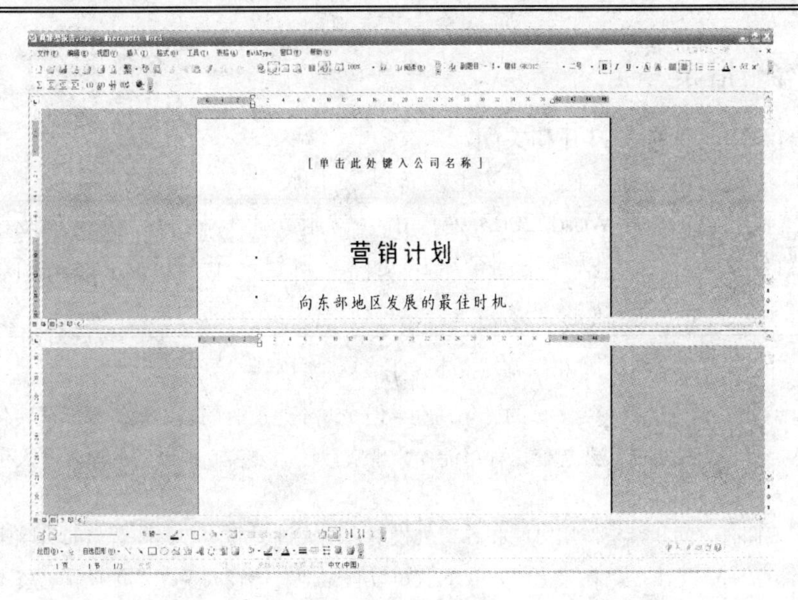

图 3.3　拆分窗口

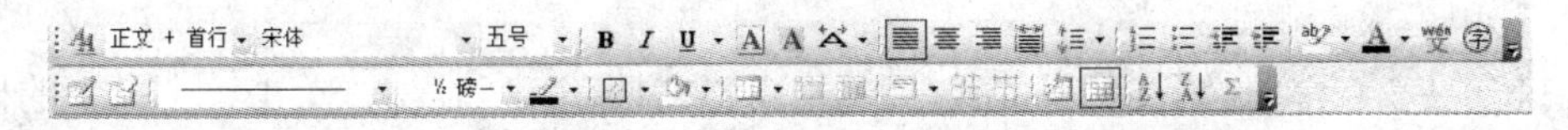

图 3.4　“表格和边框”工具栏

6．Word 2003 的退出

退出 Word 2003 有以下 4 种方法。

（1）单击 Word 2003 标题栏右上角的“关闭”按钮。

（2）在 Word 2003 中执行“文件”→“退出”命令。

（3）按 Alt＋F4 组合键。

（4）双击 Word 2003 标题栏左侧的控制菜单图标。

三、综合练习

1．Word 2003 的窗口主要由哪几部分组成？

2．在“窗口”菜单中的“新建窗口”命令是什么意思？它与新建文档有什么不同？

3．各种视图有什么不同？

实验二　Word 2003 的基本操作

一、实验目的和要求

1．熟练掌握 Word 2003 文档的创建、打开、保存及关闭的方法。

2．熟练掌握在 Word 2003 中输入文本与各种符号的方法。

3．掌握选定文本的方法。

4．熟练掌握文本的基本编辑技术：选定、移动、复制、剪切、粘贴和删除等。

5．掌握在文档中进行查找与替换的方法。

二、实验内容与指导

1. 文档的新建、保存、打开和关闭

Word 2003 中提供的新建文档的方法主要有以下几种。

（1）直接新建文档。在 Word 2003 中单击“常用”工具栏的“新建”按钮，或者执行“文件”→“新建”命令都可以新建一个空白文档。新建一个 Word 空白文档，并输入以下内容。

> “年轻就是资本，年老就是财富！”
>
> 一言既出，赢得了满堂的喝彩。多好的一句话啊。但是并不是所有的资本最终都能够转化为财富。资本只是为实现财富提供了一种可能，要想使这种可能变为现实，还需要苦心地经营。原来，人生也是需要经营的啊。
>
> 因为年轻，就拥有时间和希望，用时间和希望去投资，用充满爱心的心灵和智慧的头脑去经营，人生一定会一天比一天更富有、更丰盈。在年老时，我们就可以自豪地对年轻人说：“年轻就是资本，年老就是财富！”

（2）利用模板创建新文档。

① 执行“文件”→“新建”命令，打开“新建文档”任务窗格，单击“本机上的模板…”选项，打开“模板”对话框，如图 3.5 所示。

② 执行“其他文档”选项卡中的“典雅型简历”，单击“确定”按钮即可。

（3）利用向导创建新文档。

① 按上述方法打开“模板”对话框，选择“其他文档”选项卡中的“名片制作向导”，单击“确定”按钮进入名片制作向导的第一步，如图 3.6 所示。

② 单击“下一步”按钮进入选择名片样式的对话框，可通过名片样式下拉列表选择一种样式，如图 3.7 所示。

③ 单击“下一步”按钮进入选择名片类型对话框，可选择标准大小，也可自定义大小，如图 3.8 所示。

④ 单击“下一步”按钮进入生成选项，可生成单独的名片，也可生成批量名片，如图 3.9 所示。

⑤ 单击“下一步”按钮进入具体内容，填写名片中的内容，如单位、地址、姓名等，如图 3.10 所示。

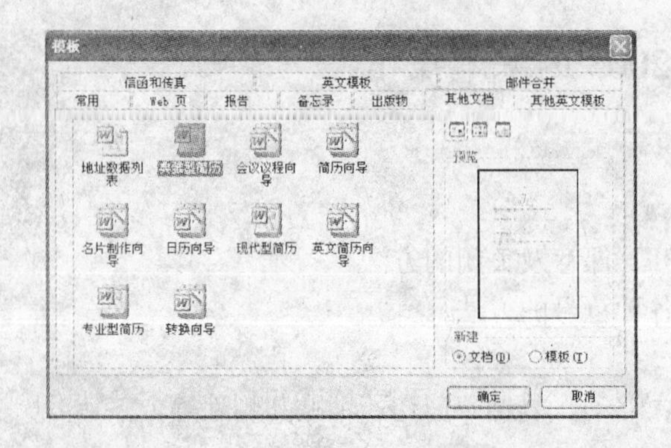

图 3.5　“模板”对话框

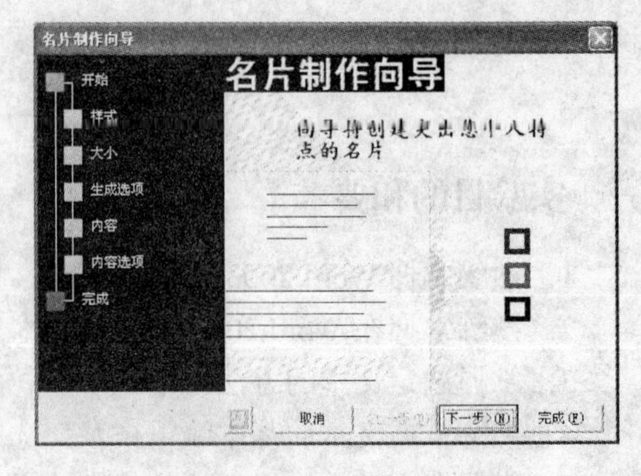

图 3.6　名片制作向导

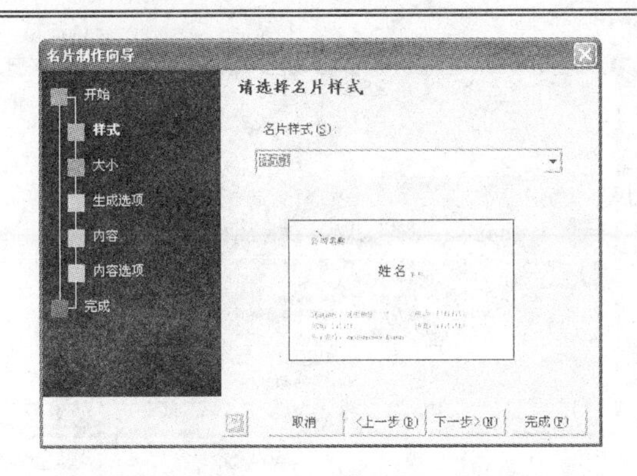

图 3.7　选择名片样式

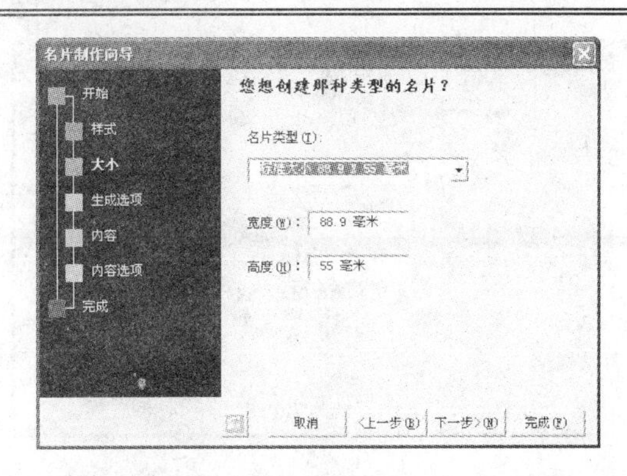

图 3.8　名片类型

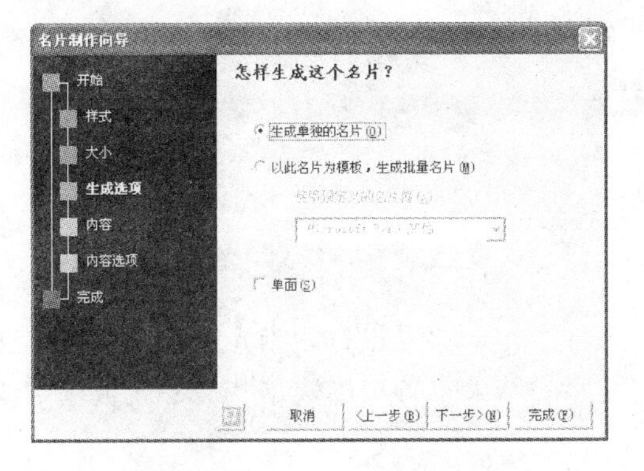

图 3.9　怎样生成名片

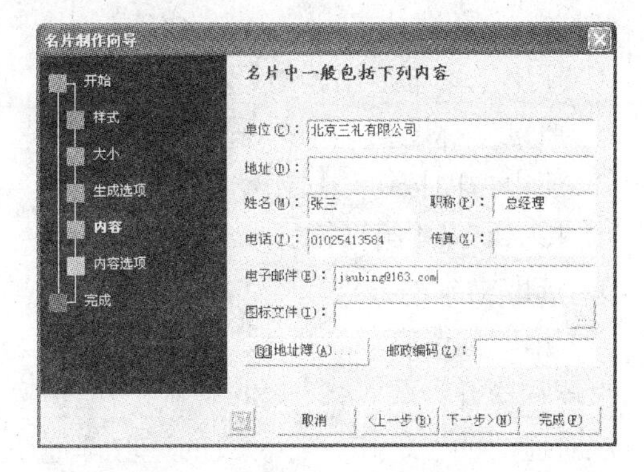

图 3.10　名片信息

⑥ 单击“下一步”按钮进入“内容选项”，指定名片背面的内容，如图 3.11 所示。

⑦ 打开“完成”对话框，单击“完成”按钮完成名片的制作向导，如图 3.12 所示。

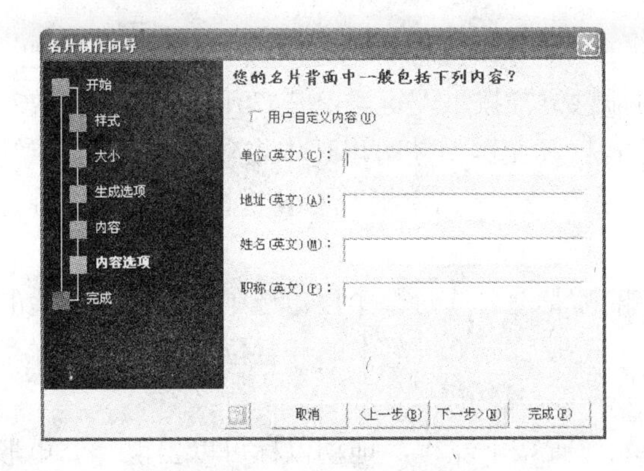

图 3.11　背面信息

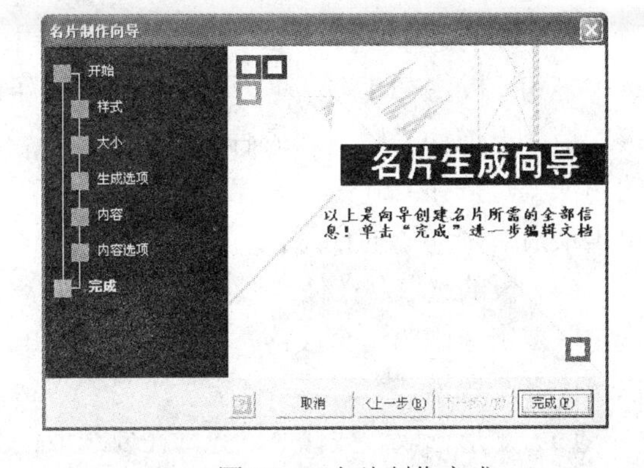

图 3.12　名片制作完成

2. 文档的保存、打开与关闭

（1）保存文档。执行“文件”→“保存”命令，或者单击“常用”工具栏上的“保存”按钮，弹出图 3.13 所示的“另存为”对话框，利用该对话框就可以把上面创建的文档以自己的命名保存到指定的地方。

（2）打开文档。在 Word 2003 中要打开一个已经建立的文档，可以执行“文件”→“打开”命令。或单击常用工具栏上的“打开”按钮，弹出如图 3.14 所示的“打开”对话框，利用该对话框即可打开选定的文档。另外，直接双击一个存在的 Word 文档也可以打开该文档。

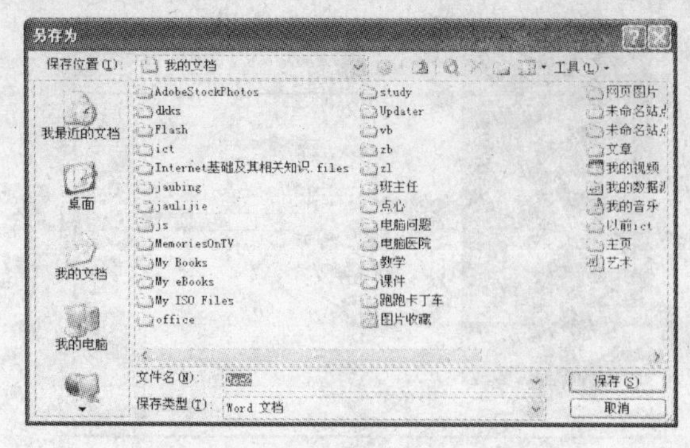

图 3.13 “另存为”对话框

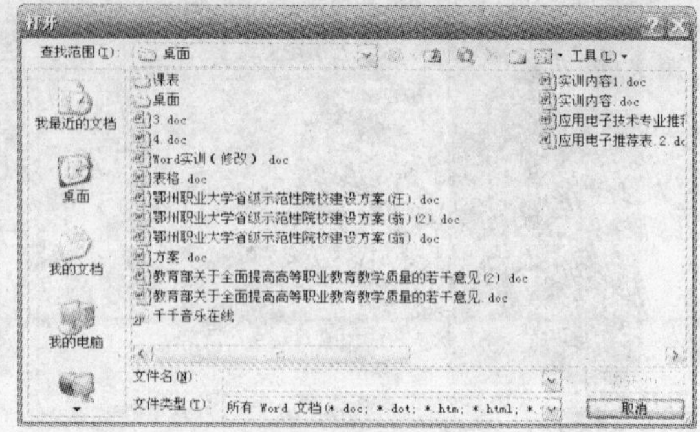

图 3.14 “打开”对话框

（3）文档的关闭。关闭文档的方法有以下 4 种方法。

① 使用主菜单退出，执行“文件”→“退出”命令。

② 通过“标题栏”中的系统菜单。

③ 使用关闭按钮 ☒ 退出。

④ 按 Alt＋F4 组合键。

3．选取文本的方法

（1）用鼠标选取。在要选定文字的开始位置按住左键，移动鼠标，当光标移动到选定文字的结束位置松开；或者按住 Shift 键，在要选定文字的结束位置单击，这些文字就被选中（这个方法对连续的字、句、行、段的选取都适用）。

（2）行的选取。把鼠标移动到行的左边，鼠标变成了一个斜向右上方的箭头，单击鼠标，就可以选中这一行了；或者把光标定位在要选定文字的开始位置，按住 Shift 键后再按 End 键（或 Home 键），可以选中光标所在位置到行尾（首）的文字（Shift 键配合光标键也可进行选取）。

（3）句的选取。按住 Ctrl 键，单击文档中的一个地方，鼠标单击处的整个句子就被选取。选中多句：按住 Ctrl 键，在第一个要选中句子的任意位置按下左键，松开 Ctrl 键，在不释放左键的情况下拖动鼠标，到最后一个句子的任意位置松开左键，就可以选中多句。配合 Shift 键的用法就是按住 Ctrl 键，在第一个要选中句子的任意位置单击，松开 Ctrl 键，按下 Shift 键，单击最后一个句子的任意位置。

（4）段的选取。在任意段中的任意位置三击鼠标左键，选定整个段。选中多段：在左边的选定区双击选中第一个段落，然后按住 Shift 键，在最后一个段落中的任意位置单击，一样可以选中多个段落。

（5）矩形选取。按住 Alt 键，在要选取的开始位置按下左键，拖动鼠标可以出现一个矩形的选择区域。配合 Shift 键，先把光标定位在要选定区域的开始位置，同时按住 Shift＋Alt 组合键，鼠标单击要选定区域的结束位置，同样可以选择一个矩形区域。

（6）全文选取。全文选取可采用 3 种方法：使用快捷键 Ctrl＋A 可以选中全文；先将光标定位到文档的开始位置，再按 Shift＋Ctrl＋End 组合键选取全文；按住 Ctrl 键在左边的选定区中单击，同样可以选取全文。

（7）扩展选取。Word 还有一种扩展的选取状态，按下 F8 键，状态栏上的“扩展”两个字由灰色变成了黑色，表明现在进入了扩展状态；再按一下 F8 键，则选择了光标所在处的一个词；再按一下，选区扩展到了整句；再按一下，就扩展到了一段；再按一下，就选择了全文；

再按，没反应了，按一下 Esc 键，状态栏的扩展两字变成了灰色的，表明现在退出了扩展状态，这就是扩展状态的选取。用鼠标在“扩展”两个字上双击也可以切换扩展状态。扩展状态也可以同其他的选择方式结合起来使用。进入扩展状态，按住 Alt 键单击，可以选定一个矩形区域的范围。

选取文字的目的是为了对它进行复制、删除、拖动、设置格式等操作。

4．复制文本

复制文本可采用以下任意一种方式操作。

（1）选中要复制的文字，文字背景变为黑色；将鼠标光标放在它的阴影上，呈↖形状；按住 Ctrl 键，拖动鼠标到目标位置。

（2）选中要移动的文字，执行“编辑”→“复制”命令，或者单击“常用”工具栏上的“复制”按钮，或者在阴影上单击右键，在弹出的快捷菜单中执行“复制”命令；在目标位置执行“编辑”→“粘贴”命令，或者单击“常用”工具栏上的“粘贴”按钮，或者在目标位置单击右键，在弹出的快捷菜单中执行“粘贴”命令。

5．移动文本

移动文本可采用下列任意一种操作方式。

（1）选中文本，执行“编辑”→“剪切”命令，将鼠标定位到目标位置，执行“编辑”→“粘贴”命令。

（2）选中文本，单击“常用”工具栏上的“剪切”按钮，在目标位置单击一下，再次单击“常用”工具栏上的“粘贴”按钮。

（3）选中文本，按下左键拖动文本至目标位置。

6．查找与替换

执行“编辑”→“替换”命令，打开“查找和替换”对话框，如图 3.15 所示。

选择“替换”选项卡在“查找内容”文本框中输入需要替换的文本，在“替换为”文本框中输入新的文本。如果要求将所有查到的文本全部替换成新文本，单击“全部替换”按钮。系统完成替换后，会弹出图 3.16 所示的窗口，显示所替换的文本数量。

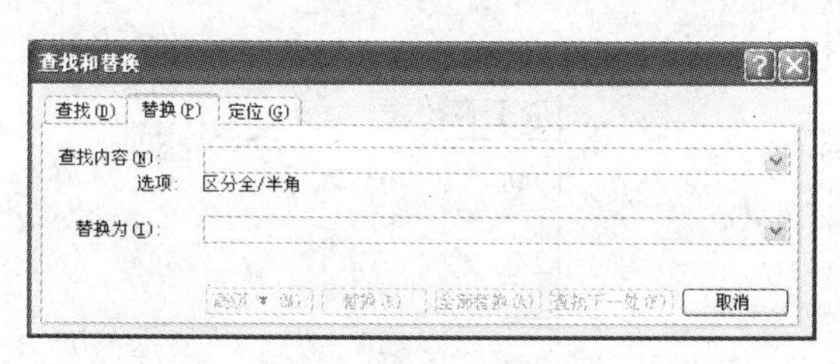

图 3.15　“查找和替换”对话框

图 3.16　替换结果

三、综合练习

1．如何选取文本？

2．复制文本和移动文本有什么区别？

3．如何查找有特殊格式的文本（如查找字体大小为四号的“电脑”二字）？

实验三　文本的格式设置

一、实验目的和要求

1．掌握 Word 2003 字体格式化的基本操作，如字体、字形、字号等的设置。

2．掌握如何修饰字符。

3．掌握“字体”对话框的使用。

4．掌握 Word 2003 中文档对齐方式、缩进、行间距、段落间距、边框和底纹的设置。

二、实验内容与指导

1．字符格式的设置

（1）字体与字号的设置。

① 使用“格式”工具栏设置文字的格式，如图 3.17 所示。

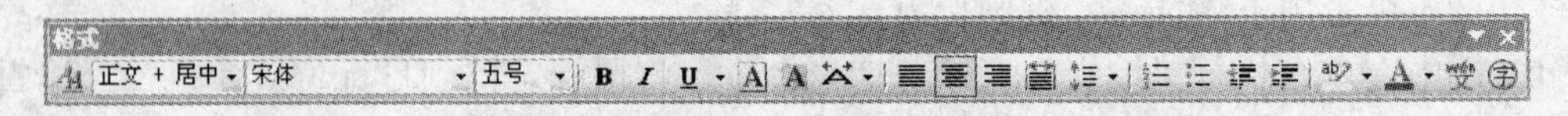

图 3.17　“格式”工具栏

a．设置字体。单击“字体”下拉列表框中向下的箭头，可以选择所需的字体。列表框中显示的字体为当前应用的字体，如图 3.18 所示。Word 2003 提供了近百种字体，其中包括 20 多种中文字体。“字体”下拉列表框的功能相当于“字体”对话框中的“中文字体”下拉列表框和“西文字体”下拉列表框。

b．设置字号。在“字号”下拉列表框中，可以选择所需文字的大小，如图 3.19 所示。“字号”下拉列表框的功能相当于“字体”对话框中的“字号”列表。字号有两种数字：一种是阿拉伯数字，另一种是大写中文数字。如果是阿拉伯数字，数字越大，字越大；如果是大写中文数字，数字越大，字越小。

图 3.18　字体

图 3.19　字号

② 使用“字体”对话框设置文字格式。“字体”对话框如图 3.20 所示。

a．选中要设置格式的文字，然后执行“格式”→“字体”命令，弹出“字体”对话框，选择“字体”选项卡。

b．在“中文字体”下拉列表框中选择汉字的字体；在“西文字体”下拉列表框中选择英文字母的字体；在“字形”列表中选择文字的外形；在“字号”列表中选择文字的大小。

c．在“字体颜色”下拉列表框中选择文字的显示颜色。在“下画线线型”下拉列表框中选择文字下画线的形式。在“下画线颜色”下拉列表框中选择文字下画线的显示颜色。在“着重号”下拉列表框中，选择是否添加着重号。

d. 在“效果”选项组中，可以选中其中的复选框为文字添加特殊的效果。在“预览”栏中，用户可以查看设置后的文字效果。

e. 完成设置后，单击“确定”按钮。

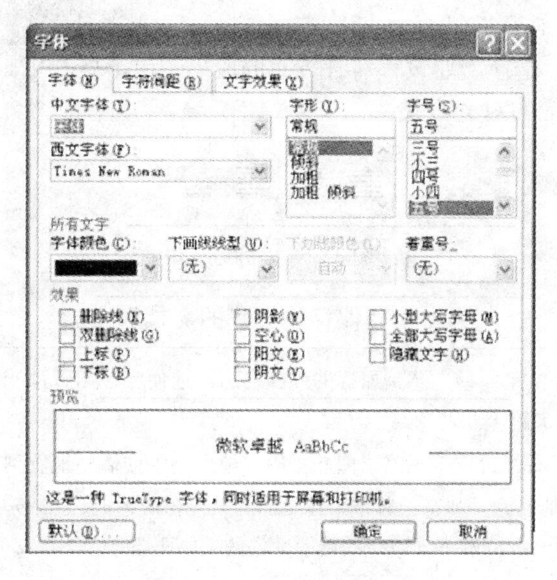

图 3.20　“字体”对话框

（2）字形的设置。Word 2003 一共提供了 4 种字形：常规、倾斜、加粗、加粗倾斜。选中文字后使用“格式”工具栏或使用“字体”对话框都可以设置字形。已经设置过的字体，再次单击相应的格式按钮就会取消设置。

（3）格式的设置，输入以下内容。

> 电子商务面临的问题
>
> 虽然目前电子商务（Electronic Commerce）的热潮已经席卷全世界，但是也有人对电子商务仍然存有疑问，其主要原因在于它目前的不完善性。当前实施电子商务还存在以下问题。
>
> 统一标准的问题。这主要包括统一商业标准、技术标准和安全标准等，这是电子商务全球化的一个重要先决条件。
>
> 相关的法律问题。电子商务的实施将引出一系列的法律问题，如贸易纠纷如何仲裁、电子文件的法律效力问题、如何保护个人隐私权、电子资金转账的合法性等。
>
> 安全性问题。推动电子商务的发展，也许最大的问题就在于网络安全问题。如何保证重要信息能够在网上安全地传输而不被人窃取、如何保证内部网络和计算机不被网络黑客破坏，以及如何保证信用卡号码不被人盗用等，已成为一系列关系到电子商务如何发展的重要问题。

① 将标题“电子商务面临的问题”的字体、字号、字形分别设置为“方正舒体”、“二号”、“粗体”。

② 将正文的汉字设置为小四号楷体，英文设置为小四号 Arial 体。

③ 将正文各段（包括标题）中的“电子商务”设置为“绿色”，并设为“斜体”。

④ 分别将第一段、第二段、第三段的第一句设为“黑体”。

（4）修饰字符。

① 设置文字颜色。在“格式”工具栏中单击“字体颜色”按钮右侧的下拉箭头，在弹出的下拉列表中选择所需颜色即可。

② 字符缩放。选中文本后，在“常用”工具栏中单击“字符缩放”按钮右侧的下拉箭头，在弹出的下拉列表中选择字符缩放值。

2．设置段落格式

（1）设置对齐方式。选择需要设置对齐方式的段落，单击格式工具栏上的相应按钮，如图3.21所示，即可实现相应的对齐方式。

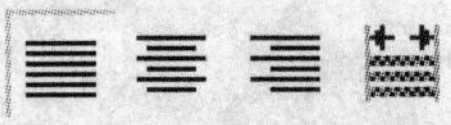

图 3.21　对齐方式

输入以下内容，以“C5”为文件名保存到“我的文档”中。

皮诺乔刚摆脱了那根沉重而使人感到屈辱的颈圈之后，他便穿过田野，一刻不停地往前跑去，一直跑到了那条通往仙女家的大路上。

到了大路上，他往下看了看位于大路下面的平原，他用肉眼便清楚地看到了那片森林，他曾不幸地在那儿遇到了狐狸和猫；他看到了那棵他曾被吊在上面的大橡树的树冠耸立在其他树的上面。可是尽管他朝各个方向看了又看，却怎么也看不到漂亮的蓝发姑娘的那座小房子。

这时候他有了一种不祥的预感，于是开始用他剩下的全部力气奔跑起来，几分钟以后他便跑到了原来那座小白屋所在的草地上，可是小白屋已经没有了。在小白屋原来的位置上有一块大理石，上面刻着以下使人感到伤心的碑文。

蓝发姑娘之墓

她死于悲痛哀伤；

因为她的皮诺乔弟弟，

把她无情地抛弃。

当皮诺乔终于勉强地读出了墓上的碑文以后，他的心情是什么样的，我就请你们自己想象吧。他跌倒在地上，一边虔诚地吻着墓碑，一边号啕大哭。他哭了整整一夜，一直哭到第二天早上太阳升起，眼泪已经哭干，他还在哭。他的哭喊声和哀号声是那么的凄切，使人心碎肠断，以致四周的山岗都响起了回声。

按如下要求设置上面的文字的格式。

① 将“蓝发姑娘之墓……把她无情地抛弃。”这段文字设置成居中对齐。

② 将第一段设成分散对齐。

③ 将最后一段设成右对齐。

（2）缩进的设置。将上面文字的第一、二、三段设置为首行缩进2个字符，左、右缩进1厘米，最后一个段落设成悬挂缩进2个字符。有两种方法可以实现该操作：使用“段落”对话框进行设置，如图 3.22 所示；使用水平标尺，通过拖动相应的滑块即可进行设置，不过很难准确地做到1厘米或2个字符，如图3.23所示。

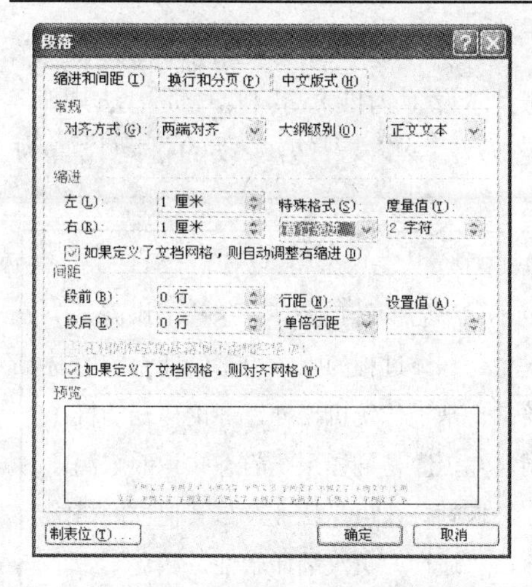

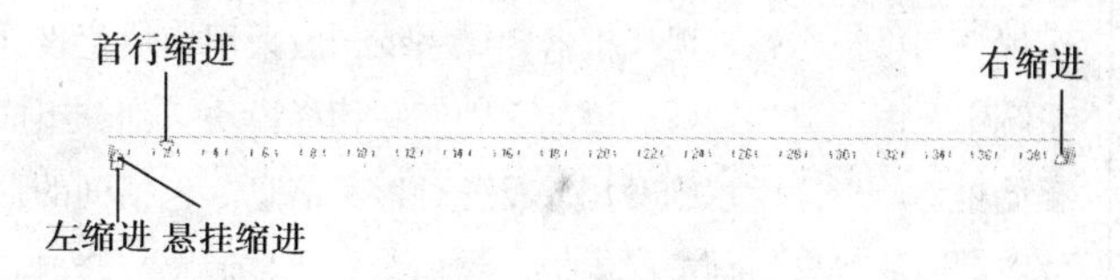

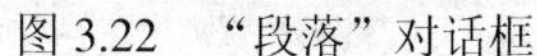

图 3.22　“段落”对话框　　　　　　　　　　图 3.23　水平标尺

（3）行间距与段落间距的设置。将“蓝发姑娘之墓……把她无情地抛弃。”这几段的行间距设置为 1.5 倍行距。首先选中这些段落，然后打开“段落”对话框，按图 3.24 所示的设置进行设置。

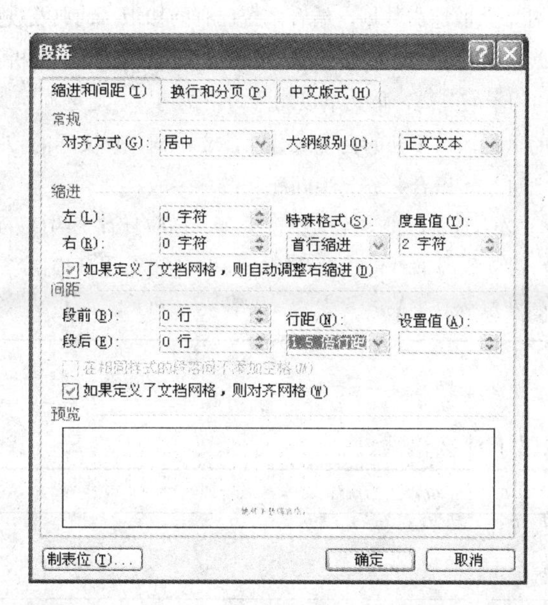

图 3.24　“段落”对话框

（4）边框和底纹的设置。“蓝发姑娘之墓”加上一种横线，并把“她死于悲痛哀伤；因为她的皮诺乔弟弟，把她无情地抛弃。”设置黑色的三线框和-12.5%灰度级的底纹。步骤如下。

① 先通过增加段落的左右缩进量将此段落的宽度变小，然后把光标放在该段落的右侧，执行“格式”→“边框和底纹”→“横线”命令，找到符合要求的横线后双击。

② 执行“格式”→“边框和底纹”→“边框”命令，在“线型”列表框中选择“三线”，再选择“底纹”选项卡，在“填充”中选择“-12.5%”。

最后的效果如图 3.25 所示。

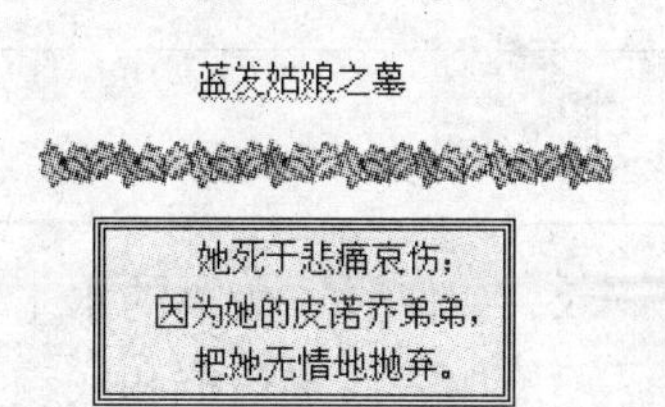

图 3.25　设置边框与底纹后的效果图

3．实际操作

先输入以下内容，然后将第二段中的“语法规则”的字体设置为四号隶书；“惯用法规则”的字体设置为红色四号隶书，并增加“七彩霓虹”的动态效果；将文中第一段的行距设置为3.4倍行距；将第三段设置为10%的绿色底纹。

机器翻译系统的构成及实现

机器翻译属于人工智能的范畴，它利用计算机模拟人脑进行不同语言的转换处理。这些工作需要一个完整的系统支撑，那么这个系统是由什么构成？它是如何实现自动翻译过程的呢？为了保证系统的易实现性和可扩充性，现代机器翻译系统一般采用模块化设计。通常，基于传统机器翻译理论构筑的机译系统主要由词典知识库、语法规则库和翻译模块三部分组成。词典知识库是翻译系统静态知识的来源，存储单词原形（带规则变化）及各种语义信息，包括词的词性、领域划分、语义特征及与其他词的搭配等，同时还包含对词汇的维护、添加、更新、调整、修改。目前，“通译”英汉翻译软件，涵盖了二十多个专业领域，双向总词汇量达400多万条。

语法规则库是翻译系统的核心，主要分为语法规则和惯用法规则。语法规则解决通常的语法、语义和词法现象，即解决共性的语法现象；惯用法规则解决与具体单词有关的语法、语义和词法现象，即解决独特的语法现象。系统实现时采用程序与数据分离的方式，可使规则库不断扩充，改善翻译质量。

翻译模块的功能是从外部获取原文数据，结合系统已有的知识（词典及规则）将原文转为译文，并输出结果。该模块又可根据作用的不同细分为三个子模块：切分子模块、分析子模块和生成子模块。切分子模块完成单词、标点和句子的分离，将文章以句子为单位切分，通过查词典得到每个词的词法信息；分析子模块将句子中孤立的单词当做单独的句子成分，建立单词与译文间的转换关系；生成子模块针对分析后赋予确切词义的词汇进行短语合并、句型匹配和统一生成。

一个好的机译系统除了必须具备以上三个关键部分外，还应具有一些良好的翻译辅助功能模块，如友好易用的窗口界面模块、译文修改调整模块和外围输入/输出设备支持模块等，整个翻译过程的实现就是这些功能模块协同工作的结果。

三、综合练习

1．下面的段落格式属于什么格式？

字符排列的规律	段落对齐方式

2．如何设置段落的水平对齐和垂直对齐？

3．如何设置边框和底纹？

实验四　Word 2003 的表格制作

一、实验目的和要求

1．掌握创建新表格的方法。

2．掌握移动、复制表格中内容的的方法。

3．掌握删除表格、行、列和单元格的方法，掌握合并和拆分单元格的方法。

4．掌握设置表格的属性的方法。

5．掌握如何设置表格的边框和底纹。

6．学会使用表格自动套用格式。

二、实验内容与指导

1．创建一个 7 列 14 行的新表格

在 Word 2003 中，创建新表格的方法有以下 3 种。

（1）执行“表格”→“绘制表格”命令，弹出“表格和边框”工具栏，使用该工具栏中的工具按钮，就可以绘制和修改表格。

（2）执行“表格”→“插入”命令，打开“插入表格”对话框，如图 3.26 所示，然后在列数、行数后面输入相应的值，单击“确定”按钮即可创建新的表格。

（3）使用“常用”工具栏中的插入表格按钮创建表格。

由于这里创建的表格行列数较多，建议采用第 2 种方法。

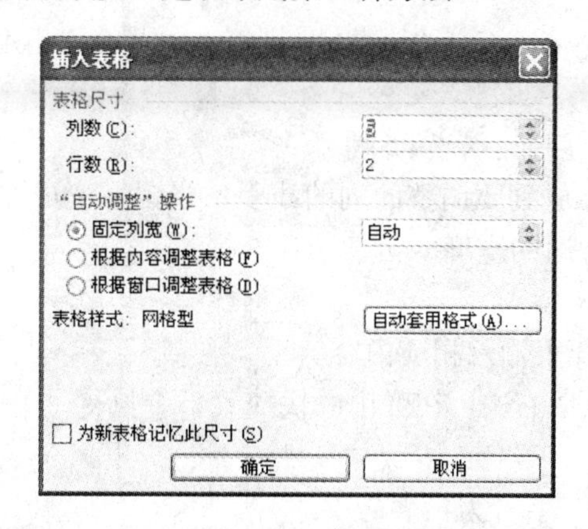

图 3.26　“插入表格”对话框

2．合并和拆分单元格

按图 3.27 所示的样式进行单元格的合并，步骤如下所述。

（1）选中单元格 A2～A4。

（2）在其上右击，执行“合并单元格”命令或执行“表格”→“合并单元格”命令，如图 3.28 所示，其他单元格也可以按此方法合并。

图 3.27　表格样式

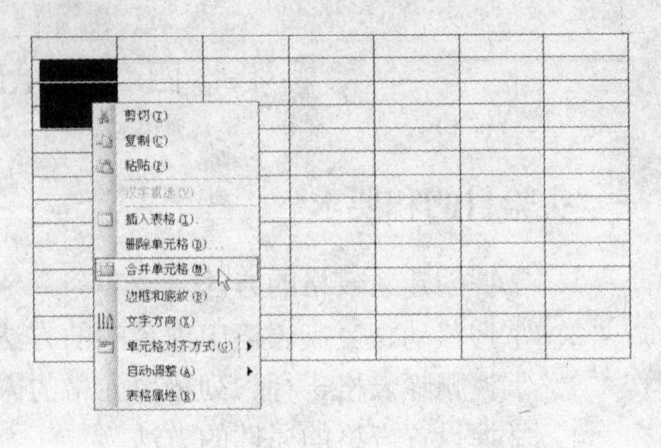

图 3.28　合并单元格

3．调整行高和列宽

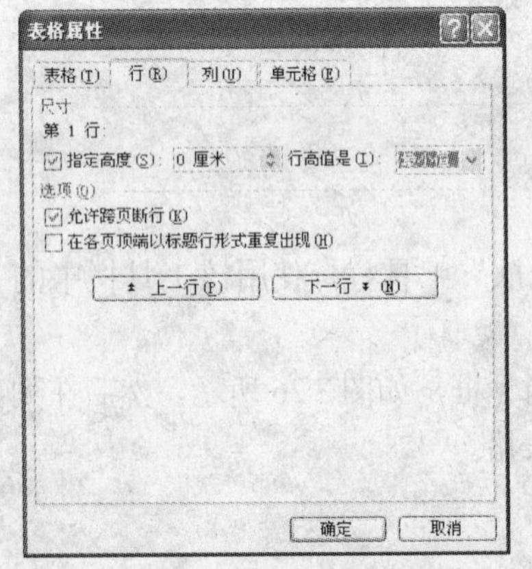

图 3.29　“表格属性”对话框

（1）调整行高。假定要设置第 5、13 行行高为固定值 2 厘米，第 9、11、14 行行高为固定值 3.5 厘米，其他为最小值，步骤如下所述。

① 选中表格后，在菜单栏中执行“表格属性”命令，打开“表格属性”对话框，选择“行”选项卡，如图 3.29 所示。

② 选中“指定高度”复选框。

③ 在“行高值是”列表框中选择“最小值”选项。

④ 单击“下一行”按钮。

⑤ 第 2、3、4 等行的设置重复第③、第④步。

⑥ 设置第 5 行和第 13 行时，在“行高值是”下拉列表框中选择“固定值”选项，然后在“指定高度”文本框中输入“2 厘米”。

⑦ 设置第 9、11、14 行时输入“3.5 厘米”。

（2）调整列宽。把鼠标放到要调整的列的线上，当鼠标变成左右双向箭头（ ⫲ ）时，按下鼠标左键拖动，调整到合适的宽度即可。

4．编辑单元格内容

（1）按图 3.30 所示的样表输入相应内容。

（2）首先选中表格，然后右击，在弹出的快捷菜单中执行“单元格对齐方式”→“中部居中”命令，如图 3.31 所示。

（3）字体设为“宋体”，字号为“五号”。

5．插入行/列

在最后一行下面再插入一行，在最前面的单元格写上“其他”，有两种方法可以实现该操作，如下所述。

（1）执行“表格”→“插入”→“行（在下方）”命令。

（2）把光标放在最后一行的后面，然后按 Enter 键。

6．设置表格的边框和底纹

首先选中表格，然后单击右键，在弹出的快捷菜单中执行“边框和底纹”命令，打开“边框和底纹”对话框，如图 3.32 所示，设置表格的边框和底纹主要在该对话框中进行。

在这个对话框里有 3 个选项卡，分别是“边框”、“页面边框”和“底纹”选项卡，这里主要使用“边框”和“底纹”选项卡，“页面边框”选项卡是在设置页面时用的。

姓名		性别		年龄		[贴照片]
地址						
	邮政编码		电子邮件			
	电话		传真			
毕业学校及专业						
应聘职务						
教育						
奖励						
语言						
工作经验						
推荐						
技能						
获得证书						

图 3.30　样表

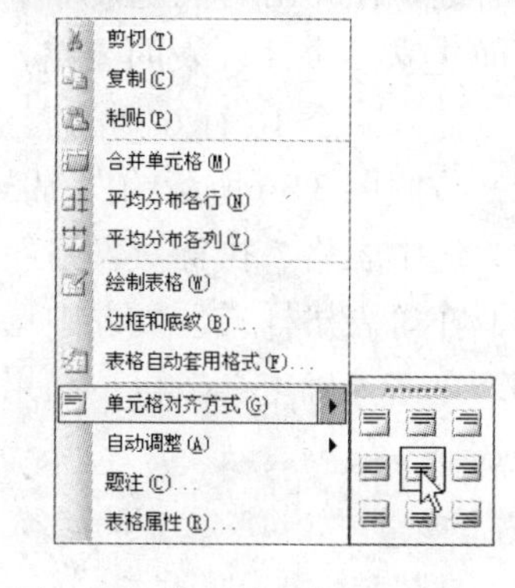

图 3.31　设置单元格对齐方式

按图 3.33 所示的样式设计一个表格，其步骤如下所述。

（1）作出表格的基本样式，并输入内容。

（2）选中整个表格，然后执行“格式”→“边框和底纹”命令，打开“边框和底纹”对话框。

（3）在“边框”选项卡中的“设置”区域选择“自定义”选项，在“线型”列表框中选择双线型，在“预览”区域单击预览图的四周边框，单击“确定”按钮。

（4）在“线型”列表框中选择单实线型，在“预览”区域单击预览图的中间边框。

（5）选中第 3 行，再打开“边框和底纹”对话框，在“线型”列表框中选择双线型，在“预览”区域单击预览图的上边框。

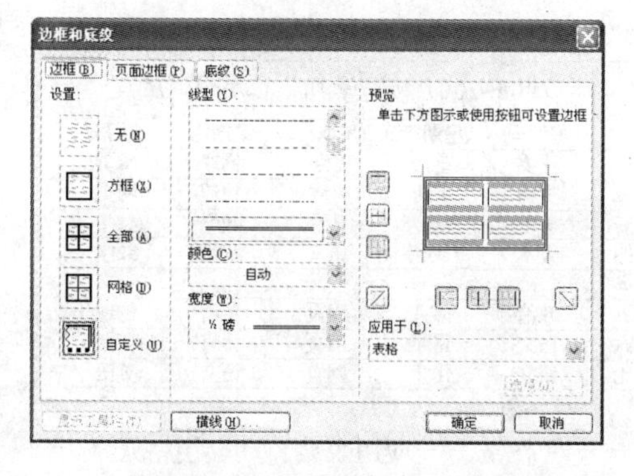

图 3.32　“边框和底纹”对话框

出差旅游报销清单

出差人:　　　　　　　　部门:　　　　　　　　年　月　日

出生日期		地点		交通费	膳杂费	住宿费	杂费	其他费用	合计	说明
月	日	起	迄							
费用总计										
旅费总额（大写）	□人民币　□美元 万 千 佰 拾 元 角 分 整					预支旅费			应付（支）金额	
会计			核准			审核			收款签字	

图 3.33　表格样例

（6）选中“其他费用”下面的 5 个单元格，打开“边框和底纹”对话框的“底纹”选项卡，在“填充”区域选择“灰色-10%”颜色，用同样的方法将“说明”下的单元格“底纹”设置为“灰色-30%”颜色。

7. 表格自动套用格式

有两种方法可以实现在表格中应用自动套用格式。

（1）在创建表格时应用。执行“表格”→“插入”→“表格”命令，打开“插入表格”对话框，单击“自动套用格式”按钮，打开图 3.34 所示的“表格自动套用格式”对话框，在“表格样式”列表中选择一种套用样式，单击“确定”按钮。

（2）创建完表格后应用。先选中表格，然后执行“表格”→“表格自动套用格式”命令，或单击右键，在弹出的快捷菜单中执行“表格自动套用格式”命令，如图 3.35 所示。

下面建立一个课程表的表格，如图 3.36 所示，套用表格样式“列表型 7”，步骤如下。

（1）插入一个 10 行 6 列的表格。

（2）按照图 3.36 所示的课程表填入内容并调整表格。

（3）选中表格，执行“表格”命令，打开“表格自动套用格式”对话框。

（4）在“表格样式”列表中选择“列表型 7”样式。

（5）单击“确定”按钮，结果如图 3.37 所示。

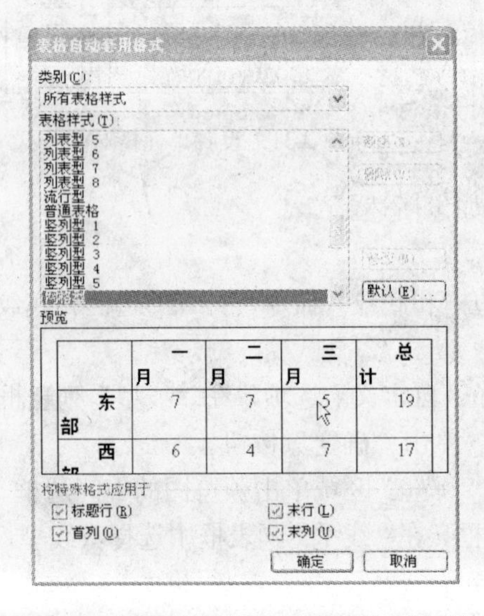

图 3.34　“表格自动套用格式”对话框

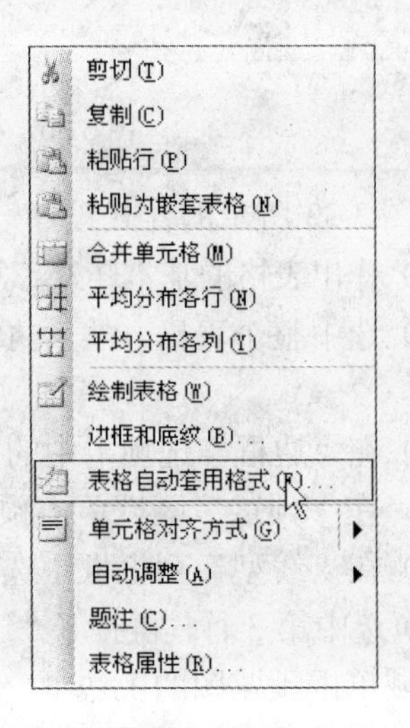

图 3.35　“表格自动套用格式”命令

2006-2007 第二学期　信 042　课表					
	星期一	星期二	星期三	星期四	星期五
一	生物	英语	数学	物理	网页
二	生物	英语	数学	物理	网页
三	美术	心理学	语文	数学	数学
四	美术	心理学	语文	政治	数学
五	政治	体育	网页	英语	物理
六	语文	化学	网页	体育	英语
七	语文	化学	网页	语文	英语

图 3.36　创建课程表

2006-2007 第二学期　信 042　课表					
	星期一	星期二	星期三	星期四	星期五
一	生物	英语	数学	物理	网页
二	生物	英语	数学	物理	网页
三	美术	心理学	语文	数学	数学
四	美术	心理学	语文	政治	数学
五	政治	体育	网页	英语	物理
六	语文	化学	网页	体育	英语
七	语文	化学	网页	语文	英语

图 3.37　应用表格自动套用格式

三、综合练习

1. 创建表格共有几种方法？
2. 在表格中如何画斜线？
3. 在 Word 2003 文档中创建一个表格，表格最多可以包含多少行、多少列？
4. 边框和页面边框有什么区别？
5. 如何使用表格的自动套用格式？

实验五　图形处理操作

一、实验目的和要求

1．掌握插入剪贴画或图片的方法。

2．掌握设置图片大小的方法。

3．掌握设置图片格式的方法。

4．掌握绘制自选图形的方法。

二、实验内容与指导

1．插入剪贴画

在正文中任意插入一幅剪贴画的方法如下。

（1）执行“插入”→“图片”→“剪贴画”命令，打开“剪贴画”任务窗格。

（2）在“剪贴画”任务窗格中单击“管理编辑”项，打开“编辑管理器”对话框。

（3）在“编辑管理器”对话框左边“收藏集列表”窗口中选择图片所在的文件夹，右边窗格中就会显示该文件夹下所有的图片，如图 3.38 所示。

（4）鼠标指向需要插入的图片，按住左键将图片拖动到正文相应的插入点，或者单击该剪贴画右边的下拉箭头，或者右击准备插入的剪贴画，在弹出的下拉列表中执行“插入”命令，如图 3.39 所示。

2．插入图片

在正文中插入一幅自选图片的方法如下。

（1）执行“插入”→“图片”→“来自文件”命令，打开“插入图片”对话框，如图 3.40 所示。

（2）选择查找位置找到所需的图片文件，选中该图片，单击“插入”按钮，或双击图片即可将图片插入到文档中。

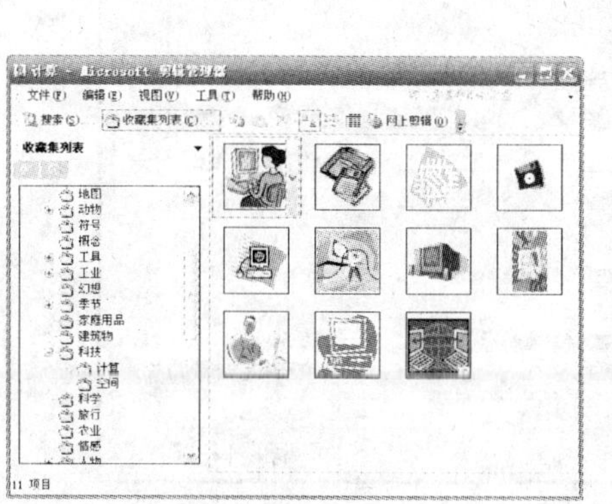

图 3.38　“编辑管理器”对话框

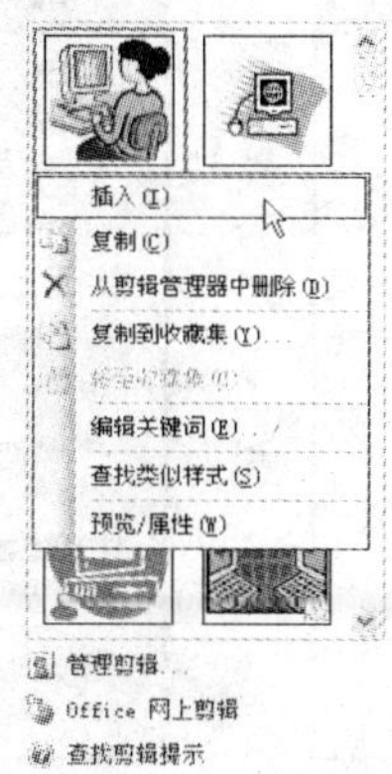

图 3.39　插入“剪贴画”

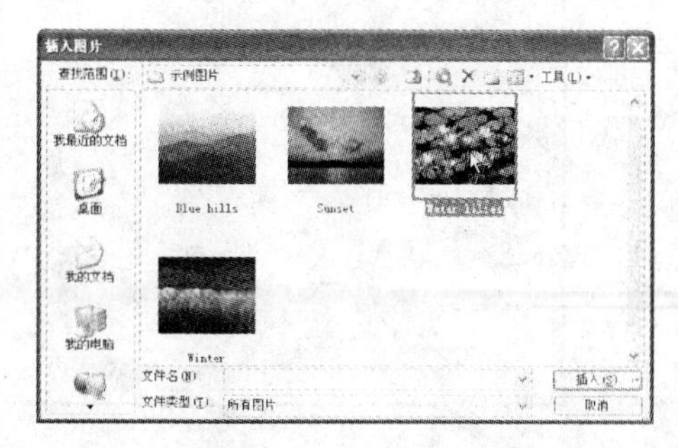

图 3.40　“插入图片”对话框

3. 设置图片的格式

图片的格式主要有“颜色与线条”、“大小”、“版式”等，对它们的设置是用“设置图片格式”对话框进行的。可以通过在图片上单击右键或执行“格式”→“图片”命令，打开“设置图片格式”对话框，如图3.41所示，所有的图片格式都可以在此处进行设置。

按图3.42所示的样式编辑文档，先输入文字，再插入图片，图片锁定纵横比，高度为2.8厘米，位置为水平距页边距6厘米，垂直距页边距6厘米。

（1）新建一文档，选择“B5”纸，左、右、上、下页边距均设为2厘米。

（2）输入样文内容，字号为四号字。

（3）插入图3.42所示的图片。打开“剪贴画”任务窗格，以“计算机”为关键词搜索，找到该剪贴画后将其插入到文档中。

（4）打开“设置图片格式”对话框，选择“大小”选项卡，在“缩放”区域选中“锁定纵横比”复选框，在“尺寸和旋转”区域中的“高度”中输入“2.8厘米”，如图3.43所示。

（5）选择“版式”选项，单击“高级”按钮，在“水平对齐”区域的“绝对位置”中选择“页边距”，在后面的“右侧”中输入“6 厘米”；在“垂直对齐”区域的“绝对位置”中选择“页边距”，在后面的“下侧”中输入“6厘米”，如图3.44所示。

（6）单击“确定”按钮。

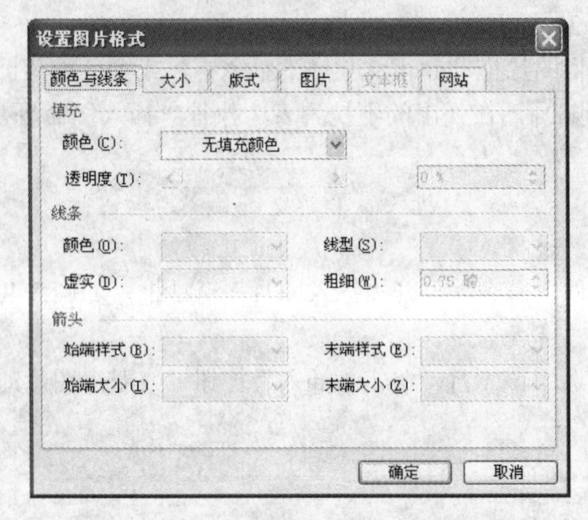

图3.41　“设置图片格式”对话框

电子商务面临的问题

虽然目前电子商务的热潮已经席卷全世界，但是也有人对电子商务仍然留有疑问，其主要原因在于它目前的不完善性。当前实施电子商务还存在以下一些问题。

统一标准的问题。这主要包括统一商业标准、技术标准和安全标准等，这是电子商务全球化的一个重要先决条件。

相关的法律问题。电子商务的实施将引出一系列的法律问题，如贸易纠纷如何仲裁、电子文件的法律效力问题、如何保护个人隐私权、电子资金转账的合法性等。

安全性问题。推动电子商务的发展，也许最大的问题就在于网络安全问题。如何保证重要信息能够在网上安全地传输而不被人窃取、如何保证内部网络和计算机不被网络黑客破坏、以及如何保证信用卡号码不被人盗用等，已成了一系列关系到电子商务如何发展的重要问题。

图3.42　样文

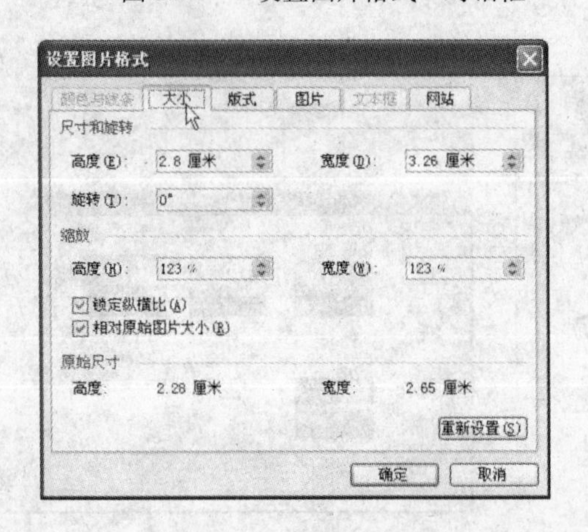

图3.43　设置图片的大小

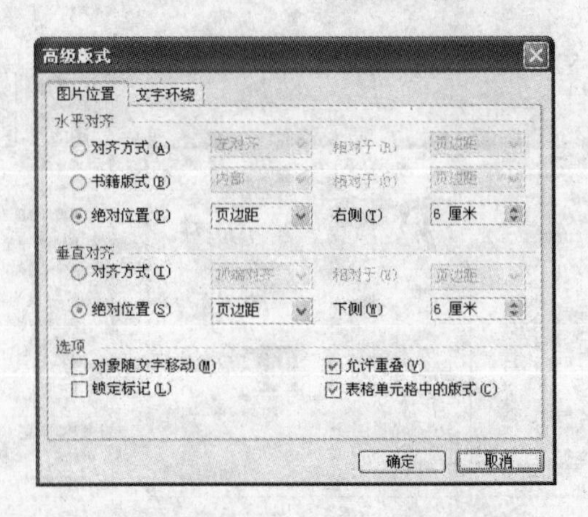

图3.44　设置图片的位置

4．绘制自选图形

自选图形的绘制主要是通过“绘图”工具栏进行操作的。执行“视图”→“工具栏”→“绘图”命令，在窗口的下面就可以看到“绘图”工具栏了，如图 3.45 所示。利用“绘图”工具栏可以完成对图形对象的大部分操作。需要注意的是，图形的绘制应在页面视图或者 Web 视图下进行，在普通视图或大纲视图下，绘制的图形不可见。

图 3.45　“绘图”工具栏

（1）插入线条。如果仅仅是插入一条直线，只需单击“绘图”工具栏中的“直线”按钮，然后把鼠标指针移到要绘制的位置，此时，鼠标光标变成“十”字形，按住左键拖动到合适的位置即可。

需要注意的是，在拖动鼠标的过程中，如果按住 Shift 键，直线与水平方向的夹角将是整数值，即如果旋转直线，将产生跳跃而不是圆滑地旋转；如果按住 Ctrl 键，直线将以第一点为中心，向两个方向扩展画直线。

如果要插入一条曲线，按下述步骤进行。

① 单击“绘图”工具栏中的“自选图形”按钮，在弹出的菜单中执行“线条”命令。

② 单击“线条”级联菜单中的“曲线”按钮。

③ 将鼠标指针移到要绘制的地方单击，然后按住左键拖动鼠标。

④ 拖动鼠标确定曲线的弧度，然后单击左键确定曲线的第 3 个点的位置。

⑤ 对曲线进行调整后双击鼠标即可完成曲线的绘制，其结果如图 3.46 所示。

（2）绘制基本图形。Word 2003 为用户在“自选图形”中设置了很多基本的形状，可以很方便地利用它们画出矩形、菱形、梯形、圆柱、棱台、立方体、大括号等基本形状，如图 3.47 所示。

① 在“绘图”工具栏中单击“自选图形”按钮。

② 在弹出的菜单中执行“基本形状”命令，如图 3.47 所示。

③ 从弹出的级联菜单中选择需要的图形，然后单击相应的按钮。

④ 此时鼠标指针变成“十”字形，按住鼠标左键不放，同时拖动鼠标即可绘制所需图形。

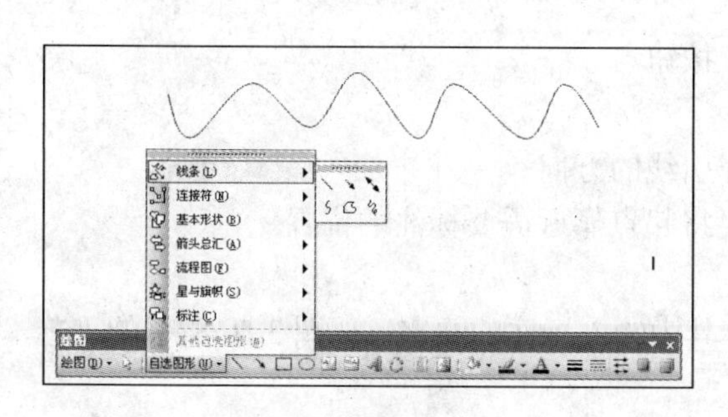

图 3.46　绘制曲线

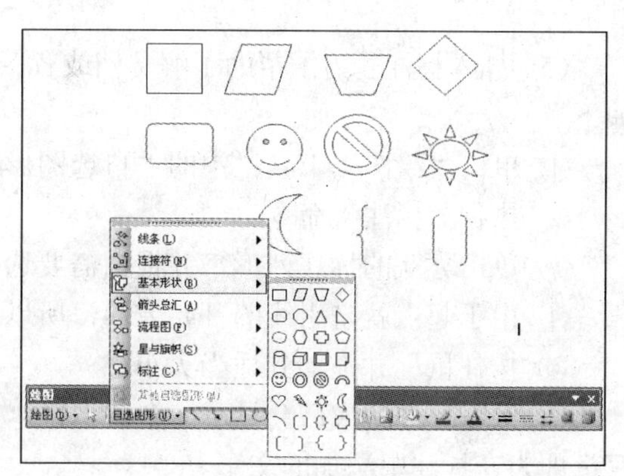

图 3.47　自选图形

（3）插入箭头。有时需要在文档中插入箭头，以便简单明了地表示所需的内容。如果只是插入一般的实心箭头作为标注和指引作用，可以按如下步骤进行。

① 单击“绘图”工具栏中的“箭头”按钮。

② 按住左键不放，在文档中拖动鼠标，即可绘制出一个带有箭头的直线。

③ 单击“绘图”工具栏中的“箭头样式”按钮，从中选择需要的箭头样式，如图 3.48 所示。

（4）插入流程图。在实际工作中会经常画一些流程图，如生产流程图、算法流程图等。由于流程图中的每个图框都有不同的含义，所以在画流程图时必须牢记各种方框的意义，但在 Word 2003 中，只需在“自选图形”菜单的“流程图”中选择不同的图框即可。画流程图一般需要加上箭头，才能形成真正的流程图，具体步骤如下所述。

① 单击“绘图”工具栏的“自选图形”按钮。

② 从弹出的菜单中执行“流程图”命令，再把弹出的工具面板拖到屏幕上。

③ 用同样的方法把“箭头总汇”工具面板拖到屏幕上。

④ 在“流程图”工具面板中选择需要的图框，在屏幕上画出相应的图形。

⑤ 在图框下面选择需要的箭头。画出流程图后，在图框中添加上相应的文字即可，如图 3.49 所示。

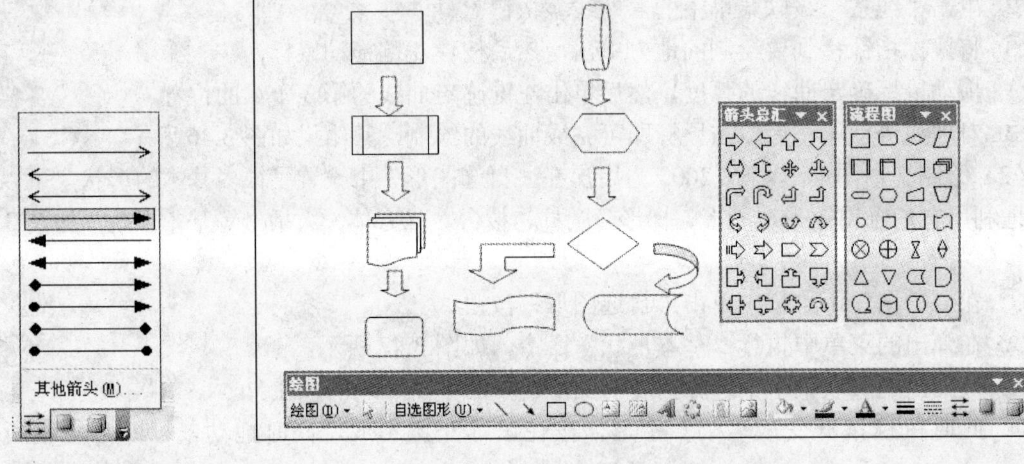

图 3.48　箭头样式　　　　图 3.49　流程图

（5）插入标注。为了帮助了解文档或者图形的内容，可以在其上插入标注，具体操作步骤如下。

① 单击“绘图”工具栏中的“自选图形”按钮。

② 执行“标注”命令。

③ 单击喜欢的标注外形，并根据需要选择引线的方向。

④ 由于起点就是引线的开始方向，所以要将起点靠近需要标注的位置。

⑤ 按住鼠标并拖动到适当大小。

⑥ 绘制标注完成后会显示一个文本框，在其中输入标注的文字，如图 3.50 所示的“艺术字”即为在标注中添加的文字。

（6）为图形对象添加文字。在 Word 2003 中，可以在图形对象中添加文字，这些文字将附加在对象之上并可以随对象一起移动。为标注添加文字比较简单，因为绘制完标注后，会自动显示一个文本框让用户输入文字。但为其他图形对象添加文字却不一样，其具体步骤如下所述。

① 右击要添加文字的图形对象。

② 在弹出的快捷菜单中选择“添加文字”命令，如图 3.51 所示。

③ 在显示的文本框中输入文字。

④ 对文字的格式（如字体、字号等）进行处理。

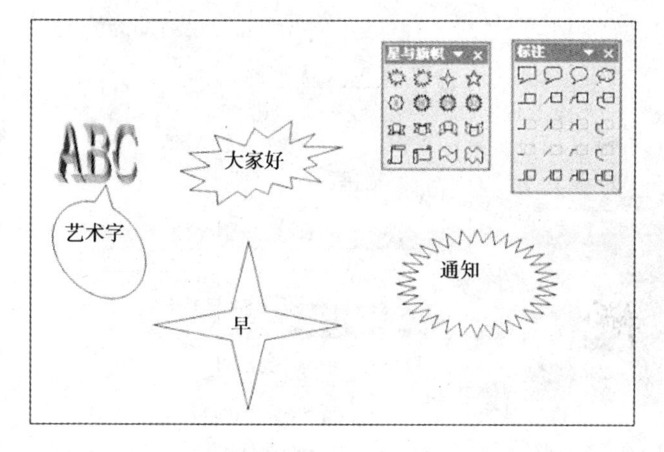

图 3.50　标注

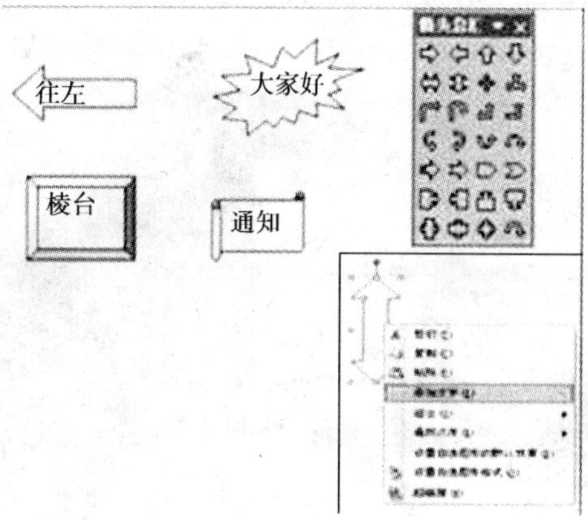

图 3.51　为图形对象添加文字

5．设置自选图形其属性

（1）叠放图形对象。可以把插入到文档中的图形对象像纸一样叠放在一起，对象叠放时，可以看到叠放的顺序，即上面的对象部分地遮盖了下面的对象。如果遮盖了叠放中的某个对象，可以按 Tab 键向前循环或者按 Shift＋Tab 组合键向后循环直至选定该对象。移动叠放在一起的某个对象或某个对象组时，该对象的所在层不会发生改变。在 Word 2003 中，可以使用“绘图”工具栏中的“叠放次序”命令来安排图形对象的层叠次序。具体操作步骤如下。

① 选定要重新安排层叠次序的图形，如果该图形对象被完全遮盖在其他图形的下方，可按 Tab 键循环选定。

② 单击“绘图”工具栏中的“绘图”按钮，执行“叠放次序”命令，出现图 3.52 所示的级联菜单。

③ 从“叠放次序”菜单中选择所需要的命令。如果要多次调整，可以按住该菜单上面的蓝色标题栏，把该菜单拖到屏幕上，作为新的工具栏。

当图形对象与文档正文重叠在一起时，要将图形对象移到文档正文的前面或后面，从“叠放次序”中选择“浮于文字上方”或者“衬于文字下方”命令。“浮于文字上方”就是将图形覆盖在文字的上方，如果图形对象不透明，将看不到图形下面的文字；“衬于文字下方”就是将文字覆盖在图形上面，形成类似水印的效果。

（2）组合图形对象。组合图形对象是指将绘制的多个图形对象组合在一起，以便把它们作为一个新的对象来使用。例如：Word 2003 的剪贴库中的大部分剪贴画就是各个不同的图形对象组合在一起，并填充上不同的颜色而形成的。组合后的图形可以在任何时候取消对象的组合，并且可以通过选定以前组合的任何对象或新绘制的图形对象重新组合。组合图形对象的步骤如下。

① 单击“绘图”工具栏中的“选择对象”按钮，然后按住左键拖动，将要选定的图形全

部框住。此时，被选定的每个图形对象周围都出现句柄，表明它们是独立的。也可以按住 Ctrl 键，用鼠标逐次单击选中要组合的图形对象。

② 在选定的图形对象上单击右键，在弹出的快捷菜单中执行“组合”命令，再从其级联菜单中选中“组合”命令，如图 3.53 所示。

③ 将多个图形对象组合之后，再次选定组合后的对象，会发现它们只有一个句柄了，如图 3.54 所示。如果要想取消它们的组合，或者想对其中某个对象进行修改，可执行“取消组合”命令。

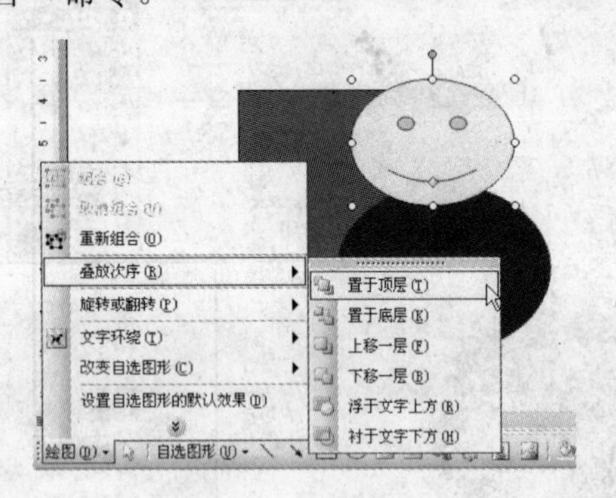

图 3.52　“叠放次序”菜单

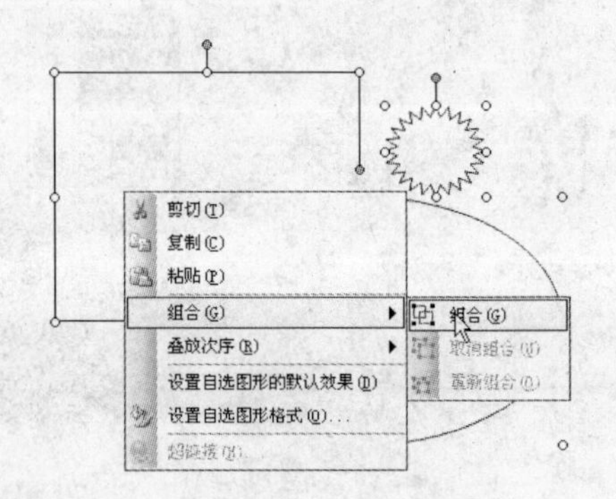

图 3.53　组合图形对象

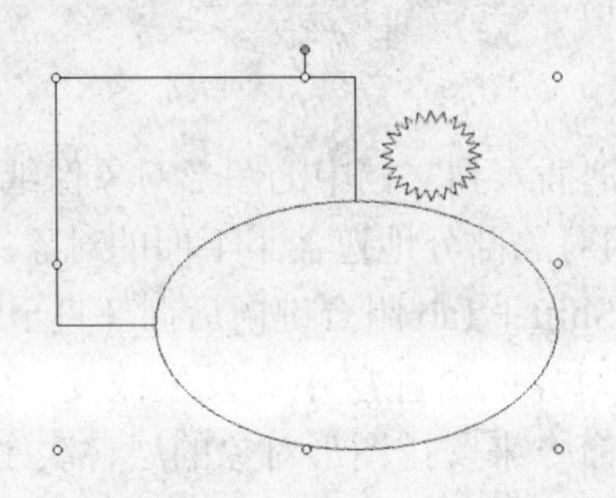

图 3.54　组合后的图形

④ 取消组合对某个图形进行修改后，需要将它们重新组合起来，只需单击以前组合过的一个图形对象，然后执行“组合”→“重新组合”命令。

（3）旋转和翻转图形对象。对于插入文档中的图形，可以以任意角度进行自由旋转，也可以将图形向左或者向右旋转 90°。如果要以任意角度旋转图形对象，可以按以下步骤进行操作。

① 选定该图形对象，单击“绘图”工具栏中的“绘图”按钮，弹出“绘图”菜单。

② 执行“旋转或翻转”命令，出现图 3.55 所示的级联菜单。

③ 执行“自由旋转”命令。

④ 此时，图形对象的四个角出现一个圆形的旋转控制点，拖动任一控制点即可任意旋转图形，如图 3.56 所示。

⑤ 旋转至所需的角度后，松开鼠标左键，并在对象外单击完成旋转。

如果要用其他方式旋转或翻转图形对象，可以按下述方法进行操作。

① 单击一个或者一组图形对象。

② 单击“绘图”工具栏中的“绘图”按钮，弹出“绘图”菜单。

③ 执行“旋转或翻转”命令，出现图 3.55 所示的级联菜单。

④ 从级联菜单中执行相应的命令。

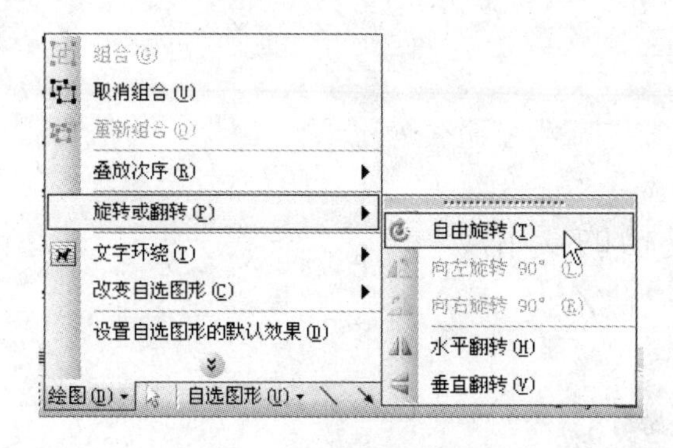

图 3.55　“旋转或翻转”菜单　　　图 3.56　自由旋转图形

（4）给图形对象添加阴影。可以给图形对象添加阴影，并且改变阴影的方向和颜色。在改变颜色时，只影响阴影部分，不影响对象的颜色本身。给图形对象添加阴影的具体步骤如下。

① 选定要添加阴影的图形对象。

② 单击“绘图”工具栏中的“阴影样式”按钮，弹出图 3.57 所示的“阴影样式”菜单。

③ 从“阴影样式”菜单中选择一种阴影样式。

④ 如果对默认的阴影不满意，执行“阴影设置”命令改变阴影的颜色和偏移位置，如图 3.57 所示。

⑤ 在弹出的“阴影设置”工具栏中选择相应的按钮设置阴影的位置。

⑥ 如果要设置阴影的颜色，在“阴影设置”工具栏中单击按钮右边的下拉箭头，从弹出的调色板中选择相应的颜色即可。

（5）给图形添加三维效果。可以给线条、自选图形、艺术字添加三维效果，并且可以自定义延伸的深度、照明颜色、旋转度、角度、方向以及表面纹理等。给图形对象添加三维效果的步骤如下。

① 选定要添加三维效果的图形对象。

② 单击“绘图”工具栏中的“三维效果样式”按钮，在弹出的菜单中选择需要使用的三维效果样式，如图 3.58 所示。

③ 如果要改变三维效果的颜色和角度，需执行“三维效果”→“三维设置”命令，如图 3.58 所示。

④ 在显示的“三维设置”工具栏中选择相应的工具按钮即可进行操作。

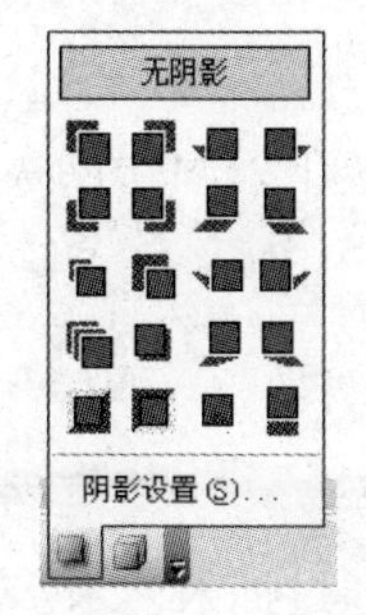

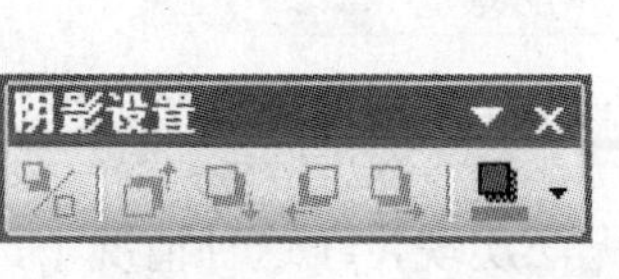

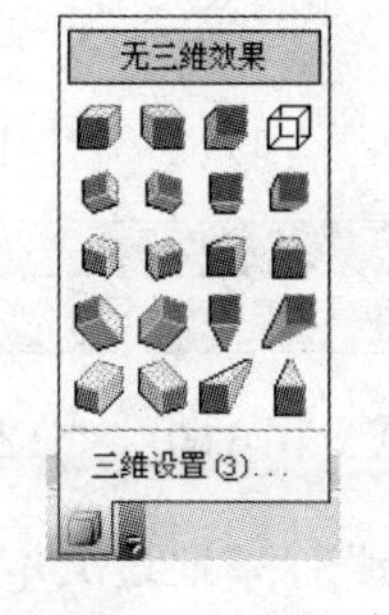

图 3.57　阴影样式　　　图 3.58　三维效果

三、综合练习

1．自选图形和图片有什么区别？
2．如何设置自选图形的格式？
3．编辑图形时应该在哪种视图中进行操作？

实验六 文档的美化

一、实验目的和要求

1．掌握编辑艺术字的方法。
2．掌握文本框的操作。
3．掌握分栏排版。

二、实验内容与指导

1．编辑艺术字

Word 2003 文档中可以插入（制作）形状各异、色彩绚丽、大小不同的艺术字。Word 2003 以常规字为基础，改变它们的高、宽比例、字形以及颜色等，使它们成为艺术字。艺术字既可制成实心的，也可制成空心的；既可制成单（黑）色的，也可制成彩色的。

（1）添加艺术字。在 Word 2003 中，执行“插入”→“图片”→“艺术字”命令，打开“艺术字库”对话框，如图 3.59 所示。在该对话框中选择一种艺术字样式，单击“确定”按钮。

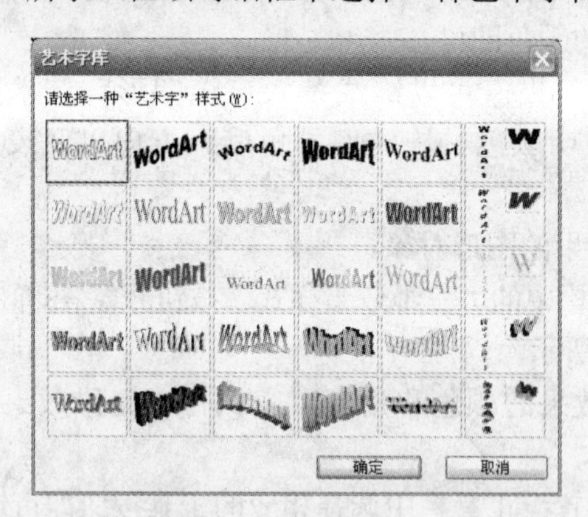

图 3.59 “艺术字库”对话框

（2）编辑艺术字。可以利用“艺术字”工具栏，对艺术字进行编辑和修改，如图 3.60 所示。

图 3.60 “艺术字”工具栏

下面做一个倒写的红色“福”字，通过文本框无法实现，在这种情况下，通过插入艺术字就很容易实现。

① 执行“视图”→“工具栏”命令，再执行级联菜单中的“绘图”命令，显示“绘图”

工具栏。

② 执行“自选图形”→“基本形状”命令，选中第 4 个图形——菱形，如图 3.61 所示。

③ 设置插入点，单击左键，出现一个规则的菱形。

④ 设置自选图形格式，填充为红色，无线条颜色，如图 3.62 所示。

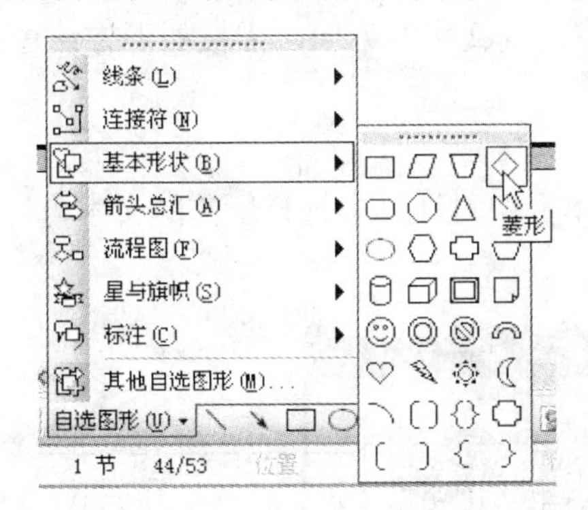

图 3.61　选择“菱形”

图 3.62　填充成红色的菱形

⑤ 设置插入点，执行“插入”→“图片”→“艺术字”命令。选中第一种艺术字式样，单击“确定”按钮。

⑥ 弹出“编辑‘艺术字’文字”对话框，输入“福”字，并设置字体为“华文行楷”，字号“48”，填充为“黑色”，如图 3.63 所示。

⑦ 选中“福”字，执行“旋转或翻转”命令，做两次左转。

⑧ 将“福”字与自选图形格式对齐。首先选中图形，再执行“绘图”→“对齐或分布”命令，选中水平居中和垂直居中。将图 3.62 和图 3.63 的结果选中，执行“绘图”→“组合”命令，“福”字图片就制作成功了，如图 3.64 所示。

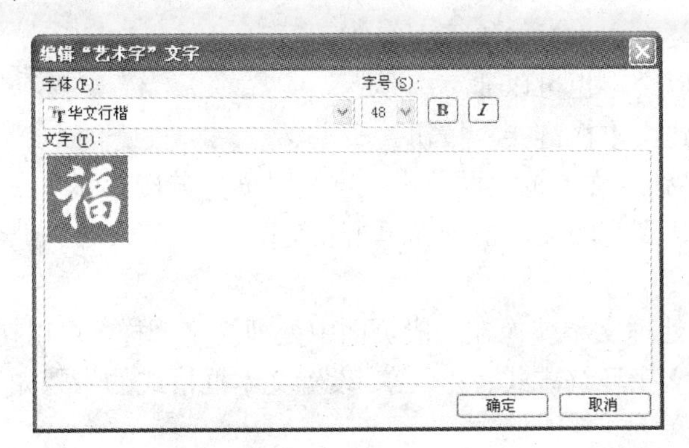

图 3.63　“编辑‘艺术字’文字”对话框

图 3.64　“福”字

2. 文本框的操作

(1) 插入文本框。插入文本框的方法有以下两种。

① 执行“插入”→“文本框”→“横排”命令。

② 单击“绘图”工具栏中的“文本框”按钮，在文档中拖动鼠标，也可以插入一个空的横排文本框。插入竖排的文本框只要单击“竖排文本框”按钮就可以了，如图 3.65 所示。

也可以给已有的文字添加文本框。选中要添加文本框的文本，单击“绘图”工具栏上的“文本框”按钮，给这些文本添加文本框。

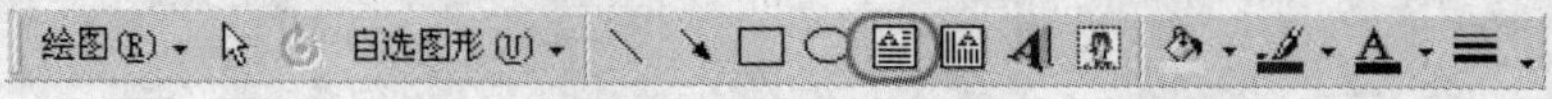

图 3.65　“文本框”按钮

（2）更改文字方向。可以在文本框中更改文字的方向。如果只是要竖排文字，只需插入竖排文本框即可，但如果要在横排和竖排文本框中改变文字的方向，需按如下方法进行。

① 选中要更改文字方向的文本框。

② 执行“格式”→“文字方向”命令。

③ 在弹出的图 3.66 所示的“文字方向-文本框”对话框中选择所需的文字方向。

④ 单击“确定”按钮即可。

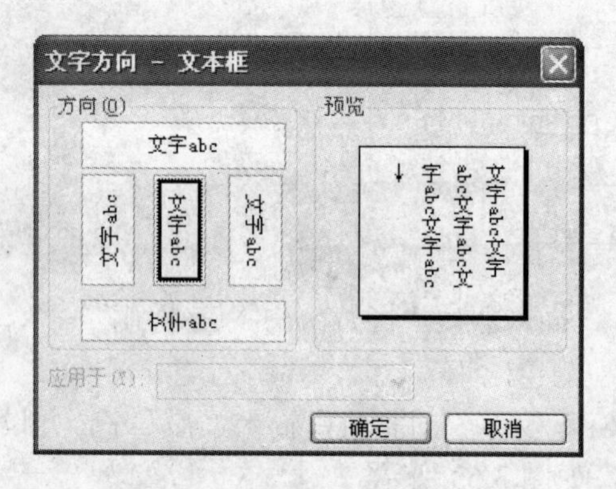

图 3.66　“文字方向-文本框”对话框

（3）文本框的链接。文本框的链接就是把两个以上的文本框链接在一起，不管它们的位置相差多远。如果文字在上一个文本框中排满，则在链接的下一个文本框中接着排下去。要创建文本框的链接，可以按如下方法进行。

① 创建一个以上的文本框，注意不要在文本框中输入内容。

② 选中第一个文本框，其中内容可以空，也可以非空。

③ 单击“文本框”工具栏中的“创建文本框链接”按钮。

④ 此时鼠标变成 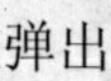 形状，把鼠标移到空文本框上面单击左键即可创建链接。

⑤ 如果要继续创建链接，可以继续移到空的文本框上面单击左键即可。

⑥ 按 Esc 键即可结束链接的创建。

（4）设置文本框的格式。在文本框中处理文字就像在一般页面中处理文字一样，可以在文本框中设置页边距，也可以设置文本框的文字环绕方式、大小等。设置文本框格式的步骤如下。

① 选中需要设置格式的文本框。

② 单击右键，在弹出的快捷菜单中执行“设置文本框格式”命令。

③ 在弹出的“设置文本框格式”对话框中选择相应的选项并进行具体的设置，如图 3.67 所示。

④ 在“文本框”选项卡中，可以设置文本框中文字距文本框边界的距离。

3．分栏排版

（1）创建分栏。有两种方法可以创建分栏，如下所述。

① 选中文字的分栏排版。先选中文字，然后执行“格式”→“分栏”命令，打开“分栏”对话框，进行相应设置。

② 插入点之后的分栏排版。先选择插入点，然后执行“格式”→“分栏”命令，打开“分

栏”对话框，进行相应设置。

这两种方法的区别是在“应用于”区域的选择，第一种方法是选用“所选文字”，第二种方法是选择“插入点之后”，如图 3.68 所示。

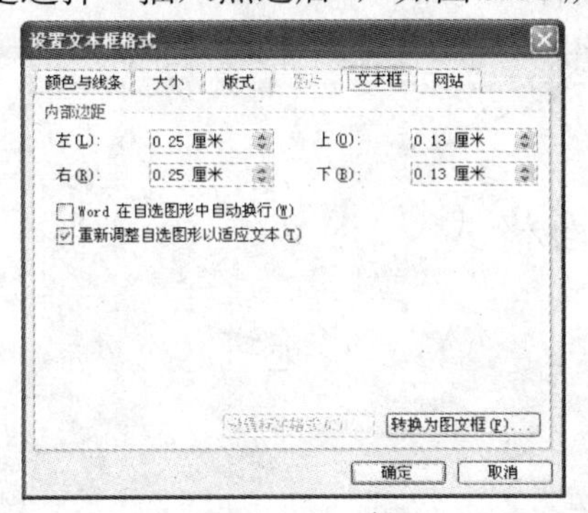

图 3.67　“设置文本框格式”对话框

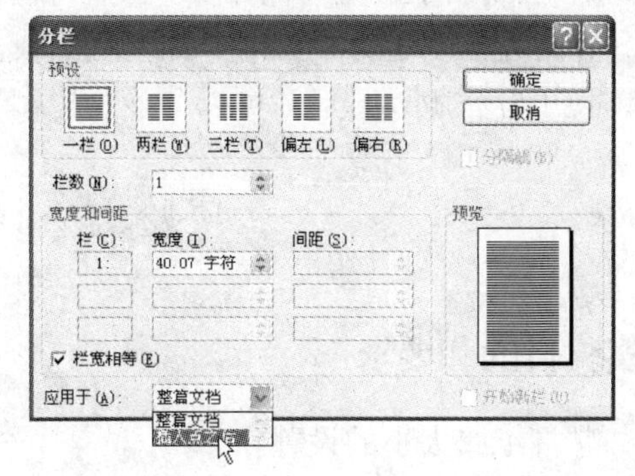

图 3.68　“分栏”对话框

（2）修改栏宽和间距。

① 调整栏宽。打开“分栏”对话框，调整“宽度”和“间距”两个输入框中的值。单击“宽度”输入框中的微调按钮来增大或减小栏宽的数值，“间距”中的数字也会同时变化，单击“确定”按钮即可。

② 设置栏宽不等。打开“分栏”对话框，选择“偏左”，然后单击“确定”按钮，这样就设置了一个偏左的分栏格式。如果想设置多栏的不等宽分栏，先打开“分栏”对话框，在“栏数”输入框中输入“3”，确认“栏宽相等”前的复选框没有选中，对各个栏宽分别进行设置，单击“确定”按钮，一个不等宽的三分栏就设置好了。

（3）平衡栏长。当分栏的文档最后一页不是满页时，这时分栏版式的最后一栏可能为空或不满，效果就不会很好，如图 3.69 所示。如果要建立长度相等的栏，可按下面步骤操作。

① 把光标放在要平衡的分栏结尾。

② 执行“插入”→“分隔符”命令，打开“分隔符”对话框，在“分节符类型”区域选择“连续”。

③ 单击“确定”按钮后再执行分栏的操作，最后效果如图 3.70 所示。

（4）取消分栏，也就是恢复为单栏的版式。方法和设置多栏一样，只是在选择栏数时选“一栏”即可。

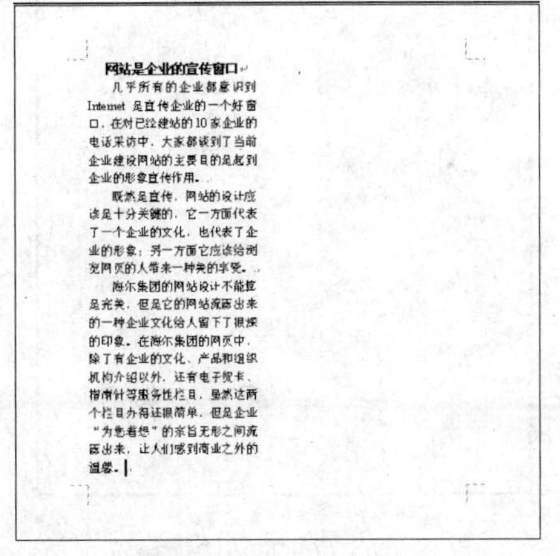

网站是企业的宣传窗口

几乎所有的企业都意识到 Internet 是宣传企业的一个好窗口，在对已经建站的 10 家企业的电话采访中，大家都谈到了当前企业建设网站的主要目的是起到企业的形象宣传作用。

既然是宣传，网站的设计应该是十分关键的，它一方面代表了一个企业的文化，也代表了企业的形象；另一方面它应该给浏览网页的人带来一种美的享受。

海尔集团的网站设计不能算是完美，但是它的网站流露出来的一种企业文化给人留下了很深的印象。在海尔集团的网页中，除了有企业的文化、产品和组织机构介绍以外，还有电子贺卡、指南针等服务性栏目，虽然这两个栏目办得还很简单，但是企业“为您着想”的宗旨无形之间流露出来，让人们感到商业之外的温馨。

图 3.69　不平衡栏长

网站是企业的宣传窗口

几乎所有的企业都意识到 Internet 是宣传企业的一个好窗口，在对已经建站的 10 家企业的电话采访中，大家都谈到了当前企业建设网站的主要目的是起到企业的形象宣传作用。

既然是宣传，网站的设计应该是十分关键的，它一方面代表了一个企业的文化，也代表了企业的形象；另一方面它应该给浏览网页的人带来一种美的享受。

海尔集团的网站设计不能算是完美，但是它的网站流露出来的一种企业文化给人留下了很深的印象。在海尔集团的网页中，除了有企业的文化、产品和组织机构介绍以外，还有电子贺卡、指南针等服务性栏目，虽然这两个栏目办得还很简单，但是企业“为您着想”的宗旨无形之间流露出来，让人们感到商业之外的温馨。……分节符(连续)……

图 3.70　平衡栏长

三、综合练习

1. 若对插入的艺术字不满意，应如何进行重新设置或删除？
2. 在对艺术字进行设置时，如何打开或关闭“艺术字”工具栏？
3. 使用分栏版式时最多可以分多少栏？

实验七　设置页面格式

一、实验目的和要求

1. 掌握纸张大小的设置。
2. 掌握设置页面边距的方法。
3. 掌握设置版式的方法。
4. 掌握设置文档网格的方法。
5. 掌握页眉和页脚的设置。
6. 掌握页码的设置。

二、实验内容与指导

1. 设置纸张大小

（1）新建一个空白文档。

（2）自定义纸张大小，宽度为 15 厘米，高度为 7 厘米。

在 Word 2003 中，执行“文件”→“页面设置”命令，在弹出的“页面设置”对话框中选择“纸张”选项卡，在“纸张大小”下拉列表中选择“自定义”，在宽度中输入“15 厘米”，高度中输入“7 厘米”，如图 3.71 所示。

2. 设置页边距

在图 3.71 所示“页面设置”对话框中选择“页边距”选项，在“页边距”区域中分别进行上、下、左、右的设置，直接在文本框中输入要求的大小，如图 3.72 所示。

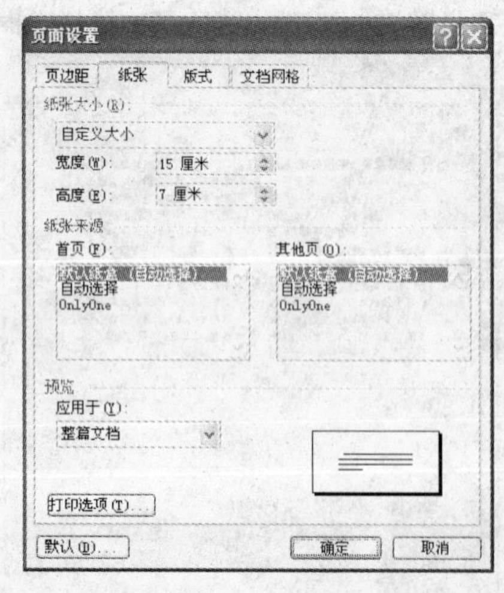

图 3.71　自定义纸张大小

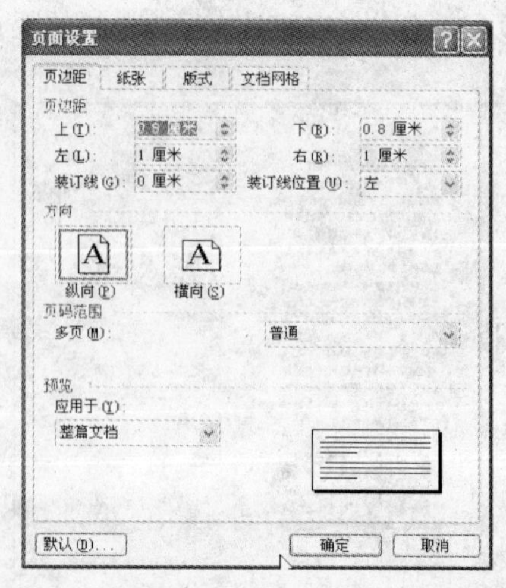

图 3.72　页边距的设置

3．设置文字的排列方向

在图 3.71 所示“页面设置”对话框中选择“文档网格”选项卡，在“文字排列”区域中选中“垂直”单选按钮，如图 3.73 所示。

4．设置并显示文档网格

使用“文档网格”选项卡可以设置文字排列的方向和文档的栏数，其操作步骤如下所述。

（1）在“网格”区域，选中“文字对齐字符网格”单选按钮；在“字符”区域中，指定每行 6 个字符；在“行”区域中，指定每页 8 行，如图 3.73 所示。

（2）单击“绘图网格”按钮，打开“绘图网格”对话框，如图 3.74 所示。

（3）在“网络设置”区域中把“水平间距”设为“1 字符”，“垂直间距”设为“1 行”。

（4）选中“在屏幕上显示网格线”复选框，并把“垂直间隔”和“水平间隔”都设为“1”。

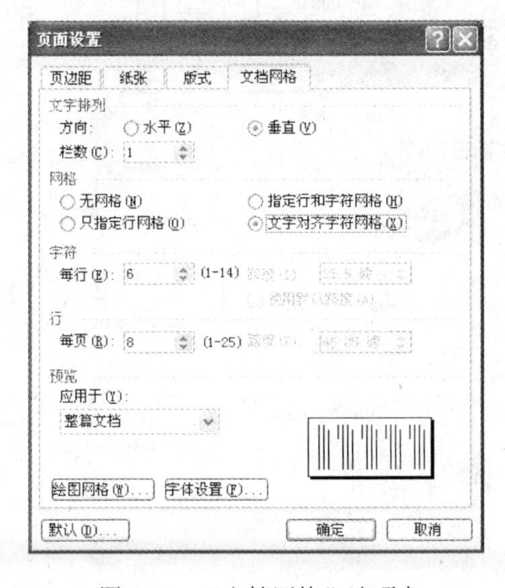

图 3.73　“文档网格”选项卡

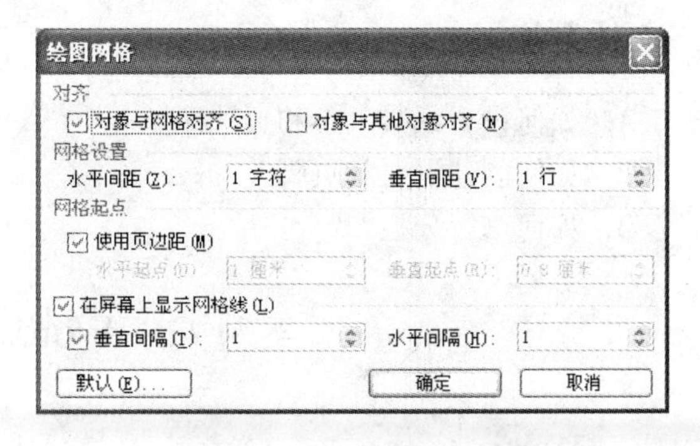

图 3.74　“绘图网格”对话框

5．设置页眉和页脚

通过页眉和页脚的设置实现图 3.75 所示的效果。

第 3 章　Word 2003 的文档编辑与排版

图 3.75　页眉

该设置的具体操作步骤如下所述。

（1）执行“视图”→“页眉和页脚”命令打开“页眉和页脚”工具栏，这时会自动进入页眉的编辑状态。

（2）这时 Word 会自动加上一横线，先把这横线删除。

（3）输入“第 3 章　Word 2003 的文档编辑与排版”，单击“格式”工具栏的“居中”按钮使其居中显示。

（4）打开“边框和底纹”对话框，选择“边框”选项卡，再单击“横线”按钮打开插入横线的对话框。

（5）选中要插入的横线样式，单击“确定”按钮即可完成设置。

6．设置页码

新建一个文件，随便输入 4 页内容，然后为其在页面底端中心加上页码。该设置的操作步骤如下所述。

（1）执行“插入”→“页码”命令，弹出图 3.76 所示的“页码”对话框。

（2）在“位置”下拉列表中选择“页面底端（页脚）”。

（3）在“对齐方式”下拉列表中选择“居中”。

（4）单击“确定”按钮即可完成页码的设置。

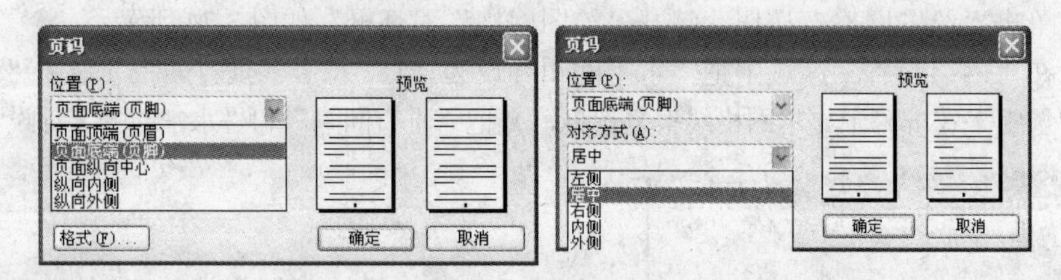

图 3.76　“页码”对话框

三、综合练习

1．如何设置纸张大小和页边距？

2．如何创建页眉和页脚？

3．如何进行分栏？

实验八　Word 2003 邮件合并

一、实验目的和要求

1．了解邮件合并的过程。

2．掌握主文档的创建方式。

3．掌握数据源的创建方式。

4．掌握在主文档中插入合并域的方法。

5．掌握将数据合并到主文档的方法。

二、实验内容与指导

1．邮件合并的概念

邮件合并是指把每封邮件中都重复的内容与区分不同邮件的数据合并起来。前者称为“主文档”，后者称为“数据源”。邮件的合并要经过建立主文档、建立和打开数据源、插入合并字段和合并文档 4 个步骤。其中，主文档是指标准文本的信件主体；数据源是指提供文档所需要的变量信息；插入合并字段是指将数据源中的字段插入到主文档相应的位置上；合并文档过程是指将数据源中的实际内容逐一替代主文档的合并域。

2．邮件合并实例，用邮件合并建立一个补考通知

（1）建立主文档，正文中除标题外一律采用五号字；标题设置为黑体、三号、蓝色、字符间距宽度为 3 磅；“计算机系”及最下面的日期（日期由插入域完成）设置为隶书、加粗；在标题前插入剪贴画中“植物”文件夹中的“小树”图片，高度、宽度均缩小至 20%，选用淡蓝色填充颜色；插入剪贴画中“植物”文件夹中的“阳光”图片，高度缩小至 90%，宽度放大至 140%后设置成水印效果，衬于文字下方，放置到整个通知单中，如图 3.77 所示，将该文档以 word81.doc 为文件名保存在当前文件夹中。

补考通知单

同学：

你本学期末考试不及格的课程成绩如下：

：

该门课程安排补考的时间为：

地点为：

请假期做好补考准备，并提前返校。

计算机系

2009-6-8

图 3.77　主文档式样

① 输入补考通知的内容。标题及“同学”一行无缩进，下面 5 行均缩进 2 个字符；日期不必输入，可执行“插入”→“域”命令，在弹出的“域”对话框中设置“类别”为“日期和时间”，“域名”为“Create Date”，选第四种日期/时间格式，单击“确定”按钮，将日期插入到“计算机系”下一行；将最后两行设置成“右对齐”格式，分别将插入点定位于这两行上，拖动水平标尺上的“右缩进”滑块调整其位置。

② 选定标题行，通过“格式”工具栏将“补考通知单”字体设置为黑体、三号、加粗、蓝色；执行“格式”→“字体”命令，在弹出的“字体”对话框的“字符间距”选项卡中设置“间距”为“加宽”，“磅值”为“3 磅”。

③ 选定最后两行，在“字体”下拉列表框中选择“隶书”选项，单击“加粗”按钮。

④ 将插入点定位于标题前面，执行“插入”→“图片”→“剪贴画”命令，在弹出的“插入剪贴画”窗口中选择“植物”文件夹中的“小树”图片，在“图片”工具栏上单击“设置图片格式”按钮，在弹出的“设置图片格式”对话框中的“大小”选项卡中将缩放高度、宽度均设置为“20%”；再选择“颜色和线条”选项卡，将填充颜色设为“淡蓝”；将插入点定位于标题“补考通知单”之前，输入 3 个空格，与图片间保留一定的距离。

⑤ 执行“插入”→“图片”→“剪贴画”命令，在弹出的“插入剪贴画”窗口中选择“植物”文件夹的“阳光”图片，在“图片”工具栏上单击“设置图片格式”按钮，在弹出的“设置图片格式”对话框中选择“大小”选项卡，再取消对“锁定纵横比”复选框的选择，在“缩放”选项组设置高度和宽度；单击“图片”工具栏上的“图像控制”按钮，选择“水印”选项，设置成水印效果；再单击“图片”工具栏上的“文字环绕”按钮，选择“衬于文字下方”选项，拖动图片，放置到整个通知单中。

⑥ 单击“保存”按钮，保存该文档。

（2）输入表 3.1 所示的“数据源一”，并保存在当前文件夹中。

表 3.1　数据源一

姓　名	课　程	成　绩	补考时间	补考地点
张三	大学语文	50	9月6日9：00	教学楼1101
李四	大学英语	45	9月6日9：00	教学楼4309
王五	高等数学	55	9月7日14：00	教学楼1204
孙六	计算机基础	58	9月7日14：00	教学楼1108

① 单击工具栏上的“新建空白文档”按钮，得到空白文档。

② 在文档中不输入任何字符，立即创建5行5列的表格。

③ 在表格中输入以上数据，以word52.doc为文件名保存该文件。

（3）在文档中插入合并域，并对各个合并域设置如下格式。“姓名”为单下画线格式，“课程”为华文楷体字体，“成绩”用倾斜、加粗格式，“补考时间”及“补考地点”用红色波浪下画线、加粗格式，然后将数据与主文档合并到一个文档中，并将该文档以 word53.doc 为文件名保存在当前文件夹中。

① 切换文档word51.doc为当前活动窗口。

② 执行“工具”→“信函与邮件”→“显示邮件合并工具栏”命令，这时水平标尺上方出现图3.78所示的“邮件合并”工具栏。

③ 单击“邮件合并”工具栏中的“打开数据源”按钮，选择表3.1所示的数据源文件。

④ 将插入点定位于文档中要插入域名的位置，单击“邮件合并”工具栏左端的“插入Word域”按钮，在弹出的下拉列表框中选择所需要的域名插入。

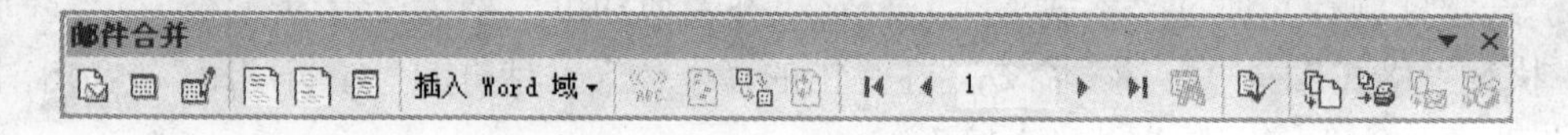

图3.78　“邮件合并”工具栏

全部域名插入完成后，按下面的步骤设置各个域名的格式。

① 选定“姓名”，单击“格式”工具栏的“下画线”按钮，在弹出的下拉菜单的下画线样式中选择“单下画线”选项。

② 选定“课程”，在“格式”工具栏上的“字体”下拉列表框中选择“华文行楷”。

③ 选定“补考时间”，单击“格式”工具栏上的“下画线”按钮，在弹出的下拉菜单的下画线样式中选择“波浪线”，再在“下画线颜色”中选“红色”，单击“格式”工具栏中的“加粗”按钮。用同样的方法设置“补考地点”，结果如图3.79所示。

④ 单击“邮件合并”工具栏上的“合并到新文档”按钮（或“邮件合并”按钮），系统自动将邮件合并的结果存放在名为“套用信函1.doc”的文档中。

⑤ 执行“文件”→“另存为”命令，输入文件名word54.doc，保存到当前文件夹中，结果如图3.80所示。

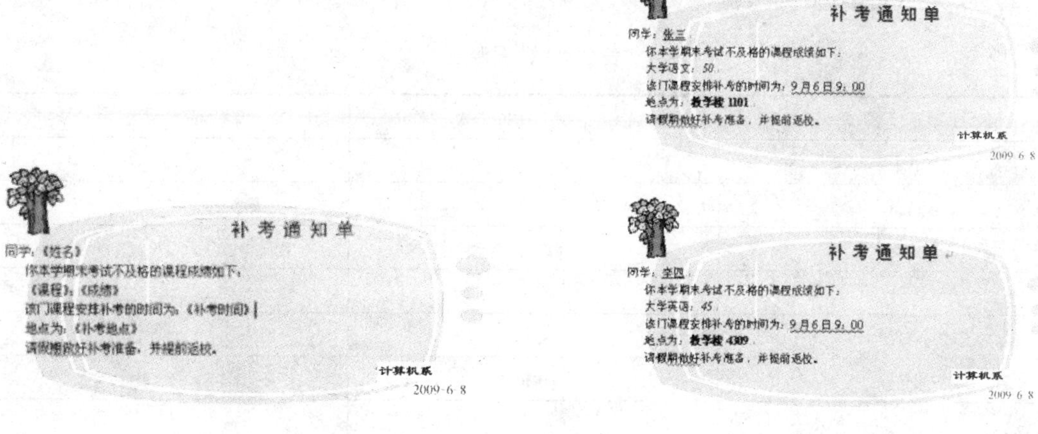

图 3.79　主文档式样　　　　图 3.80　邮件合并后的结果

三、综合练习

1．邮件合并一

（1）创建一个成绩通知单邮件文档 word55.doc，主文档为领取成绩通知单，主文档内容如下所示。

《姓名》同学：

本学期末考试评卷工作已经结束，请你于 6 月 15 日上午 8：00—11：00 前往信息楼 709 办公室领取成绩通知单。

教务处

2009 年 6 月 8 日

（2）数据源文件含姓名、邮编、地址、单位和电话，保存在 word56.doc 文档中。可输入 3 个记录内容，然后生成合并文档，数据源如表 3.2 所示。

根据以上资料，进行邮件合并，生成合并文档。

表 3.2　数据源二

姓　名	邮政编码	地　址	单　位	电　话
张三	100036	北京市海淀路 30 号	中关村大厦	62650000
李四	210000	南京市上海路 23 号	友谊商场	5678900
王五	510000	广州市宁海路 12 号	市一中	2344546

2．邮件合并二

（1）以 Word 文档文件 x11.doc 为主文档，如图 3.81 所示。

奖状

同学：

在第二十二届校运动会上取得项目第　名的成绩，特此嘉奖。

实验中学

图 3.81　主文档

（2）以文件 x12.doc 为数据源文档，数据源如表 3.3 所示。

表 3.3　数据源三

姓　名	项　目	名　次
长春	短跑	一
成妹	跳远	一
李好	游泳	一
路小	跳远	二
吴晗	短跑	二
孙吴	标枪	一
王量	短跑	三
李斯	射击	一

（3）按下列格式进行邮件合并，将最后生成的合并文档以 word56.doc 为文件名存盘，如图 3.82 所示。

奖状

《姓名》同学：

在第二十二届校运动会上取得《项目》项目第《名次》名的成绩，特此嘉奖。

实验中学

2009 年 6 月 4 日

图 3.82　主文档

实验九　综合练习

一、实验目的和要求

1．综合利用 Word 文档编排技术和技巧，对文档进行排版。

2．掌握文本框在文档中的使用方法。

3．掌握图片的基本操作。

4．掌握表格的基本操作。

二、实验内容与指导

1．编辑与排版操作

输入样文，按如下要求进行操作。

（1）页边距：上、下、左、右均设置为 2 厘米，纸张类型设置为 A4 纸。

① 在菜单栏中执行“文件”→“页面设置”命令，弹出“页面设置”对话框，选择“页边距”选项卡，在“页边距”区域的上、下、左、右文本框中分别输入“2 厘米”。

② 选择“纸张”选项，在“纸张大小”区域单击“纸张大小”列表框右侧的下拉箭头，在弹出的下拉列表中选择“A4”（21 厘米×29.7 厘米）。

③ 单击“确定”按钮。

（2）排版。将文章标题“第一章 文字处理软件”设置为首行无缩进、居中、黑体、三号、段前间距为 0.5 行、段后间距为 0.5 行；将标题“1.1 Word 2003 概述”设置为居中、宋体、四号字；将“1. 启动和退出 Word 2003”和“2. Word 2003 的窗口组成”小标题设置为首行无缩进、宋体、四号、加粗。

① 选中标题，打开“段落”对话框，在“对齐方式”中选择“居中”，“特殊格式”中选择“无”，“段前”、“段后”选“0.5 行”，单击“确定”按钮。

② 打开“字体”对话框，在“中文字体”中选择“黑体”，在“字号”中选择“三号”，单击“确定”按钮。

③ 选中标题“1.1 Word 2003 概述”，单击“格式”工具栏中的居中按钮，在“格式”工具栏的“字体”框中选择“宋体”，“字号”框中选择“四号”。

④ 同时选中“1. 启动和退出 Word 2003”和“2. Word 2003 的窗口组成”小标题，按上述方法进行相关设置。

（3）设置文章的其他部分（除标题和小标题以外的部分）的格式，首行缩进 2 字符，两端对齐，宋体五号字。

① 选中文章的其他部分（除标题和小标题以外的部分），打开“段落”对话框，在“对齐方式”中选择“两端对齐”，“特殊格式”中选择“首行缩进”，“度量值”设为“2 字符”，单击“确定”按钮。

② 打开“字体”对话框，在“中文字体”中选择“宋体”，在“字号”中选择“五号”，单击“确定”按钮。

（4）在文章中插入一张图片，将其大小设置为原图片大小的 15%，并在图片的下面添加图题“图 1 背景”（使用文本框）。图题的字体为五号字、黑体，并设置成水平居中。

① 插入任意一张图片，在图片上双击打开图片的“设置对象格式”对话框，选择“大小”选项，在“缩放区域”的“高度”和“宽度”文本框中输入“15%”，单击“确定”按钮。

② 在图片下面插入一横排文本框，输入“图 1 背景”，设置为五号字、黑体、水平居中，并把文本框的边框设置为“无线条颜色”。

（5）将图片和图题水平对齐并组合，将组合后的图形文字环绕方式设置为“四周型”，图形的位置为水平页边距 9.2 厘米，垂直页边距 3.5 厘米。

① 同时选中图片和文本框，在“绘图”工具栏中单击“绘图”按钮，在弹出的菜单中执行“对齐或分布”→“水平居中”命令。

② 在图片上单击右键，执行“组合”→“组合”命令。

③ 在图片上双击，打开“设置对象格式”对话框，单击“版式”标签，在“环绕方式”区域中选择“四周型”，再单击“高级”按钮，打开“高级版式”对话框，单击“图片位置”标签，在“水平对齐”区域中选择“绝对位置”，并在其后的文本框中选择“页边距”，再在其后的文本框中输入“9.2 厘米”。

④ 在“垂直对齐”区域中选择“绝对位置”，并在其后的文本框中选择“页边距”，再在其后的文本框中输入“3.5 厘米”，单击“确定”按钮。

最后的样式如下所示。

图 1 背景

第 1 章　文字处理软件

文字信息处理技术应用在多方面，用电脑打字、编辑文稿、排版印刷、管理文档等就是一些具体内容。

1.1　Word 2003 概述

Word 2003 是一个流行的功能强大、使用方便的文字处理软件。

1. 启动和退出 Word 2003

启动：(1) 如果桌面上有快捷图标，只要双击该图标就可以启动。(2) 通过“开始”→“程序”→Microsoft Office→Microsoft Office Word 2003 命令也可以打开。

退出：单击右上角的“关闭”按钮即可。

2. Word 2003 的窗口组成

Word 2003 的窗口主要包括标题栏、菜单栏、常用和格式工具栏、编辑区、状态栏。

2. 表格操作

创建新文档，在新文档中进行如下操作：插入一个图 3.83 所示的 4 行 5 列的表格，按如下要求调整表格的格式。

第 1 列列宽为 2.5 厘米，第 2、3、4 列为 2 厘米，第 5 列为 3 厘米；将合并单元格的底纹填充为黄色；填入相关内容。

姓名	工龄	级别	工资	备注
马建东	5	2	1800	
白艳明	2	1	800	
康海霞	6	3	2400	

图 3.83　插入的表格

(1) 插入 4 行 5 列的表格，执行“表格”→“插入”命令，打开“表格”对话框，设置成 4 行 5 列，单击“确定”按钮。

(2) 选中表格，打开“表格属性”对话框，单击“列”标签，分别设置每列的宽度。

(3) 选中要合并的单元格，单击右键，执行“合并单元格”命令。

(4) 打开“边框和底纹”对话框，单击“底纹”标签，在“填充”区域中选择“黄色”，单击“确定”按钮。

三、综合练习

1. 文档的排版操作主要使用哪些命令？
2. 如何方便地选取文档中的多个图片对象？
3. 绘制表格有哪几种方法，各有什么特点？

练　习　题

一、单项选择题

1. 在下列输入法中提供了手写输入功能的是（　　）。
   A．微软拼音输入法版本 2.0　　B．智能 ABC 输入法版本 4.0
   C．五笔字型输入法　　D．郑码输入法 4.0
2. Word 中左、右页边距是指（　　）。
   A．正文到纸的左、右两边的距离
   B．屏幕上显示的左、右两边之间的距离
   C．正文和显示屏左、右之间的距离
   D．正文和 Word 左、右边框之间的距离
3. 如果一篇文档中包含有很多图片，能使此文档最小的是（　　）。
   A．从“插入”菜单中选择“图片”，“来自文件”，清除“随文档保存”复选框，选择“链接到文件”
   B．从“工具”菜单中选择“选项”，在“视图”标签里清除“图片框”复选框的勾选
   C．把图片作为对象插入，在“对象”对话框中选择“显示为图标”
   D．在“链接”对话框中选择“锁定”
4. 在大纲视图中，可以展开本标题下的正文的按钮是（　　）。
   A．第 1 个　　B．第 2 个
   C．第 3 个　　D．第 4 个

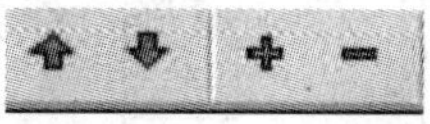

图 3.84　4 题图

5. 设置底线为双线页眉的方法是（　　）。
   A．单击“格式”菜单中的“边框和底纹”命令，单击“边框”标签，然后选择双线线形，应用到“段落”
   B．双击页眉，再在“边框和底纹”对话框中单击“边框”标签，选择双线线形，应用到“段落”
   C．在“边框和底纹”对话框中选择“页面边框”标签，设置上边线为双线
   D．在“页面设置”命令中设置

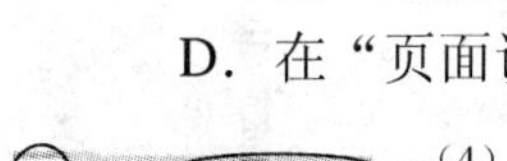

(4)
(3)
(1)　(2)

图 3.85　6 题图

6. 要调整文档中每段第一行的左缩进，应该拖动图 3.85 中的（　　）标记。
   A．(1)　　B．(2)
   C．(3)　　D．(4)
7. Word 的剪贴板最多可以存放（　　）项内容。
   A．1　　B．4
   C．12　　D．16
8. 在 Word 中，如果已在选项的“编辑”标签中选中了“即点即输”功能，但编辑文档时仍然不能使用该项功能，可能的原因是（　　）。
   A．打开的是旧版本的 Word 文档
   B．没有选用改写模式
   C．所编辑的文档取消了 Word 2003 不支持的功能

D. 当前视图为普通视图

9. 用 Word 制作表格时，欲在一单元格中再插入一个表格，而此时“插入表格”菜单项却是灰色的，可能的原因是（　　）。

A. 所编辑的文档取消了 Word 2003 不支持的功能

B. 在“表格属性”中禁止插入表中表

C. 当前视图不支持

D. 此单元格内含有非打印字符

10. 若希望光标在英文文档中逐词移动，应按（　　）。

A. Tab 键

B. Ctrl＋Home

C. Ctrl＋左右箭头

D. Ctrl＋shift＋左右箭头

11. 若要选定整个文档，应将光标移动到文档左侧变成“正常选择”形状，然后（　　）。

A. 双击鼠标（左键）　　B. 连续击鼠标三下（左键）

C. 双击鼠标（右键）　　D. 单击鼠标（左键）

12. 某文档只有一个段落（如图 3.86 所示），对其进行分栏操作时为了使左右分栏栏高基本相等，选定区起点与终点应是（　　）。

A.（1）→（2）

B.（1）→（3）

C.（2）→（3）

D. 以上答案都不正确

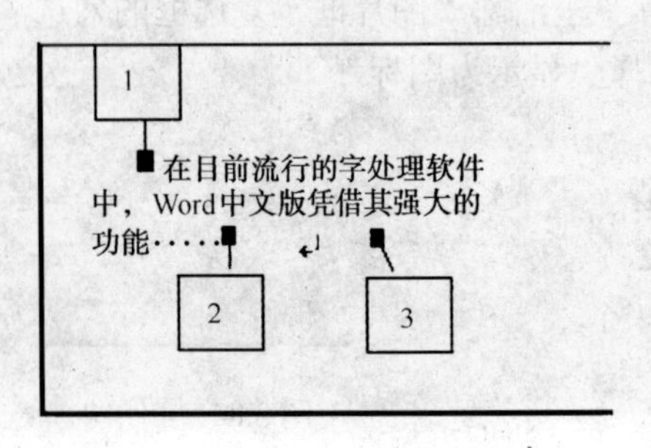

图 3.86　12 题图

13. 要用标尺设置制表位，正确的视图编辑方式是（　　）。

A. 大纲视图

B. 主控文档视图

C. Web 版式视图

D. 页面视图

14. 能实现图 3.87 所示的 Word 文档中的文字效果的是（　　）。

A. 插入符号

B. 并排字符

C. 组合字符

D. 首字下沉

图 3.87　14 题图

15. 在表格中一次性插入 3 行，正确的方法是（　　）。

A. 选择“表格”菜单中的“插入行”命令

B. 选定 3 行，在“表格”菜单中选择“插入行”命令

C. 把插入点放在行尾部，按 Enter 键

D. 无法实现

16. 图 3.88 所示的效果是如何设置图片格式来实现的（　　）。

A. 不需要设置图片格式

B. 环绕方式为上下型

C. 环绕方式为穿越型，环绕位置为左边

D. 环绕位置为右边

图 3.88　16 题图

17. 以下关于表格自动套用格式的说法中，正确的是（　　）。

A. 在对旧表进行自动套用格式时，只需要把插入点放在表格中，不需要选定表

B. 应用自动套用格式后，表格不能再进行任何格式修改

C. 在对旧表进行自动套用格式时，必须选定整张表

D. 应用自动套用格式后，表格列宽不能再改变

18. 有关 Word 的“工具”菜单的“字数统计”命令的说法错误的是（　　）。

A. 可以对段落、页数进行统计

B. 可以统计空格

C. 可以对行数统计

D. 无法进行中、英文混合统计

19. 若要删除单个的项目符号，可先在项目符号与对应文本之间单击，再按下（　　）。

A. Enter 键　　B. BackSpace 键

C. Shift＋Enter 组合键　　D. Ctrl＋Enter 组合键

20. 图 3.89 中正确的设置制表位对齐方式的图形的是（　　）。

A. 图一　　B. 图二

C. 图三　　D. 图四

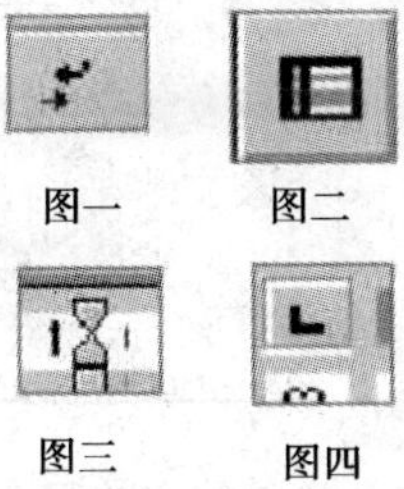

图一　图二

图三　图四

图 3.89　20 题图

21. 以下用鼠标选定的方法，正确的是（　　）。

A. 若要选定一个段落，则把鼠标放在该段落上，连续击三下

B. 若要选定一篇文档，则把鼠标指针放在选定区，双击

C. 选定一列时，Alt+鼠标指针拖动

D. 选定一行时，把鼠标指针放在该行中双击

22. 欲将图 3.90 中“ATC”移至左边的括号中，正确的操作是（　　）。

A. 选中“ATC”，按住 Ctrl 键，将光标移动到括号中

B. 选中“ATC”，按住鼠标左键拖至左边括号内再释放鼠标

C. 选中“ATC”，按住 Shift 键，将光标移动到左边括号内

D. 选中“ATC”，将光标移动到左边括号内按 Insert 键

微软授权培训中心() ATC

图 3.90　22 题图

23. 要给整个页面加一个花纹效果的边框，应该在“格式”菜单中单击“边框和底纹”命令，然后（　　）。

A. 单击“边框”选项，选择“设置”中的“三维”项

B. 单击“页面边框”选项，选择“线型”中的“艺术型”项

C．单击“底纹”选项，选择“图案”中的“式样”项

D．单击“边框”选项，选择“设置”中的“自定义”项

24．要完全清除文本中的底纹效果，应单击“格式”菜单中的“边框和底纹”选项，再单击“底纹”选项，然后选择（　　）。

A．“填充”中的“清除”项

B．“图案”中的“样式”项

C．“填充”中选“无”与“图案”下的“样式”项中选“清除”

D．“图案”中的“颜色”项选“无”

25．图 3.91 中分栏图标命令是（　　）。

A．图一

B．图二

C．图三

D．图四

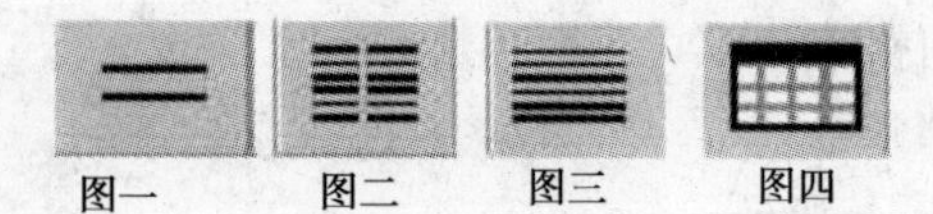

图 3.91　25 题图

26．若分栏的栏间需要一条分隔线，则应（　　）。

A．选择“格式”菜单中的“制表位”，然后进行相关设置

B．选择“格式”菜单中的“分栏”，然后进行相关设置

C．利用绘图工具栏中的直线，在栏间画一条线

D．选择“窗口”菜单中的“拆分”命令

27．Word 运行的平台是（　　）。

A．DOS　　B．Windows 3.1　　C．Windows 98/2000/XP/2003　　D．Visual Basic

28．若要进行输入法之间的切换，以下方法错误的是（　　）。

A．单击任务栏上的“En”，从弹出的菜单中选择其他输入法

B．Ctrl＋Shift

C．Ctrl＋空格键

D．Alt＋W

29. 如图 3.92 所示，在当前光标所在位置，使用（　　）删除光标后面的“培”字。

A．Insert 键

B．BackSpace 键

C．“常用”工具栏上的“撤销”图标

D．Delete 键

快来参加微软-ATC培|培训教程

图 3.92　29 题图

30．以下选定文本的方法正确的是（　　）。

A．把鼠标指针放在目标处，按住鼠标左键拖动

B．把鼠标指针放在目标处，双击鼠标右键

C．Ctrl＋左右箭头

D．Alt＋左右箭头

31. 在有对角线的单元格中，要把文本放在对角线右上角和左下角，正确的操作是（　　）。

A．字符升降　　　　B．分散对齐

C．居中图标　　　　D．无法实现

32. 图 3.93 所示是在 Word 文档中插入超链接的显示效果，以下说法错误的是（　　）。

A. 图中显示的 Web 地址是插入超链接的效果

B. 鼠标指针变为图中的手形，单击即可搜索该主页地址

C. 鼠标指针变为图中的手形，单击即可发送电子邮件

D. 选中图中 Web 地址，右击选择超链接选项设置链接

来我们的主页看看:
http://xx9 yeah.net

图 3.93　32 题图

33. “三维效果”按钮所在的工具栏是（　　）。

A. 常用　　B. 格式　　C. 绘图　　D. 图片

34. 要把一页从中间分成两页，应选择（　　）。

A. “格式”菜单中的“字体”　　B. “插入”菜单中的“页码”

C. “插入”菜单中的“分隔符”　　D. “插入”菜单中的“自动图文集”

35. 以下有关创建目录的说法正确的是（　　）。

A. 直接从“文件”菜单中选择“新建”命令

B. 创建目录不需要任何命令

C. 在创建目录之前，定义样式并对创建的内容应用样式

D. 直接从“格式”菜单中选择“索引和目录”命令

36. 依次打开 3 个 Word 文档，每个文档都有修改，修改完后为了一次性保存这些文档，正确的操作是（　　）。

A. 按 Shift 键，同时单击“文件”菜单中的“全部保存”命令

B. 按 Shift 键，同时单击“文件”菜单中的“保存”命令

C. 按 Ctrl 键，同时单击“文件”菜单中的“保存”命令

D. 按 Ctrl 键，同时单击“文件”菜单中的“另存为”命令

37. 正确放置水印的位置后可将其打印的是（　　）。

A. 放在页眉和页脚中　　B. 放在图片中

C. 放在文本框中　　D. 放在图文框中

38. 如何用“ABC”3 个英文字母输入来代替“管理中心”4 个汉字的输入是（　　）。

A. 用智能全拼输入法就能实现

B. 用“拼写和语法”功能

C. 用“自动更正”功能

D. 用程序实现

39. 在“打印”对话框“页面范围”选项卡中的“当前页”是指（　　）。

A. 当前光标所在的页　　B. 当前窗口显示的页

C. 第一页　　D. 最后一页

40. 下列有关“主控文档”的说法错误的是（　　）。

A. 使用“主控文档”可以对长文档进行有效的组织和维护

B. 使用“主控文档”即可打印多篇“子文档”

C. 创建“子文档”必须在“主控文档”视图中

D. 创建后的子文档可以再被拆分

41. 将英文文档中的一个句子自动改为大写字母，操作正确的是使用（　　）。

A．“格式”菜单中的“更改大小写”命令

B．“格式”菜单中的“字体”命令

C．“工具”菜单中的“拼写和语法”命令

D．“工具”菜单中的“自动更正选项”命令

42. 若要把四字间距改为六字间距，应选择的命令是（　　）。

A．字符间距　　B．分散字符　　C．分散对齐　　D．缩放

43.“页眉和页脚”所在的菜单是（　　）。

A．视图　　B．编辑　　C．插入　　D．格式

44. 关于 Word 的定位功能，下列说法正确的是（　　）。

A．无法定位书签　　B．只能是文本字符

C．无法定位图片　　D．可以定位脚注

45. 要在 Microsoft 后加上其版权符号©，应使用的命令是（　　）。

A．“插入”菜单中的“符号”命令　　B．“插入”菜单中的“批注”命令

C．“插入”菜单中的“分隔符”命令　　D．“插入”菜单中的“对象”命令

46. 若要输入 y 的 x 次方，应（　　）。

A．将 x 改为小号字　　B．将 y 改为大号字

C．选定 x，然后设置其字体格式为上标　　D．以上说法都不正确

47. 以下有关 Word 中“项目符号”的说法错误的是（　　）。

A．项目符号可以改变　　B．项目符号包括阿拉伯数字

C．项目符号可自动顺序生成　　D．$，@不可定义为项目符号

48. 用“绘制表格”功能制作好表格后，要改变表格的单元格高度、宽度时，正确的说法是（　　）。

A．只能改变一个单元格的高度　　B．只能改变整个行高

C．只能改变整个列宽　　D．以上说法都不正确

49. 欲删除表格中的斜线，正确命令或操作是（　　）。

A．“表格”菜单中的“清除斜线”命令

B．“表格和边框”工具栏中的“擦除”图标

C．按 BackSpace 键

D．按 Delete 键

50. 要在一张表格上套用已有的表格格式，选定表格后正确的命令及操作是（　　）。

A．从“表格”菜单中选择“表格自动套用格式”命令

B．从“表格”菜单中选择“绘制表格”命令

C．从“表格”菜单中选择“自动调整”命令

D．从“表格”菜单中选择“转换”命令

51. 以下关于表格排序的说法错误的是（　　）。

A．可按数字进行排序　　B．可按日期进行排序

C．拼音不能作为排序的依据　　D．排序规则有递增和递减

52. 对表格的一行数据进行合计，下列公式正确的是（　　）。

A．=average（right）　　B．=average（left）

C．=sum（left）　　　　　　　　　D．=sum（above）

53．若将表格中一个单元格的文本改为竖排，应选择的命令是（　　）。

A．分栏　　　　B．制表位　　　　C．中文版式　　　　D．文字方向

54．多人分工输入同一篇长文档，最后形成一篇文档的操作是（　　）。

A．邮件合并　　　　B．合并文档　　　　C．剪切　　　　D．插入文件

55．避免文档被别人修改，可以（　　）。

A．将文档隐藏　　　　　　　　B．保护文档，并输入密码

C．保护文档，不输入密码　　　D．更改文件属性

56．为给每位客户发送一份相同的新产品目录，可以用（　　）命令简便地实现。

A．邮件合并　　　　　　　　B．使用宏

C．复制　　　　　　　　　　D．信封和标签

57．图 3.94 中箭头所指的图形在 Word 中的实现方法是（　　）。

A．插入“剪贴画”

B．插入“艺术字”

C．插入“图文框”

D．单击“绘图”中的“自选图形”，再进行编辑

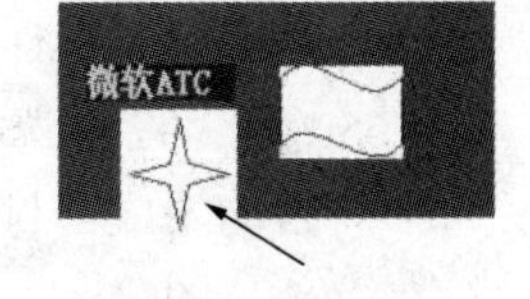

图 3.94　57 题图

58．直接用“快捷菜单”编辑文档中插入的图片，应（　　）。

A．按住鼠标右键拖动图片

B．按住鼠标左键拖动图片

C．在图片上单击鼠标左键

D．在图片上单击鼠标右键

图 3.95　59 题图

59．在 Word 中插入图片后，达到图 3.95 所示文字环绕图片效果的操作是（　　）。

A．插入文本框

B．插入图片并设置图片环绕方式

C．先插入图片再输入文字

D．先用其他工具将文字和图片合并，再插入

60．若在两幅图中已选定图一，希望再选定图二，应（　　）。

A．鼠标右键单击图二

B．Ctrl＋鼠标左键，单击图二

C．Shift＋鼠标左键，单击图二

D．用鼠标左键单击图二

61．若要在每一页底部中央加上页码，应选择（　　）。

A．“插入”菜单中的“页码”

B．“文件”菜单中的“页面设置”

C．“插入”菜单中的“符号”

D．“工具”菜单中的“选项”

62．要画一个正方形，可在“绘图”工具栏中选择“矩形”，再（　　）。

A．按住 Alt 键用鼠标拖曳出正方形

B．按住 Tab 键用鼠标拖曳出正方形

C．按住 Ctrl 键用鼠标拖曳出正方形

D．按住 Shift 键用鼠标拖曳出正方形

63．图 3.96 中能使所画的图形实现“填充效果”的是（　　）。

A．图一

B．图二

C．图三

D．图四

图一　图二　图三　图四

图 3.96　63 题图

64．设计一份简历，最简便的方法是（　　）。

A．在“工具”菜单中选择“自定义”再应用相关模板

B．在“格式”菜单中选择“样式”再应用相关模板

C．在“格式”菜单中选择“主题”再应用相关模板

D．从“文件”菜单中选择“新建”，再应用相关模板

65．图 3.97 中选择“新建”命令后，能够自动生成一封信函的项是（　　）。

A．图一

B．图二

C．图三

D．图四

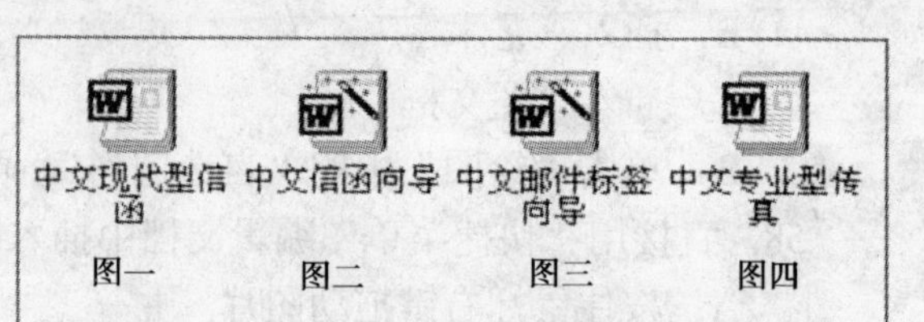

图 3.97　65 题图

66．若当前插入点在一个制表位列中，希望直接移动到另一个制表位列中，应按（　　）。

A．Tab 键　　B．Space 键

C．Shift 键　　D．Caps Lock 键

67．有关“样式”命令，以下说法正确的是（　　）。

A．“样式”只适用于文字，不适用于段落

B．“样式”命令只适用于纯英文文档

C．“样式”命令在“工具”菜单中

D．“样式”命令在“格式”菜单中

68．将一个 Word 文档打开，修改后存入另一文件夹，最简单有效的方法是（　　）。

A．选择工具栏上的“保存”按钮

B．只能将此文档复制到一新文档再保存

C．选择“文件”菜单中的“保存”命令

D．选择“文件”菜单中的“另存为”命令

69．若要改变打印时的纸张大小，正确的设置是（　　）。

A．“工具”对话框中的“选项”

B．“格式”对话框中的“中文版式”

C．“页面设置”对话框中的“版面”

D．“页面设置”对话框中的“纸张大小”

70．某论文要用规定的纸张大小，但在打印预览中发现最后一页只有一行，若要把这一行提到上一页，最好的办法是（　　）。

A．改变纸张大小　　B．增大页边距
C．使用孤行控制　　D．把页面方向改为横向

71．关于“打印预览”，下列说法有误的是（　　）。
A．可以进行页面设置
B．可以利用标尺调整页边距
C．只能显示一页
D．不可直接制表

72．关于工具栏上的“打印”图标，正确的是（　　）。
A．可以设置打印份数　　B．可以设置打印范围
C．可以设置打印机属性　　D．单击后会立即打印一份

73．一篇 100 页的文档，下列打印页码范围错误的是（　　）。
A．8-12　　B．7，10，90
C．5 9 12-20　　D．6，9，12-20

74．若想查出某中文词语的英文含义，可以选中该词后（　　）。
A．单击“格式”→“字体”　　B．单击“视图”→“数据库”
C．单击“工具”→“拼写和语法”　　D．单击“工具”→“语言”→“字典”

75．在一篇文档上的某处做标记，可以通过“定位”来查找该处的方法是（　　）。
A．改变字符样式　　B．改变字符字体
C．插入“书签”　　D．插入特别符号

76．选定文本中一行的方法是（　　）。
A．将鼠标箭头置于目标处后单击
B．将鼠标箭头置于文本左端出现选定光标后单击
C．将鼠标箭头置于文本左端出现选定光标后双击
D．将鼠标箭头置于文本左端出现选定光标后连击三下

77．图 3.98 中设置字体颜色的图标是（　　）。
A．图一
B．图二
C．图三
D．图四

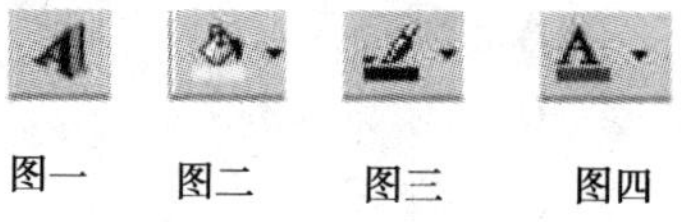

图一　图二　图三　图四

图 3.98　77 题图

78．在一篇文档中，所有的“微软”都被录入员误输为“徽软”，最快捷的改正方法是（　　）。
A．用“定位”命令
B．用“编辑”菜单中的“替换”命令
C．单击“复制”，再在插入点单击“粘贴”
D．用插入光标逐字查找，分别改正

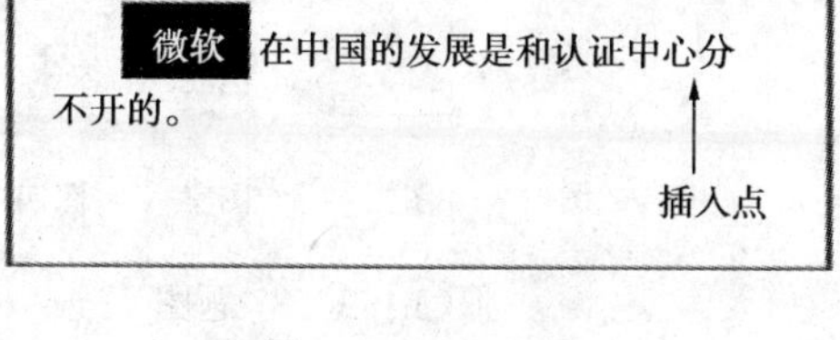

微软 在中国的发展是和认证中心分不开的。
插入点

图 3.99　79 题图

79．如图 3.99 所示要将“微软”复制到插入点，应先将“微软”选中，再（　　）。
A．直接拖动到插入点
B．单击“剪切”，然后在插入点单击“粘贴”
C．单击“复制”，然后在插入点单击“粘贴”
D．单击“撤销”，然后在插入点单击“恢复”

80. 可最方便地插入签名的方法是（　　）。

A. 插入域

B. 插入书签

C. 插入符号

D. 插入自动图文集中的相关选项

81. 要找到已设置的书签，应在“查找”对话框中选择（　　）。

A.“查找”选项　　B.“替换”选项

C.“定位”选项　　D.“索引”选项

82. 希望改变一些字符的字体和大小，首先应（　　）。

A. 选中字符

B. 在字符右侧单击鼠标左键

C. 单击工具栏中的“字体”图标

D. 单击“格式”菜单中的“字体”命令

83. 如图 3.100 所示，正确的“右对齐”图标命令是（　　）。

图一　图二　图三　图四

图 3.100　83 题图

A. 图一

B. 图二

C. 图三

D. 图四

84. 要给字符加上“七彩霓虹”效果，应先选中字符，再在“格式”→“字体”对话框中选择（　　）选项卡

A. 字体　　B. 颜色　　C. 文字效果　　D. 字符间距

85. 如图 3.101 所示，给图形加上阴影的命令图标是（　　）。

图一　图二　图三　图四

图 3.101　85 题图

A. 图一

B. 图二

C. 图三

D. 图四

86. 图 3.102 所示给每一段中加上数字编号的命令图标是（　　）。

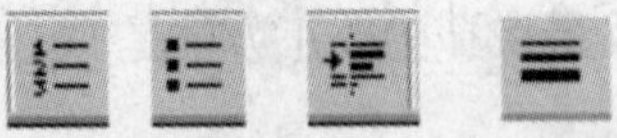

图一　图二　图三　图四

图 3.102　86 题图

A. 图一

B. 图二

C. 图三

D. 图四

87. 如图 3.103 所示将文字方向变成竖排，应选择的图标命令是（　　）。

图一　图二　图三　图四

图 3.103　87 题图

A. 图一

B. 图二

C. 图三

D. 图四

88. 在文档中插入图片命令所在的菜单是（　　）。

A. “编辑”　B. “视图”　C. “插入”　D. “格式”

89. “页面设置”命令在哪个菜单中？（　　）

A. 编辑　B. 视图　C. 文件　D. 格式

90. “样式”命令所在的菜单是（　　）

A. 编辑　B. 视图　C. 插入　D. 格式

二、多项选择题

1. 在下列视图中，可以使用 Word 的“即点即输”功能的是（　　）。

A. 普通视图　B. 大纲视图

C. Web 版式视图　D. 页面视图

2. 关于多重剪贴板说法正确的有（　　）。

A. Word 2003 中，剪贴板上支持一次最多存储 12 个记录

B. 剪贴板工具栏提供了一次将剪贴板上的所有内容全部粘贴的功能

C. 剪贴板工具栏提供了一次将剪贴板上的所有内容全部清除的功能

D. 可以先选择剪贴板上的任意一个内容项，然后选择主菜单栏的“选择性粘贴”命令，进行有选择地粘贴

3. Word 提供的“即点即输”功能，下面说法正确的是（　　）。

A. 在页面视图中，双击文档中任意位置，都可以启动“即点即输”功能，在双击的位置开始输入文字

B. 在页面视图中，鼠标在中间位置，鼠标指针会变成居中图形，此时双击鼠标左键，确定的输入点为文档居中位置

C. 在页面视图中，鼠标在左侧位置，鼠标指针会变成居左图形，此时双击鼠标左键，输入的文档会左对齐

D. 在页面视图中，鼠标在右侧位置，鼠标指针会变成居右图形，此时双击鼠标左键，输入的文档会右对齐

4. 下列说法正确的是（　　）。

A. 双击一个词语的任何一处，可以选择该词语

B. 移动鼠标指针到行首空白处，当指针形状变为箭头时，单击可以选择一行文字

C. 在某段落的任何一处连续三次按鼠标左键，可以选择该段落

D. 单击鼠标左键并按住不放拖动，可以选择拖动范围内的全部内容

5. Word 格式工具栏中所列的对齐方式是（　　）。

A. 左对齐　B. 右对齐　C. 居中对齐　D. 分散对齐

6. 关于 Word 的繁简转换，说法正确的是（　　）。

A. 选择“常用”工具栏的“繁”按钮，可以将 Word 文档中选择的文字转换成繁体

B. 选择“常用”工具栏的“简”按钮，可以将 Word 文档中选择的繁体文字转换成简体

C. 选择“常用”工具栏的“繁”按钮，如果不选择文字，可以将 Word 文档的全部文字内容转换成繁体

D. 选择“常用”工具栏的“繁”按钮，如果不选择文字，则对 Word 文档中的文字不发生任何作用

7. 在 Word 的“段落”对话框中，Word 中提供的分页方式是（　　）。

A．孤行控制　　B．与下段同页　　C．段中不分页　　D．段前分页

8．关于 Word 的打印设置，下面提供此功能的是（　　）。

A．打印到文件　　B．人工双面打印

C．按纸型缩放打印　　D．设置打印页码

9．关于 Word 的艺术字，说法正确的是（　　）。

A．Word 提供了修改艺术字样式的功能

B．Word 的艺术字制作完成后，不能再进行艺术字样式的修改

C．Word 提供了修改艺术字中文字的功能

D．Word 的艺术字制作完成后，不能再进行艺术字文字的修改

10．关于 Word 的文本框，说法正确的是（　　）。

A．Word 提供了横排和竖排两种类型的文本框

B．通过改变文本框的文字方向可以实现横排和竖排的转换

C．在文本框中可以插入图片

D．在文本框中不可以使用项目符号

11．关于 Word 的云形标注，下面说法正确的是（　　）。

A．在云形标注中可以插入图片

B．在云形标注中不可以插入图片

C．在云形标注中可以使用项目符号和编号

D．在云形标注中不可以使用项目符号和编号

12．对于 Word 中封闭的自绘图形，Word 提供的填充方式有（　　）。

A．过渡效果填充　　B．纹理效果填充

C．图案效果填充　　D．图片填充

13．Word 表格具有的功能包括（　　）。

A．在表格中支持插入子表

B．在表格中支持插入图形

C．提供了绘制表头斜线的功能

D．提供了整体改变表格大小和移动表格位置的控制句柄

14．在“表格属性”对话框中，提供的表格对齐方式有（　　）。

A．左对齐　　B．右对齐　　C．居中　　D．分散对齐

15．对于不含子表和图片的表格，下面说法正确的是（　　）。

A．可以用“表格转换成文本”功能，将它转换成纯文字

B．可以对表格进行排序

C．不能对表格进行排序

D．表格像图片一样，可以按几种环绕方式进行文本环绕

16．关于 Word 中的样式，说法正确的有（　　）。

A．样式是文字格式和段落格式的集合，主要用于快速制作具有一定规范格式的段落

B．Word 提供了一系列标准样式供我们使用，但不能够进行修改

C．只有我们自己自定义的样式，才能够进行修改

D．所有的样式包括 Word 自带的样式都可以进行修改

17．在“更改样式”对话框中，Word 提供的格式更改选项有（　　）。

A．字体　　B．段落　　C．边框　　D．图文框

18．在下列选项中，Word 提供的项目符号有（　　）。

A．7 种标准项目符号

B．自定义项目符号

C．使用图形制作的项目符号

D．使用“微软拼音输入法 2.0”软键盘的特殊符号制作的项目符号

19．关于 Word 的传真功能，说法正确的是（　　）。

A．在 Word 中提供了丰富的传真模板样式可供选择

B．在 Word 中有实现传真一次发给多个收件人的功能

C．在 Word 中不能实现传真一次发给多个收件人的功能

D．在 Word 中制作完成传真后，需先打印出打印件，然后再用传真机发送

20．在 Word 的“大纲视图”中，可行的操作是（　　）。

A．可以在文档的任意位置双击，启动“即点即输”功能

B．可以使用“大纲”工具栏进行纲目结构控制

C．纲目结构可以展开或折叠

D．可以制作索引和目录

21．页码的对齐方式有（　　）。

A．左侧　　B．居中　　C．右侧　　D．内侧和外侧

22．关于页眉和页脚的说法正确的有（　　）。

A．可以插入图片　　B．可以添加文字

C．不可以插入图片　　D．可以插入文本框

23．关于 Word 中权限的设置可行的有（　　）。

A．设置“打开权限密码”权限　　B．设置“修改权限密码”权限

C．设置 Word 的使用权限　　D．设置 Word 的用户权限

24．Word 提供的 Web 功能有（　　）。

A．提供了丰富的创建 Web 页的模板

B．提供了 Web 页预览功能

C．提供了发布 Web 页功能

D．提供了 Web 站点维护功能

25．关于 Word 提供的电子邮件功能说法正确的是（　　）。

A．在 Word 中不能够直接发送电子邮件，它启动 Outlook 来发送电子邮件

B．Word 可以用电子邮件编辑器自由收发邮件

C．Word 中提供了带附件发送电子邮件的功能

D．可以用发送副本的形式发送电子邮件

26．关于 Word 修订说法正确的是（　　）。

A．在 Word 中可以突出显示修订

B．不同修订者的修订会用不同颜色显示

C．所有修订都用同一种比较鲜明的颜色显示

D．在 Word 中可以针对某一修订进行接受或拒绝修订

27．关于 Word 批注说法错误的是（　　）。

A．可以给文档中需要解释说明的部分添加批注起到提示作用

B．批注可以打印出来

C．批注只起解释说明的作用，并不能够打印出来

D．批注的内容在正常的状态下是隐藏起来的

28．在 Word 中，文本的复制和粘贴可以通过（　　）途径进行。

A．剪贴板　　B．直接拖动

C．快捷键 Ctrl+C、Ctrl+V　　D．图文框

29．能够规定样式区宽度的视图有（　　）。

A．页面视图　　B．普通视图

C．Web 版式视图　　D．大纲视图

30．可以修改页眉页脚的途径有（　　）。

A．单击“视图”菜单中的“页眉和页脚”命令

B．在“格式”菜单的“样式”命令中设置

C．单击“文件”菜单中的“页面设置”命令

D．直接双击页眉页脚位置

31．要将某文档中某一页打印出来，可（　　）。

A．在打印预览状态下单击“打印”命令

B．将插入点置于该页，单击工具栏上的“打印”图标

C．单击“文件”→“打印”，然后在“页面范围”中选“页码范围”并输入页号

D．将插入点置于该页，单击“文件”→“打印”，在“页面范围”中选“当前页”

32．“自动套用格式”对话框中包括的选项有（　　）。

A．自动套用格式　　B．自动图文集

C．自动更正　　D．输入时自动套用格式

33．更改样式的方法通常有（　　）。

A．用“管理器”对话框　　B．“编辑”菜单中的“替换”命令

C．“自动套用格式”命令　　D．“样式”对话框中的“更改”命令

34．以下关于表格中斜线的说法正确的是（　　）。

A．从一个单元格的一角只能画出一条斜线

B．从一个单元格的一角可画出两条以上的斜线

C．在有斜线的单元格中，可直接输入文本，而文本会自动避开斜线。

D．在有斜线的单元格中，为使文本不在斜线上，应将插入点放在文本前，再按 Space 键

35．如果要实现文字围绕表格的效果，可以加（　　）。

A．字符边框　　B．文本框　　C．图文框　　D．表格自动套用格式

36．能设置“阴影效果”的项目有（　　）。

A．图文框

B．艺术字

C．文本框

D．用“自选图形”的“矩形”图标画出的正方形

37．要退出 Word，可以（　　）。

A．单击“文件”→“退出”

B．单击窗口右上角的图标
C．双击窗口左上角的图标
D．单击窗口左上角的图标，再单击“关闭”命令

38．要对文档进行打印，下列操作正确的是（　　）。
A．Alt＋T　　B．Ctrl＋P
C．单击“文件”→“打印”　　D．单击工具栏上的打印图标

39．“打印预览”状态下，下列说法正确的是（　　）。
A．此时能显示出标尺　　B．此时不能放大比例
C．此时不能调整页边距　　D．此时能进行文字处理

40．定位命令可定位于（　　）。
A．节　　B．域　　C．图形　　D．批注

41．要加大一部分文字的水平间距，可用（　　）。
A．“格式”→“字体”　　B．“格式”→“组合字符”
C．“格式”→“分散字符”　　D．工具栏上的“缩放字符”图标

42．要将一个标题的全部格式用于另一个标题，可以（　　）。
A．用“样式”　　B．用“背景”
C．用“格式刷”　　D．用“中文版式”

43．要运行某个菜单命令，其操作可以是（　　）。
A．单击菜单命令　　B．双击菜单命令
C．Alt+菜单名后下画线字母　　D．Shift+菜单名后下画线字母

44．在 Word 中，进行多文档之间切换时，下列方法正确的是（　　）。
A．按 Alt+Tab
B．在“任务栏”上选择所需文档
C．在“窗口”菜单中选择所需文档
D．将不需要的文档最小化，剩下所需文档

45．当前页为第 10 页，要立即移至 35 页，可以（　　）。
A．使用“定位”命令　　B．单击“插入”→“页码”
C．直接拖动垂直滚动条　　D．单击“插入”→“分隔符”

46．要删除一些文档内容，可以将其选中后再（　　）。
A．按 Enter 键　　B．按 Delete 键
C．按 BackSpace 键　　D．单击“编辑”→“清除”

47．以下可打开“替换”对话框的命令是（　　）。
A．替换　　B．查找　　C．定位　　D．选择性粘贴

48．下列关于“保存”与“另存为”命令的说法，错误的是（　　）。
A．Word 保存的任何文档，都不能用写字板打开
B．保存新文档时，“保存”与“另存为”作用是相同的
C．保存旧文档时，“保存”与“另存为”作用是相同的
D．“保存”命令只能保存新文档，“另存为”命令只能保存旧文档

49．若要用低版本的 Word 打开高版本的 Word 文档，则应在 Word 中对文档进行的处理是（　　）。

A．在“文件”→“另存为”对话框中，更改文件名

B．在“保存”对话框中，“保存类型”框里选择“文档模板”

C．在“工具”→“选项”对话框中选择相应的保存信息后再保存

D．在“文件”→“另存为”的对话框中的“保存类型”框里选择相应版本

50．以下说法正确的有（　　）。

A．Word 保存文件时，可设置密码

B．设置密码只能设置一次

C．Word 文件名的字符间不能有空格

D．Word 可以打开低版本的 Word 文档

51．有关 Word 的“打印预览”窗口，说法错误的是（　　）。

A．此时不可插入表格

B．此时不可全屏显示

C．此时不可调整页边距

D．可以单页或多页显示

52．有关“间距”的说法，正确的是（　　）。

A．在“字体”对话框中，可设置“字符间距”

B．在“段落”对话框中，可设置“字符间距”

C．在“段落”对话框中，可设置“行间距”

D．在“段落”对话框中，可设置“段落前后间距”

53．以下可调整一页纸所容纳内容的多少的方法有（　　）。

A．标尺　　B．“页边距”命令

C．“打印”命令　　D．“纸张大小”命令

54．下列可设置制表位的方法有（　　）。

A．利用垂直标尺　　B．利用水平标尺

C．“编辑”菜单中的“查找”命令　　D．“格式”菜单中的“制表位”命令

55．要改变分栏中的栏宽，可以（　　）。

A．拖动制表符　　B．通过标尺来调整

C．“格式”菜单中的“分栏”命令　　D．其他工具栏上的“分栏”图标

56．有关“首字下沉”命令正确的说法是（　　）。

A．可根据需要调整下沉行数

B．最多可下沉 3 行字的位置

C．可悬挂下沉

D．悬挂下沉的格式只有一种，没有任何变化

57．通常创建的新样式的类型有（　　）。

A．表格　　B．字符　　C．段落　　D．图片

58．以下在新建样式时可以定义其格式的命令有（　　）。

A．字体　　B．段落　　C．边框　　D．字数统计

59．有关 Word 中制表的正确说法是（　　）。

A．可以绘制表格的对角线

B．可以应用“居中”命令，使整个表格居中

C．没有专门的垂直对齐命令

D．只能拆分列单元格，不能拆分行单元格

60．在表格中增加 2 行，下列操作可以实现的有（　　）。

A．把插入点放在表格的尾部，直接按 Enter 键

B．把插入点放在表格的尾部，选定 2 行按 Enter 键

C．在表格中选定 2 行，单击“表格”→“插入行”命令

D．选定一行，单击工具栏上“拆分表格”图标，再把行数改为 2，单击确定

61．要选定整张表格，可先激活表格，然后（　　）。

A．按 Alt＋5（在 Num 键区，Num Lock 非激活状态）

B．按 Alt＋5（输入区上排数字区）

C．用 Alt＋/（Num lock）组合键

D．单击“表格”→“选定表格”命令

62．删除一个图片的正确操作方法有（　　）。

A．无须选定图片，直接按 Delete 键

B．选定图片并在出现选择柄时按 Delete 键

C．选定图片并在出现选择柄时单击“编辑”→“清除”命令

D．选定图片，把鼠标的光标放在图片上右击，再单击“删除”命令

63．有关改变图片大小的正确说法有（　　）。

A．与改变窗口大小的操作方法相同

B．可以通过“设置图片格式”命令实现

C．可以通过“格式”→“对象”命令实现

D．可以通过“格式”→“缩放”命令实现

64．要对一张表格中的一行进行合计统计，下列操作可以实现的有（　　）。

A．单击“表格”→“公式”

B．用工具栏上的“自动求和”命令

C．直接在单元格内输入求和公式

D．无法实现

65．在 Word 中删除表格，下列说法正确的是（　　）。

A．可以删除表格中的某行

B．可以删除表格中的某列

C．可以利用工具栏上的图标删除单元格

D．利用“表格”菜单命令不能删除一整行

66．请选择能调出“自动更正”对话框的命令（　　）。

A．“插入”菜单中的“自动图文集”命令

B．“工具”菜单中的“字数统计”命令

C．“工具”菜单中的“自动更正”命令

D．“工具”菜单中的“自动编写摘要”命令

67．在文本中加入省略号“……”的方法有（　　）。

A．组合键 Alt＋Ctrl＋.

B．组合键 Shift＋Alt＋.

C．组合键 Shift＋Ctrl＋.

D．“插入”菜单中的“符号”命令

68. 下面可以调整页面尺寸大小的命令有（　　）。
A. 标尺
B. “页面设置”对话框中的“版面”选项卡
C. “页面设置”对话框中的“纸张大小”选项卡
D. “页面设置”对话框中的“页边距”选项卡

69. 在“打印”对话框中进行页面范围设置时，可用的分隔符有（　　）。
A. -　　B. *　　C. &　　D. ,

70. 在保存 Word 文档时，可以保存的格式有（　　）。
A. 纯文本　　B. Web 页
C. RTF 格式　　D. 文档模板

71. 下列有关复制操作错误的是（　　）。
A. 可使用工具栏中的“剪切”、“粘贴”图标
B. 使用“编辑”菜单中的“复制”、“粘贴”命令
C. 选中要复制的文本，直接用鼠标左键按住拖曳到目的地
D. 选中要复制的文本，按住 Ctrl 键，同时用鼠标拖曳到目的地

72. 给文档分页可以（　　）。
A. 自动分页组合　　B. 按 Ctrl＋Enter 组合键
C. 按 Shift＋Enter 组合键　　D. “插入”菜单中的“分隔符”命令

73. 选定整个文档的正确方法有（　　）。
A. Ctrl＋A 组合键　　B. 双击鼠标左键
C. 在选择区三击鼠标左键　　D. 选择“编辑”菜单中的“全选”命令

74. 邮件合并中的主文档可以是（　　）。
A. 套用信函　　B. 标签　　C. 信封　　D. 分类

75. 分隔符的种类有（　　）。
A. 分页符　　B. 分栏符　　C. 分节符　　D. 分章符

76. 拆分 Word 文档窗口的方法有（　　）。
A. 按 Ctrl＋Enter 组合键　　B. 按 Ctrl＋Space 组合键
C. 拖动垂直滚动条上方的拆分按钮　　D. 选择“窗口”菜单中的“拆分”命令

77. Word 中提供的字体效果有（　　）。
A. 上标　　B. 阴影　　C. 阴文　　D. 空心文字

78. Word 中提供的文字效果有（　　）。
A. 礼花绽放　　B. 赤水情深　　C. 七彩霓虹　　D. 亦幻亦真

79. Word 文档中可插入的对象有（　　）。
A. 图表　　B. Bmp 图形　　C. 图像文档　　D. 写字板文档

80. Word 的“打印”命令可以打印（　　）。
A. 当前页　　B. 选定文档　　C. 整个文档　　D. 指定范围

81. 下列 Word 表格公式书写正确的有（　　）。
A. LEFT（ ）　　B. ABOVE（ ）
C. =SUM（ABOVE）　　D. =SUM（LEFT）

82. Word 中文档的背景类型可以是（　　）。

A. 水印　B. 图片　C. 单色　D. 过渡颜色

83. 在 Word 的打印预览状态下可以（　　）。

A. 打印　B. 显示标尺　C. 改变页边距　D. 改变显示比例

84. 要将 123456 转换成 4 列 2 行的表格，则应先如何将其分隔成（　　）。

A. 1，2，3，4，5，6　B. 1*2*3*4*5*6

C. 1-2-3-4-5-6　D. 1！2！3！4！5！6

85. 要给一个字符加上阴影和斜体效果，下列选项中操作错误的是（　　）。

A. 选择“格式”工具栏中的“斜体”和“字符底纹”图标

B. 选择“格式”→“字体”对话框中的“字符间距”和“动态效果”

C. 选择“格式”→“字体”对话框中的“阴影”，再单击“斜体”图标

D. 选择“格式”→“字体”对话框中的“阴文”和“斜体”

86. 取消用制表位制作的无用线表的方法有（　　）。

A. 选定整个表，按 Delete 键

B. 选择“编辑”菜单中的“清除”命令

C. 使用“制表位”对话框中的“全部取消”命令

D. 用鼠标把标尺上的制表位拖离标尺

87. 下列有关页面显示的说法正确的有（　　）。

A. Word 有“Web 版式”视图

B. 在页面视图中可以拖动标尺改变页边距

C. 多页显示只能在打印预览状态中实现

D. 在打印预览状态仍然能进行插入表格等编辑工作

88. 以下关于表格中文本格式的说法，正确的是（　　）。

A. 表格中的文本可用“格式”工具栏的“字体”和“字号”来修饰

B. 设置表格中文字的左右居中时，可用“格式”工具栏中的“居中”图标

C. 设置表格中文字的上下对齐时，可用“格式”工具栏中的“垂直居中”图标

D. 设置表格中文字的上下对齐时，可以用“表格和边框”工具栏中的“垂直居中”图标

89. 给表格加上实线，正确的方法是（　　）。

A. 用“插入表格”命令生成的表格即为实线表格

B. 用“绘制表格”图标命令绘制的表格即为实线表格

C. 将虚线表格通过“格式”→“边框和底纹”命令改为实线

D. 以上都不是

90. 在“自动套用格式”命令中要实现把格式中表格的边框、底纹和斜体字都取消，应（　　）。

A. 取消“边框”选项　B. 取消“底纹”选项

C. 取消“字体”选项　D. 取消“首列”选项

91. 要将表格内容删除，但仍保留表格，则应先选定整张表格，再进行的操作有（　　）。

A. 按 Delete 键　B. 按 BackSpace 键

C. 按“编辑”→“清除”命令　D. 按“表格”→“删除单元格”命令

92. 以下可以改变线条格式的有（　　）。

A. 使用“格式”→“对象”命令

B．使用“绘图”工具栏中的“线条颜色”和“线型”图标
C．使用“绘图”工具栏中的“阴影”图标和“虚线线型”图标
D．使用“绘图”工具栏中的“字体颜色”图标和“填充色”图标

93．下列可以插入页码的方法有（　　）。
A．单击“插入”→“页码”命令　B．单击“格式”→“中文版式”命令
C．单击“视图”→“页眉和页脚”命令　D．单击“编辑”→“页眉和页脚”命令

94．下列不可以打印文档的方法有（　　）。
A．按 Alt＋P　B．按 Ctrl＋P
C．按 Shift＋P　D．单击工具栏上的“打印”图标

95．Word 的视图模式有（　　）。
A．普通视图　B．大纲视图
C．页面视图　D．Web 版式视图

96．段落缩进中“左缩进”方式可以控制的范围有（　　）。
A．当前段落　B．选定段落
C．整个文档　D．当前页中的所有段落

97．Word“插入”菜单中的“图片”命令可插入（　　）。
A．图表　B．艺术字　C．剪贴画　D．自选图形

98．在 Word 中可以给段落加（　　）。
A．控点　B．编号　C．多级符号　D．项目符号

99．以下可将光标移到当前行尾的方法有（　　）。
A．按 End 键　B．按 Home 键
C．在行尾单击鼠标右键　D．在行尾单击鼠标左键

100．Word“工具”菜单中包括的命令有（　　）。
A．宏　B．自动更正选项　C．字数统计　D．邮件合并

101．Word 提供的模板有（　　）。
A．中文报告　B．简历向导
C．英文信函和传真　D．中文信函和传真

102．在 Word 文档中可以复制和粘贴的内容有（　　）。
A．图片　B．超链接
C．图文框　D．选定的文本

103．Word 创建新文档的方法有（　　）。
A．通过“文件”菜单命令创建
B．通过“常用”工具栏创建
C．通过快捷键 Ctrl＋N 创建
D．通过快捷菜单创建

104．在 Word 中，以下有关移动和复制说法正确的是（　　）。
A．图形不可以复制
B．要移动选定内容，可以用鼠标拖放的方法
C．要复制选定内容，按住 Ctrl 键不放，同时用鼠标将选定的内容拖至目的位置
D．可用鼠标右键拖动选定内容，在释放鼠标键时，选择出现的快捷菜单中相应的移

动和复制选项

105．设置段落行距时，“设置值”执行（　　）操作时有效。

A．设置为“单倍行距”　　B．设置为“多倍行距”

C．设置为“最小”　　D．设置为“固定”

106．一篇文档中两个不同的节之间可以有不同的（　　）。

A．页边距　　B．页眉页脚

C．纸张大小　　D．行的编号方式

107．调整页边距的方法有（　　）。

A．调整左右缩进　　B．调整标尺

C．用“页面设置”对话框　　D．用“段落”对话框

108．打印时如果指定的纸型小于实际的纸型，将会（　　）。

A．每页内容不足　　B．页中换页

C．多余文字移至后页　　D．没有影响，按实际纸型打印

109．取消行号的命令可以针对（　　）。

A．整篇文档　　B．某节　　C．某段　　D．某行

110．交叉引用的内容包括（　　）。

A．脚注　　B．批注　　C．题注　　D．尾注

111．在项目编号中，下面说法正确的有（　　）。

A．项目编号与文本的字体可以不同

B．项目编号可以不连续

C．文档中不同处的列表可采用连续编号

D．一行中可以有多个项目编号

112．分栏在（　　）视图中不可见。

A．普通视图　　B．页面视图

C．大纲视图　　D．Web 视图

113．Word 给出的分栏方式有（　　）。

A．一栏　　B．两栏　　C．三栏　　D．偏左　　E．偏右

114．在字符的全半角转换中，不可改为半角字的字符有（　　）。

A．英文字母　　B．数字　　C．汉字　　D．特殊字符

115．通用模板的样式有（　　）。

A．标题　　B．默认段落字体　　C．正文　　D．默认样式

116．创建新样式的方式有（　　）。

A．使用样例文本　　B．使用格式刷

C．使用样式对话框　　D．使用段落对话框

117．关于样例文本，说法正确的是（　　）。

A．样例文本可以用来创建样式　　B．样例文本可以用来修改样式

C．样例文本可以用来删除样式　　D．样例文本可以用来复制样式

118．样式中包括的格式信息有（　　）。

A．字体　　B．段落缩进　　C．对齐方式　　D．底纹背景色

119．关于样式管理器，说法正确的有（　　）。

A. 样式管理器可以创建样式　B. 样式管理器可以修改样式
C. 样式管理器可以删除样式　D. 样式管理器可以复制样式

120. 关于用样式管理器复制样式，下面说法正确的有（　）。
A. 复制是从其他文档到当前文档　B. 复制是从其他文档到当前模板
C. 复制是从其他模板到当前模板　D. 复制是从当前文档到当前模板

121. 模板包括的文档内容包括（　）。
A. 域代码　B. 页眉页脚　C. 段落格式　D. 文档打印设置

122. 创建模板方式有（　）。
A. 基于已有模板　B. 根据向导　C. 基于某文档　D. 自己编排

123. 利用文档修改模板时，修改（　）元素会对模板有影响。
A. 插入表格　B. 修改自动图文集　C. 制作宏　D. 定制工具栏

124. 用管理器可以复制模板的（　）。
A. 样式　B. 工具栏　C. 宏　D. 自动图文集

125. Word 通过（　）创建宏。
A. Word Basic　B. 宏对话框　C. 录制宏对话框　D. 模板管理器

126. 边框应用的范围有（　）。
A. 某行　B. 某段　C. 表格　D. 页面

127. 利用“带圈字符”命令可以给字符加上（　）。
A. 圆形　B. 正方形　C. 菱形　D. 三角形

128. 设置默认的字符格式作用范围是（　）。
A. 当前文档　B. 所有以当前模板为基础的文档
C. 以当前模板为基础的新文档　D. 所有新文档

129. 调整段落的左缩进可采取的方法有（　）。
A. 用标尺调整
B. 用“段落”对话框的“缩进和间距”选项卡调整
C. 通过制表位调整
D. 用 Tab 键调整

130. 如果想在文档中插入自动图文集词条，可以（　）。
A. 通过“插入”菜单中的“自动图文集”命令
B. 通过“自动更正”对话框中的“自动图文集”选项卡
C. 在文档中输入自动图文集词条名后按 F3 键
D. 通过工具栏上的“自动图文集”按钮

131. 尾注可位于（　）。
A. 页面底端　B. 文字下方　C. 文档结尾　D. 节的结尾

132. 若要对多个文档的注释按顺序逐个编号，应该（　）。
A. 在“脚注和尾注”对话框中的“编号方式”选择“自动编号”
B. 在“注释选项”对话框中的“编号方式”选择“连续”
C. 在“注释选项”对话框中给每片文档一个相应的起始编号
D. 在“注释选项”对话框中单击“转换”按钮

133. 看到批注引用的方法有（　）。

A．打开批注窗口

B．按下“显示/隐藏编辑标记”按钮

C．在“选项”的“视图”标签中选择“屏幕提示”

D．在“选项”的“视图”标签中选择“隐藏文字”

134．可以自动生成的目录有（　　）。

A．题注目录　　B．脚注目录　　C．尾注目录　　D．引文目录

135．在用自选图形绘制直线时，下列能够画出特殊角度的直线的操作有（　　）。

A．按住 Ctrl 键，同时画线　　B．按住 Shift 键，同时画线

C．按住 Alt 键，同时画线　　D．按住 Ctrl+Shift 组合键，同时画线

136．文档中有多个图形，若要同时选择它们，应该（　　）。

A．单击“选择对象”快捷图标，然后将所有要选择的对象都包围到虚框中

B．按住 Ctrl 键的同时单击每一个对象

C．按住 Shift 键的同时单击每一个对象

D．按住 Alt 键的同时单击每一个对象

137．在修改图形的大小时，若想保持其长宽比例不变，应该（　　）。

A．用鼠标拖动四角上的控制点

B．按住 Shift 键的同时用鼠标拖动四角上的控制点

C．按住 Ctrl 键的同时用鼠标拖动四角上的控制点

D．在“设置图片格式”中锁定纵横比

138．在 Word 文档中创建图表的方法有（　　）。

A．链接文档中的其他图表　　B．根据文档中已有的表格生成图表

C．直接插入图表对象　　D．链接到其他程序中的数据

139．可以创建超链接的方法有（　　）。

A．输入正确的网络地址

B．选定文本，在文档内或文档之间用右键拖动，选择菜单中的“创建超级链接”

C．复制文本，粘贴时选择“粘贴为超级链接”

D．单击超级链接按钮

140．图形的绘制与编辑工作不可见的视图是（　　）。

A．页面视图　　B．大纲视图　　C．普通视图　　D．Web 视图

三、填空题

1．在 Word 中，可以显示水平标尺的两种视图模式是页面视图和________。

2．在 Word 中，设定行距和段落间距，可在“格式”菜单中选择________命令。

3．在 Word 中，查找范围的默认项是查找________。

4．在 Word 的编辑状态，要模拟显示打印效果，应当单击常用工具栏中的________。

5．在 Word 中，只有在________视图下可以显示水平标尺和垂直标尺。

6．在 Word 的编辑状态下，若要退出“全屏显示视图”方式，应当按的功能键是________。

7．在 Word 中，必须在________视图方式或打印预览中才会显示出用户设定的页眉和页脚。

8．在 Word 编辑状态下，可以进行“拼写和语法”检查的选项在________下拉菜单中。

第4章　电子表格 Excel 2003

实验一　Excel 2003 的基本操作

一、实验目的和要求

1. 掌握 Excel 2003 的启动和退出方法。
2. 熟悉 Excel 2003 的工作情况。
3. 掌握工作簿文件的建立、打开和存盘的操作方法。
4. 掌握数据的输入和编辑方法。

二、实验内容与指导

1. Excel 2003 的启动和退出

可以采用以下 3 种方法启动 Excel 2003。

（1）从“开始”菜单启动 Excel 2003。执行“开始”→“程序”→Microsoft Office→Microsoft Office Excel 2003 命令。

（2）利用快捷图标启动 Excel 2003。如果在桌面上建立有 Excel 2003 的快捷方式图标，双击该图标也可以启动 Excel 2003。

（3）通过打开 Excel 文档启动 Excel 2003。利用“资源管理器”或“我的电脑”找到要打开的 Excel 文档，双击该 Excel 文档图标，或右击该图标，从弹出的快捷菜单中执行“打开”命令，也可以启动 Excel 2003，打开此文档。

退出 Excel 2003 主要有以下 4 种方法。

（1）单击 Excel 2003 标题栏右上角的“关闭”按钮×。

（2）在 Excel 2003 中执行“文件”→“退出”命令。

（3）按 Alt+F4 组合键。

（4）双击 Excel 2003 标题栏左侧的控制菜单图标。

2. 设置 Excel 2003 的默认工作目录

可以指定某个文件夹为 Excel 2003 的默认工作目录，方法是执行“工具”→“选项”命令，打开图 4.1 所示的“选项”对话框，选择“常规”选项卡，在“默认文件位置”文本框中输入指定的文件夹位置和名称即可。

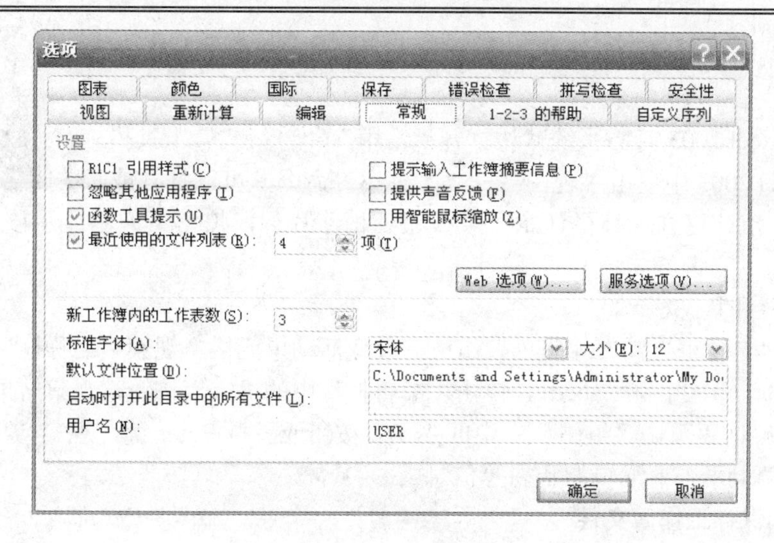

图 4.1　“选项”对话框

3. Excel 2003 的工作环境

Excel 2003 工作界面由 Excel 2003 应用程序窗口和 Excel 工作簿窗口两部分组成，如图 4.2 所示。

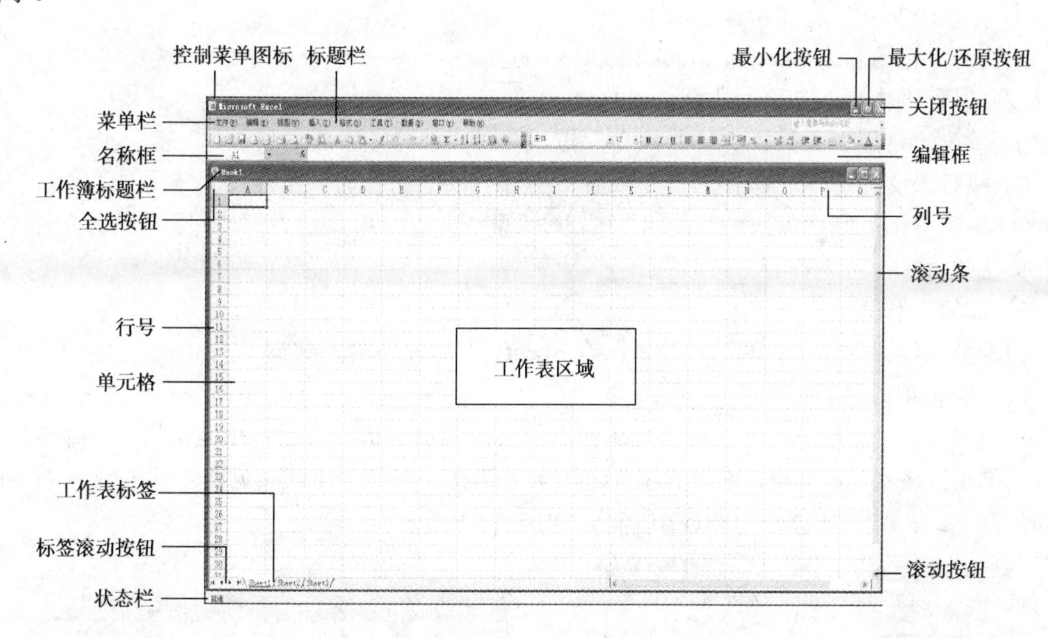

图 4.2　Excel 2003 窗口

（1）Excel 2003 工作簿窗口。Excel 2003 工作簿窗口由若干张工作表组成，单击工作表标签可以改变当前工作表。

用鼠标拖动水平和垂直滚动条，或者分别按 Home、End、Ctrl+Home、Ctrl+End 等键，可以改变 Excel 2003 工作表的变化情况，观察一个工作表中最多可以包含多少行和多少列，并观察工作表的最大行号和最大列号。

（2）Excel 2003 应用程序窗口。Excel 2003 应用程序窗口由标题栏、工具栏、编辑栏和状态栏组成。

（3）熟悉菜单栏及快捷菜单。

（4）工具栏。

① 启动 Excel 2003 时，系统默认打开“常用”和“格式”工具栏。

② 在 Excel 2003 中单击“视图”→“工具栏”命令，可以打开或者关闭需要的工具栏。

③ 将鼠标指针移到工具栏任意一个按钮处稍停片刻，按钮下方将显示该工具栏按钮的说明。

（5）编辑栏和状态栏。

编辑栏由“名称框”和“编辑框”组成，改变活动单元格，观察“名称框”名称的变化，单击 A1 单元格，输入字符“abcd”，单击“编辑栏”中的“×”按钮，观察结果；在 A2 单元格中输入“efgh”，再单击“编辑栏”中的“√”按钮或者按 Enter 键，观察结果。

状态栏主要显示当前编辑的状态等信息。

4．创建和保存工作簿文件

（1）创建一个新的工作簿文件。

有 3 种方法可以创建一个新的工作簿文件，如下所述。

① 采用 Excel 2003 的启动方法，自动创建工作簿。

② 单击“常用”工具栏中的“新建”按钮。

③ 执行“文件”→“新建”命令。

默认的工作簿名为 Book1、Book2 或 Book3 等。

（2）保存工作簿，名称为“我的工作簿.xls”。

① 单击“常用”工具栏中的“保存”按钮。

② 执行“文件”→“保存”命令或者“文件”→“另存为”命令。

③ 单击 Excel 2003 窗口的“关闭”按钮×，系统会提示用户是否需要保存，这时单击“保存”按钮即可。

5．编辑工作表

（1）数据输入。从 A1 单元格开始，在 Sheet1 工作表中输入数据。

（2）编辑单元格数据。

① 选定 A2 单元格，单击右键，从弹出的快捷菜单中执行“设置单元格格式”命令，弹出的“单元格格式”对话框，在“数字”选项卡中选择文本分类格式（见图 4.3），单击“确定”按钮，在 A2 单元格中输入“060501001”，如图 4.4 所示。

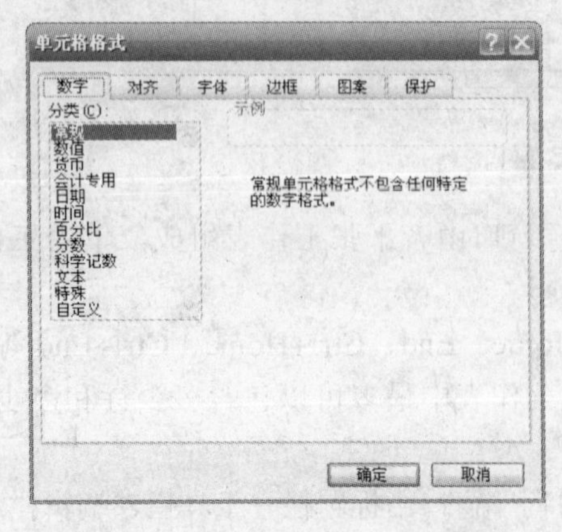

图 4.3　“单元格格式”对话框

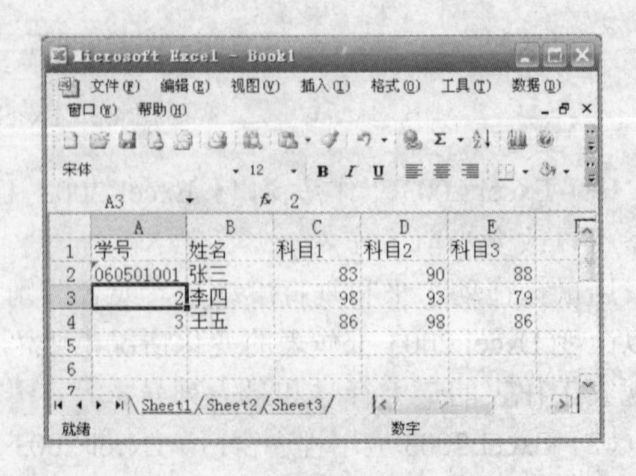

图 4.4　输入内容

② 将鼠标移到 A1 单元格右下角的填充句柄上，使鼠标的指针由空心“十”字形变为实心“十”字形，按住鼠标左键，将鼠标拖到 A4 单元格，可自动填充学号，如图 4.5 所示。

③ 单击 C1 单元格，执行“编辑”→“清除”→“全部”命令，清除 C1 单元格中的全部内容，然后输入“高等数学”，按 Enter 键；单击 D1 单元格，直接输入“计算机基础”按 Enter 键；双击 E1 单元格进入单元格编辑状态，将游标移到“科”字前，按 Delete 键删除文字，然后输入“大学英语”，按 Enter 键完成修改工作，如图 4.6 所示。

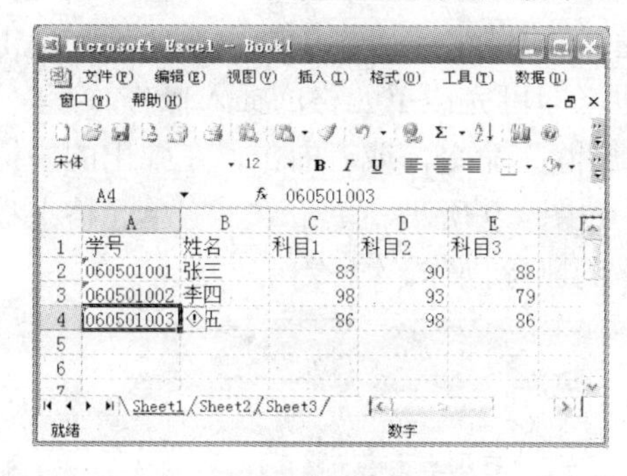

图 4.5　自动填充学号

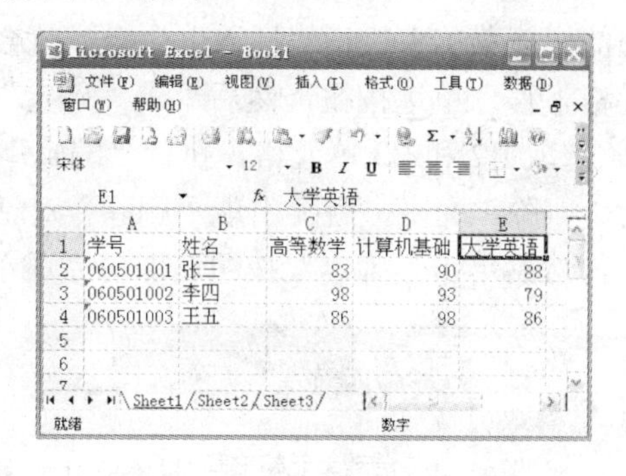

图 4.6　修改数据

6．选取单元格区域操作

（1）单个单元格的选取。单击 Sheet2 工作表卷标，单击 B2 单元格即可选取该单元格。

（2）连续单元格的选取。单击 B3 单元格，按住鼠标左键并向下方拖动到 F4 单元格，则选取了 B2:F4 单元格区域；单击行号“4”，则第 4 行单元格区域全部被选取，若按住鼠标左键向下拖动至行号“6”，松开鼠标，则第 4、5、6 行单元格区域全部被选取；单击列号“D”，则 D 列单元格区域全部被选取，同样，可以选取几列单元格区域。

（3）非连续单元格区域的选取。先选取 B2:F4 单元格区域，然后按住 Ctrl 键不放，再选取 D9、D13、E11 单元格，单击行号“7”，单击列号“H”，选取结果如图 4.7 所示。

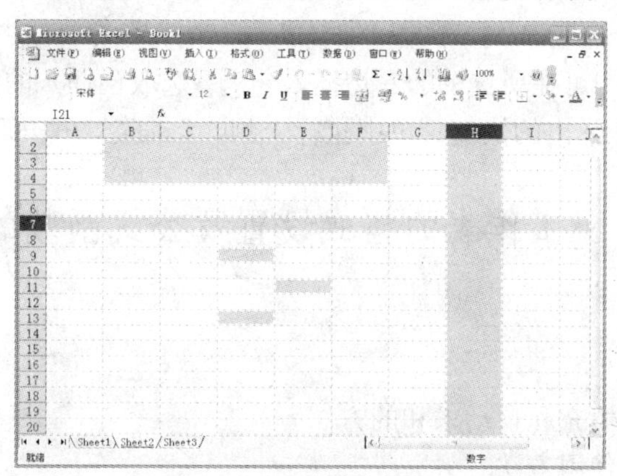

图 4.7　非连续单元格的选取

7．单元格数据的复制和移动

（1）单元格数据的复制。在 Sheet1 工作表中选取 B2:E4 单元格区域，执行“编辑”→“复制”命令，或者单击“常用”工具栏上的“复制”按钮，单击 Sheet2 工作表标签后单击 A1 单元格，执行“编辑”→“粘贴”命令，或者单击“常用”工具栏上的“粘贴”按钮，即可完成复制工作。

（2）单元格数据的移动。选取 Sheet2 工作表中的 A1:D3 单元格区域，将鼠标指针移到区域边框上，当鼠标指针变为十字形时，按住鼠标左键不放，拖动鼠标至 B5 单元格开始的区域，松开鼠标左键，即可完成移动操作。若拖动的同时，按住 Ctrl 键不放，就可完成复制操作。

8．单元格区域的插入与删除

（1）插入或删除单元格。

① 在 Sheet1 工作表中，单击 B2 单元格，执行“插入”→“单元格”命令，或者右击，在弹出的快捷菜单中执行“插入”命令，就会出现“插入”对话框，如图 4.8 所示。单击“活动单元格下移”单选按钮，然后单击“确定”按钮，即可完成单元格的插入操作。

② 选取 B2 和 B3 单元格，执行“编辑”→“删除”命令，或者右击，在弹出的快捷菜单中执行“删除”命令，就会出现“删除”对话框，如图 4.9 所示。单击“下方单元格上移”单选按钮，然后单击“确定”按钮，即可完成单元格的删除操作。

图 4.8　“插入”对话框

图 4.9　“删除”对话框

（2）插入或删除行。选取第 3 行，执行“插入”→“行”命令，或者右击，在弹出的快捷菜单中执行“插入”命令，即可在所选行的上方插入一行。选取已插入的行，执行“编辑”→“删除”命令，或者右击，在弹出的快捷菜单中执行“删除”命令，即可删除刚才插入的行。

（3）插入或删除列。选取 B 列，执行“插入”→“列”命令，或者右击，在弹出的快捷菜单中执行“插入”命令，即可在所选列的左边插入一列。选取已插入的列，执行“编辑”→“删除”命令，或者右击，在弹出的快捷菜单中执行“删除”命令，即可删除刚才插入的列。

实验二　工作表的格式设置及公式函数的使用

一、实验目的和要求

1．掌握数据的自动填充和自动求和的方法。
2．掌握常用函数的使用方法。
3．掌握公式的使用方法。

二、实验内容与指导

1．工作表的命名

启动 Excel 2003，在出现的 Book1 工作簿中双击 Sheet1 工作表标签，更名为“销售数据”。最后以“上半年销售统计”为名将工作簿保存在硬盘上。

2．数据格式化

（1）在“销售数据”工作表中建立数据表格，如图 4.10 所示。其中，在 A3 单元格中输入“一月”后，可用填充句柄拖动到 A8，自动填充“二月”～“八月”。

（2）将表格的行高调整为 18，列宽调整为 14。按住 Ctrl+A 键选中整个工作表，执行“格式”→“行”→“行高”命令，弹出“行高”对话框，在该对话框中的“行高”文本框中输入 18，单击“确定”按钮，即可设置行高，用类似的方法可以设置列宽为 14。

（3）标题格式设置。

① 选取 A1：H1 单元格区域，然后单击格式工具栏上的“合并及居中”按钮，使之成为居中标题。双击标题所在单元格，将光标定位在文字“公司”后面，按 Alt+Enter 键，则将标题文字放在两行。

② 执行“格式”→“单元格”命令，弹出“单元格格式”对话框，如图 4.11 所示，选择“字体”选项卡，将字号设为 14，颜色为红色。

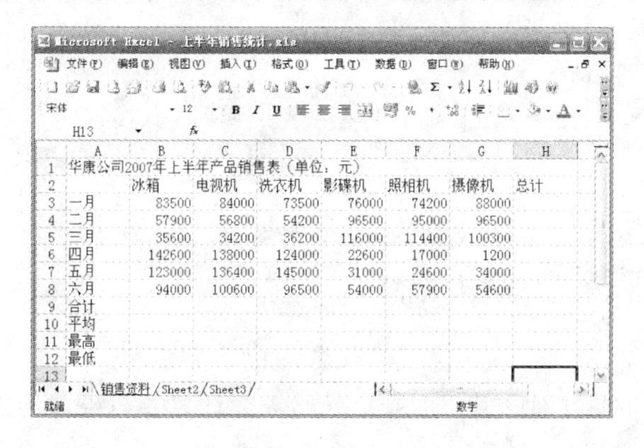

	A	B	C	D	E	F	G	H
1	华康公司2007年上半年产品销售表（单位：元）							
2		冰箱	电视机	洗衣机	影碟机	照相机	摄像机	总计
3	一月	83500	84000	73500	76000	74200	88000	
4	二月	57900	56800	54200	96500	95000	96500	
5	三月	35600	34200	36200	116000	114400	100300	
6	四月	142600	138000	124000	22600	17000	1200	
7	五月	123000	136400	145000	31000	24600	34000	
8	六月	94000	100600	96500	54000	57900	54600	
9	合计							
10	平均							
11	最高							
12	最低							

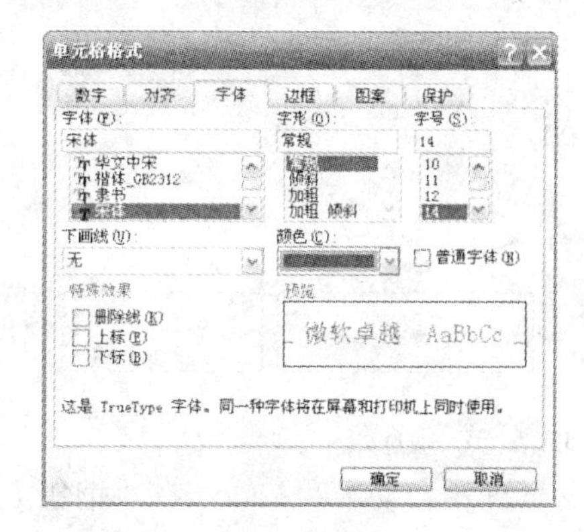

图 4.10　建立未格式化的表格　　　　　　　　图 4.11　“单元格格式”对话框

（4）将单元格中文字的水平方向和垂直方向均设置为居中。选中 A3 单元格，执行“格式”→“单元格”命令，在弹出的“单元格格式”对话框中选取“对齐”选项卡，在“水平对齐”和“垂直对齐”下拉列表框中选择“居中”。用同样的方法将其余单元格中的文字的水平方向和垂直方向设置为居中。

（5）数字格式设置。因为数字区域是销售额数据，所以应该将它们设置为“货币”格式。选取 B3：H12 区域，单击格式工具栏上的“货币样式”按钮，其结果如图 4.12 所示。

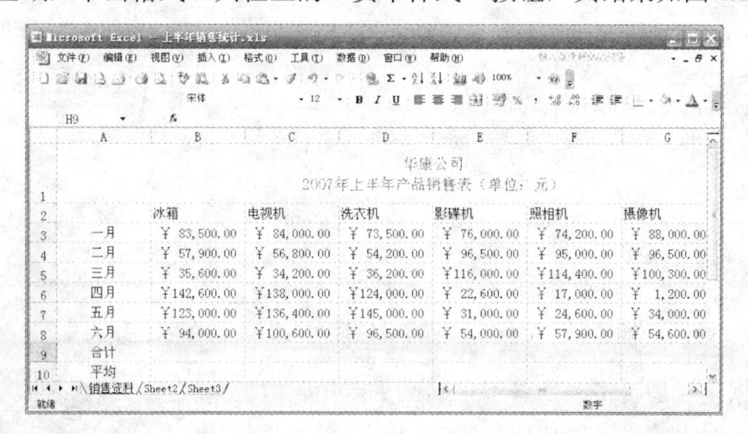

	A	B	C	D	E	F	G
1	华康公司 2007年上半年产品销售表（单位：元）						
2		冰箱	电视机	洗衣机	影碟机	照相机	摄像机
3	一月	￥ 83,500.00	￥ 84,000.00	￥ 73,500.00	￥ 76,000.00	￥ 74,200.00	￥ 88,000.00
4	二月	￥ 57,900.00	￥ 56,800.00	￥ 54,200.00	￥ 96,500.00	￥ 95,000.00	￥ 96,500.00
5	三月	￥ 35,600.00	￥ 34,200.00	￥ 36,200.00	￥116,000.00	￥114,400.00	￥100,300.00
6	四月	￥142,600.00	￥138,000.00	￥124,000.00	￥ 22,600.00	￥ 17,000.00	￥ 1,200.00
7	五月	￥123,000.00	￥136,400.00	￥145,000.00	￥ 31,000.00	￥ 24,600.00	￥ 34,000.00
8	六月	￥ 94,000.00	￥100,600.00	￥ 96,500.00	￥ 54,000.00	￥ 57,900.00	￥ 54,600.00
9	合计						
10	平均						

图 4.12　数字格式设置

（6）边框、底纹设置。

① 选中表格区域的所有单元格，执行“格式”→“单元格”命令，在打开的“单元格格式”对话框中选择“边框”选项卡，设置“内部”为细线，“外边框”为粗线。

② 为了使表格的标题与数据之间，源数据与计算数据之间区分明显，可以为它们设置不同的底纹颜色。选取需要设置颜色的区域，单击“格式”菜单中的“单元格”命令，在打开的“单元格格式”对话框中选择“图案”选项卡，设置颜色。

以上设置全部完成后，表格效果如图 4.13 所示。

华康公司
2007年上半年产品销售表（单位：元）

	冰箱	电视机	洗衣机	影碟机	照相机	摄像机	总计
一月	￥83,500.00	￥84,000.00	￥73,500.00	￥76,000.00	￥74,200.00	￥88,000.00	
二月	￥57,900.00	￥56,800.00	￥54,200.00	￥96,500.00	￥95,000.00	￥96,500.00	
三月	￥35,600.00	￥34,200.00	￥36,200.00	￥116,000.00	￥114,400.00	￥100,300.00	
四月	￥142,600.00	￥138,000.00	￥124,000.00	￥22,600.00	￥17,000.00	￥1,200.00	
五月	￥123,000.00	￥136,400.00	￥145,000.00	￥31,000.00	￥24,600.00	￥34,000.00	
六月	￥94,000.00	￥100,600.00	￥96,500.00	￥54,000.00	￥57,900.00	￥54,600.00	
合计							
平均							
最高							
最低							

图 4.13　格式设置后的数据表格

3. 公式和函数

（1）使用自动求和按钮。在“销售数据”工作表中，H3 单元格需要计算一月份各种产品销售额的总计数据，可用自动求和按钮来完成。

① 用鼠标单击 H3 单元格。

② 单击“常用”工具栏上的“自动求和”按钮，将出现求和函数 SUM 以及求和数据区域，如图 4.14 所示。

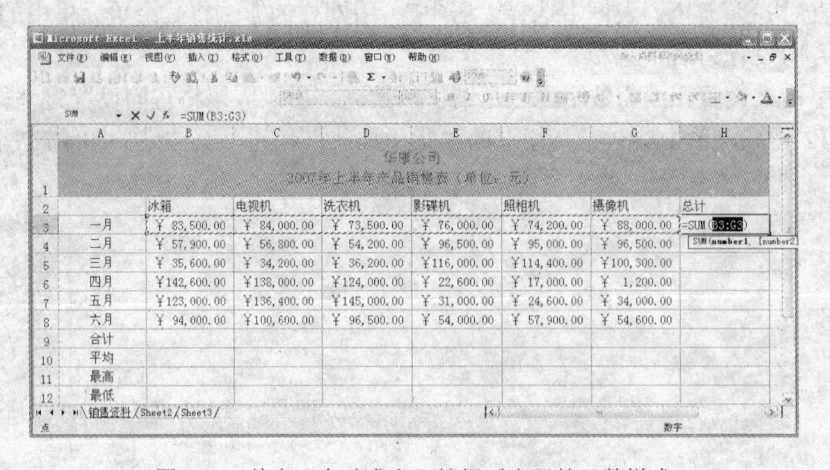

华康公司
2007年上半年产品销售表（单位：元）

	冰箱	电视机	洗衣机	影碟机	照相机	摄像机	总计
一月	￥83,500.00	￥84,000.00	￥73,500.00	￥76,000.00	￥74,200.00	￥88,000.00	=SUM(B3:G3)
二月	￥57,900.00	￥56,800.00	￥54,200.00	￥96,500.00	￥95,000.00	￥96,500.00	
三月	￥35,600.00	￥34,200.00	￥36,200.00	￥116,000.00	￥114,400.00	￥100,300.00	
四月	￥142,600.00	￥138,000.00	￥124,000.00	￥22,600.00	￥17,000.00	￥1,200.00	
五月	￥123,000.00	￥136,400.00	￥145,000.00	￥31,000.00	￥24,600.00	￥34,000.00	
六月	￥94,000.00	￥100,600.00	￥96,500.00	￥54,000.00	￥57,900.00	￥54,600.00	
合计							
平均							
最高							
最低							

图 4.14　单击“自动求和”按钮后出现的函数样式

③ 观察数据区域是否正确，若不正确请重新输入数据区域或者修改公式。

④ 单击编辑栏上的“√”按钮，H3 单元格显示对应结果。

⑤ H3 单元格的结果出来后，利用“填充句柄”将鼠标光标一直拖到 H8，可以将 H3 中的

公式快速复制到 H4：H8 区域。

⑥ 采用同样的方法，可以计算出“合计”一行对应各个单元格的计算结果。

（2）常用函数的使用。

在“销售数据”工作表中，B10 单元格需要计算上半年冰箱的平均销售额，可用 AVERAGE 函数来完成。

① 单击 B10 单元格。

② 单击“常用”工具栏上的“自动求和”按钮旁的黑色三角，在出现的下拉式菜单中选择“平均值”，将出现求平均值函数 AVERAGE 以及求平均值数据区域，如图 4.15 所示。

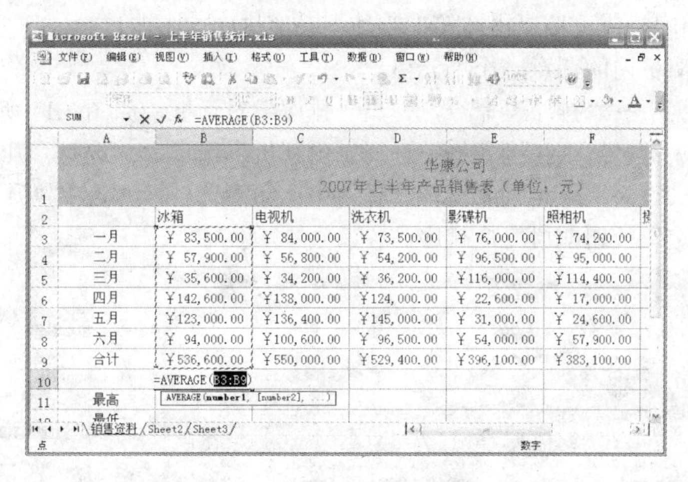

图 4.15　单击“平均值”按钮后出现的函数样式

③ 观察数据区域是否正确，若不正确请重新输入数据区域或者修改公式。

④ 单击编辑栏上的“ √ ”按钮，B10 单元格显示对应结果。

⑤ B10 单元格的结果出来后，利用“填充句柄”将鼠标拖到 G10 中，可以将 B10 中的公式快速复制到 C10：G10 区域。

⑥ 单击 H10 单元格，在编辑栏中输入“=AVERAGE(H3:H8)”，单击编辑栏上的“ √ ”按钮，可以计算“合计”中的平均值。

⑦ 采用同样的方法，可以计算出“最大”、“最小”行中对应的各个单元格的计算结果。

实验三　Excel 2003 数据管理与分析

一、实验目的和要求

1. 熟练掌握排序的方法。
2. 理解主要关键字、次要关键字的含义。
3. 熟练掌握自动筛选的方法。
4. 熟练掌握高级筛选的方法。
5. 掌握较复杂条件的条件区域的输入。
6. 熟练掌握分类汇总操作。

二、实验内容与指导

1．数据排序

（1）简单排序（按一个关键字值排序）。

打开“上半年销售统计”工作簿文件，按照“电视机”列数据排序。

① 选定排序字段“电视机”列内的任意一个单元格。

② 单击“常用”工具栏内的“升序”按钮 即可，结果如图 4.16 所示。

（2）复杂排序（按多个关键字值排序）。要求先按“电视机”列数据升序排序，当“电视机”列数据的值相同时，再按“电冰箱”列数据升序排序。

① 选定数据清单内的任意一个单元格。

② 执行“数据”→“排序”命令，弹出“排序”对话框，如图 4.17 所示。

③ 在“主要关键字”下拉列表框中选择“电视机”选项，并选中“升序”单选按钮。

④ 在“次要关键字”下拉列表框中选择“电冰箱”选项，并选中“升序”单选按钮。

⑤ 单击“确定”按钮即可完成排序。

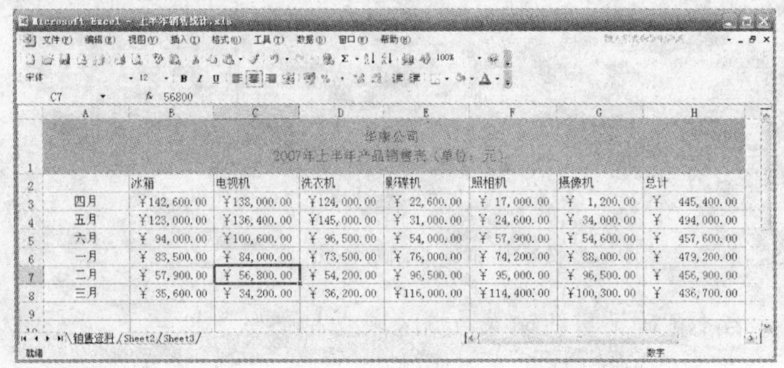

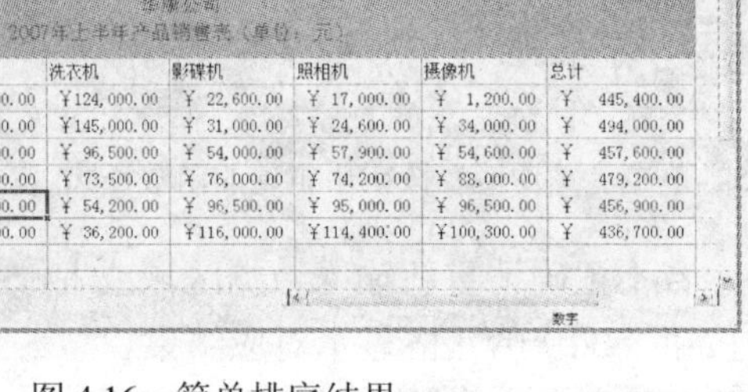

图 4.16　简单排序结果　　　　图 4.17　“排序”对话框

2．数据筛选

（1）自动筛选。

① 选定数据清单中的任意一个单元格。

② 执行“数据”→“筛选”→“自动筛选”命令，每个字段右侧增加了一个下拉按钮，如图 4.18 所示。

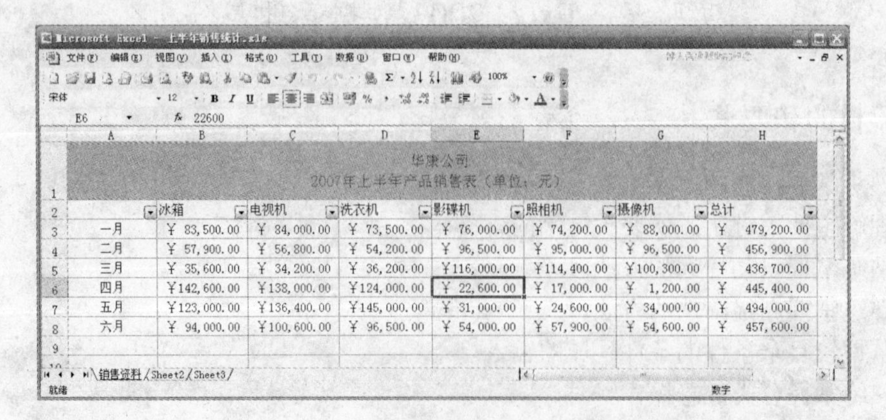

图 4.18　自动筛选

③ 单击“电视机”单元格右侧的下拉按钮，在弹出的下拉列表框中选择“自定义”命令，弹出图 4.19 所示的“自定义自动筛选方式”对话框。在第一行条件定义框中选择“大于”并填写 80 000，单击“确定”按钮，则数据清单只显示 “彩电”销售额大于 80 000 的记录，如图 4.20 所示。

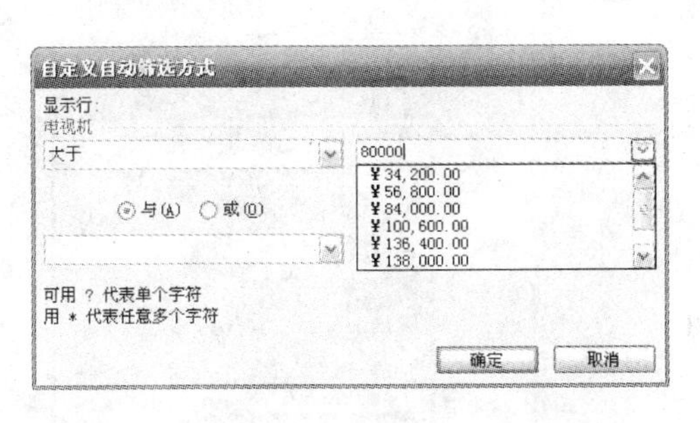

图 4.19　“自定义自动筛选方式”对话框

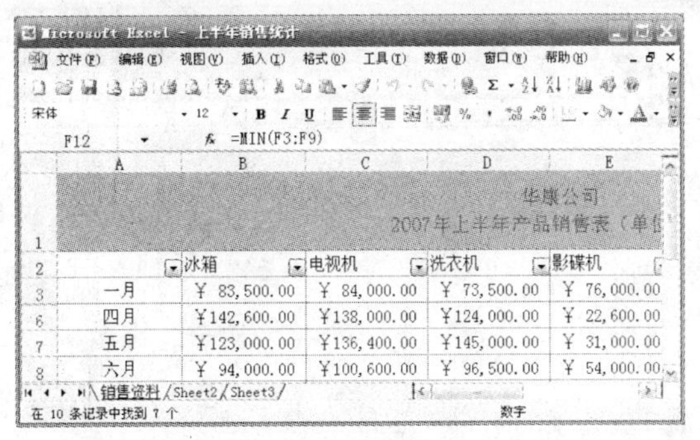

	A	B	C	D	E
2		冰箱	电视机	洗衣机	影碟机
3	一月	¥ 83,500.00	¥ 84,000.00	¥ 73,500.00	¥ 76,000.00
6	四月	¥142,600.00	¥138,000.00	¥124,000.00	¥ 22,600.00
7	五月	¥123,000.00	¥136,400.00	¥145,000.00	¥ 31,000.00
8	六月	¥ 94,000.00	¥100,600.00	¥ 96,500.00	¥ 54,000.00

图 4.20　自动筛选结果示意图

（2）高级筛选。取消自动筛选，要求筛选出“上半年销售.xls”工作簿“销售资料”工作表中，“电视机”列数据大于 80 000 并且“洗衣机”列数据大于 100 000 或者“影碟机”列数据小于等于 60 000 的记录，筛选结果保存到 A7 单元格开始的位置上。

① 建立条件区域。在工作表的空白区域建立图 4.21 所示的条件区域。

② 单击数据清单内的任意一个单元格。

③ 执行“数据”→“筛选”→“高级筛选”命令，弹出“高级筛选”对话框。

④ 观察“数据区域”文本框中所示区域是否为数据清单所在区域，如果有错误，单击其右侧的“切换”按钮，返回“工作表”窗口，重新选定数据清单 A1:G6，单击其右侧的“切换”按钮，返回“高级筛选”对话框。

⑤ 用同样的方法选择条件区域 H1:J3。

⑥ 在“方式”选项组中选择“将筛选结果复制到其他位置”单选按钮。

⑦ 在“复制到”文本框中单击“切换”按钮，返回工作表。选择 A7 单元格，单击“切换”按钮，返回“高级筛选”对话框，对话框数据的填写如图 4.22 所示。

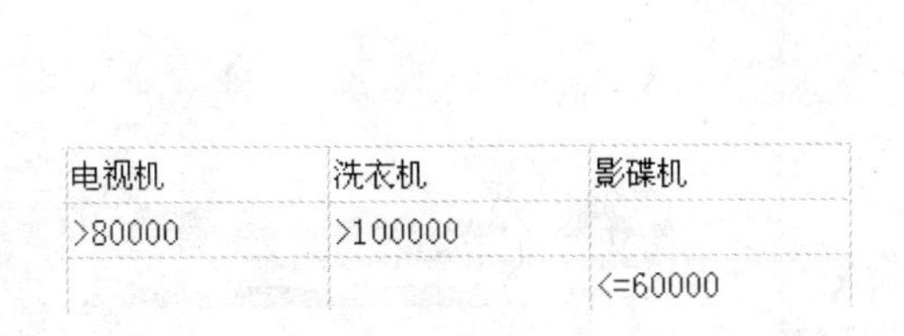

电视机	洗衣机	影碟机
>80000	>100000	
		<=60000

图 4.21　建立的条件区域

图 4.22　“高级筛选”对话框

⑧ 单击“确定”按钮，则筛选结果保存到 A7 单元格开始的位置上，效果如图 4.23 所示。

3. 数据分类汇总

在销售资料工作表中，要求按“月份”汇总“冰箱”、“电视机”的销售总额。

（1）选定数据清单内的任意一个单元格。

（2）执行“数据”→“分类汇总”命令，弹出“分类汇总”对话框。

（3）在“分类汇总”对话框中单击“分类字段”下拉列表框，选择“产品名称”选项。

（4）单击“汇总方式”下拉列表框，选择“求和”。

（5）在“选定汇总项”列表框中选择“一月”、“二月”复选框，选定汇总字段，“分类汇总”对话框数据如图 4.24 所示。

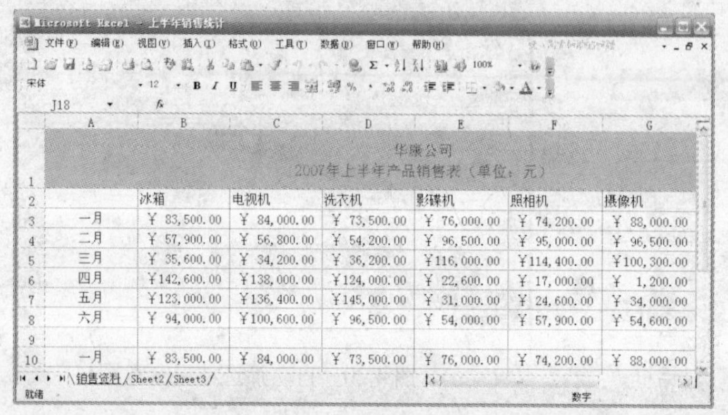

图 4.23 高级筛选结果示意图

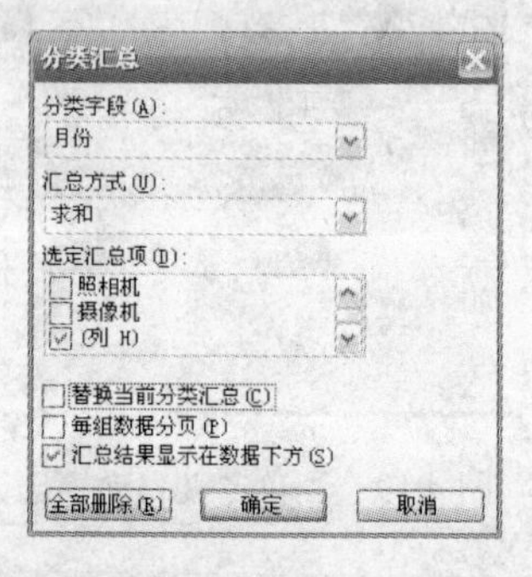

图 4.24 “分类汇总”对话框

（6）单击“确定”按钮即可完成分类汇总。

4．数据透视表

Excel 2003 提供了较多的数据分析工具，数据透视表就是其中最有力的工具之一，它对数据的汇总十分有用。利用数据透视表工具可以建立数据的动态汇总，可以对原有的数据重新组织，生成一个全新的表格，并具有三维查询功能。

（1）打开“上半年销售.xls”工作簿的“销售资料”工作表，单击该表数据区的任一单元格。

（2）执行“数据”→“数据透视表和图标报告”命令，在弹出的“数据透视表和数据透视图向导”对话框中，选择数据来源为“Microsoft Office Excel 数据列表或数据库”，如图 4.25 所示。

（3）单击“下一步”按钮，在图 4.26 所示的对话框中选定汇总区域。

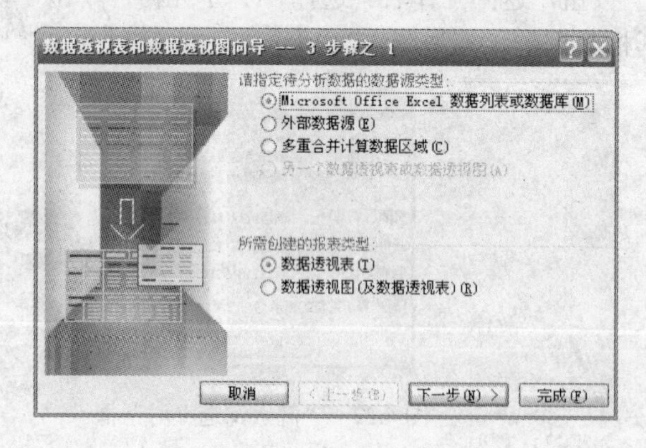

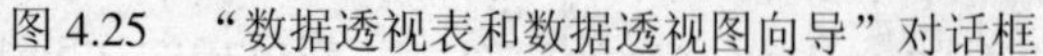
图 4.25 “数据透视表和数据透视图向导”对话框

图 4.26 选定区域

（4）单击“下一步”按钮，在弹出的对话框中选择“新建工作表”，单击“完成”按钮。

（5）按图 4.27 所示设置数据透视表的页面布局：先将鼠标指针移至“月份”字段，按住左键拖动到“列字段”处松开，将“总计”拖动到“行字段”处松开，将“冰箱”字段拖动到“数据项”处松开即可。

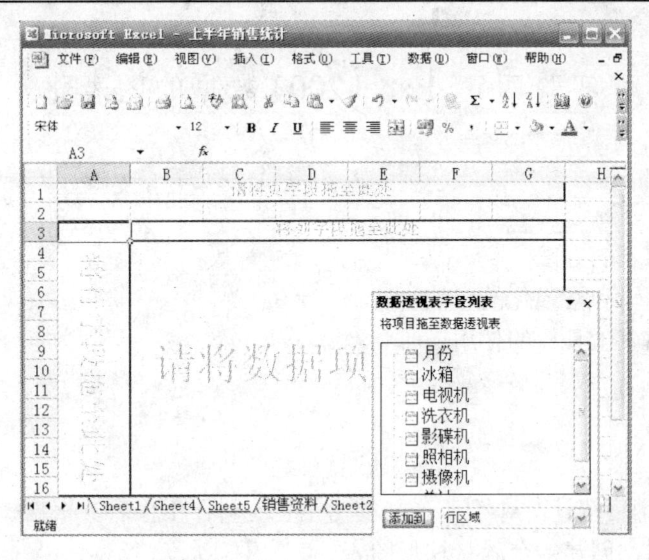

图 4.27　数据透视表的页面布局

三、综合练习

1．启动 Excel 2003，建立图 4.28 所示的数据清单（可从保存的 E1.xls 文件中复制），并以 E4.xls 为文件名保存在当前文件夹中。

2．将数据列表复制到 Sheet2 中，然后进行如下操作。

（1）对 Sheet1 中的数据按“性别”排序。

（2）对 Sheet2 中的数据按“性别”排序，性别相同的数据按“总分”降序排列。

（3）在 Sheet2 中筛选出总分小于 240 及大于 270 分的女生记录。

3．将 Sheet1 中的数据复制到 Sheet3 中，然后对 Sheet3 中的数据进行如下操作。

（1）分别求出男生和女生的各科平均成绩（不包括总分），平均成绩保留 1 位小数。

（2）在原有分类汇总的基础上，再汇总出男生和女生的人数（汇总结果放在“性别”列数据下面）。

4．存盘，退出 Excel 2003。

Microsoft Excel - E4.xls

姓名	性别	高等数学	大学英语	计算机基础	总分
王大伟	男	78	80	90	248
李博	男	89	86	80	255
程小霞	女	79	75	86	240
马宏军	男	90	92	88	270
李枚	女	96	95	97	288
丁一平	男	69	74	79	222
张姗姗	女	60	68	5	133
柳亚萍	女	72	79	80	231

Sheet1　Sheet2　Sheet3

图 4.28　E4.xls 样表

实验四　Excel 2003 数据的图表化

一、实验目的和要求

1．掌握创建图表的方法。

2．掌握图表编辑和格式化的方法。

3．熟练掌握图表工具栏的使用。

二、实验内容与指导

1．创建图表

打开“上半年销售统计．xls”工作簿的“销售资料”工作表，根据“冰箱”、“电视机”、“洗衣机”列的数据，创建一个簇状柱形图表。

（1）选定“月份”、“冰箱”、“电视机”、“洗衣机”列。

（2）单击“常用”工具栏中的“图表向导”按钮，或执行“插入”→“图表”命令，弹出“图表向导-4 步骤之 1-图表类型”对话框，如图 4.29 所示。

（3）在“标准类型”选项卡中选择图表类型为默认的柱型图；在“子图表类型”选项组中选择默认的簇状柱形图。

（4）单击“下一步”按钮，弹出“图表向导-4 步骤之 2-图表源数据”对话框，如图 4.30 所示，在该对话框中，可以预览到图表与要求一致。

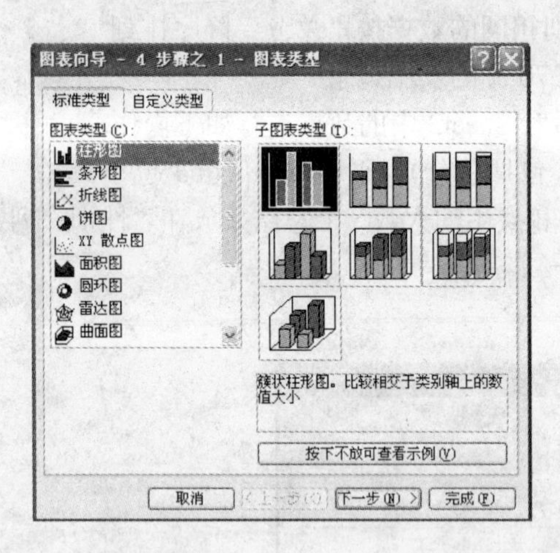

图 4.29　“图表向导-4 步骤之 1-图表类型”对话框

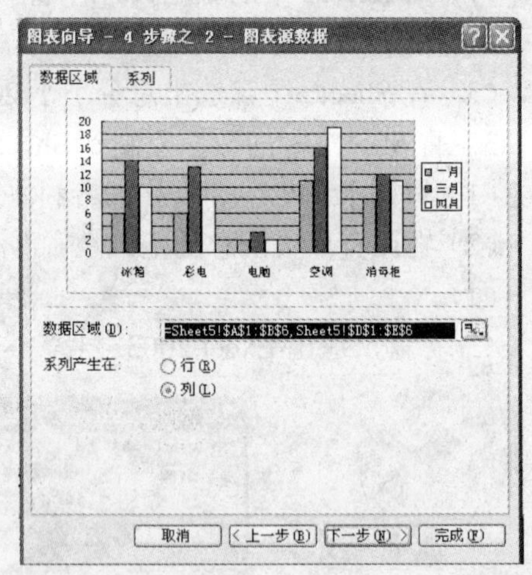

图 4.30　“图表向导-4 步骤之 2-图表源数据”对话框

（5）单击“下一步”按钮，弹出“图表向导-4 步骤之 3-图表选项”对话框，在该对话框中按要求输入数据。

（6）选择“标题”选项卡，在“图表标题”文本框中输入“销售信息表”，在“分类（X）轴”文本框中输入“产品名称”，如图 4.31 所示。

（7）选择“图例”选项卡，选中“显示图例”复选框，位置选择“靠右”。

（8）单击“下一步”按钮，弹出“图表向导-4 步骤之 4-图表位置”对话框，选中“作为其中的对象插入”单选按钮，完成图表的操作，效果如图 4.32 所示。

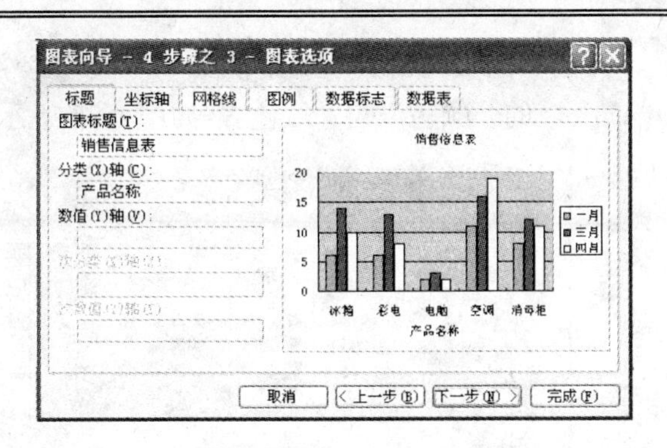

图 4.31　“图表向导-4 步骤之 3-图表选项”对话框

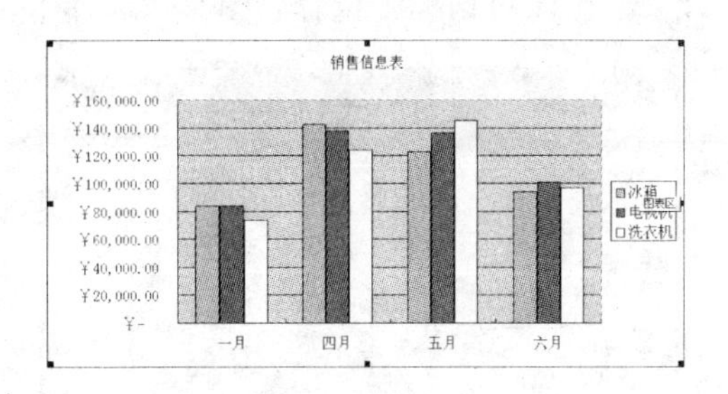

图 4.32　结果示意图

2. 图表的格式化操作

对“销售资料”工作表的嵌入式图表进行如下设置。

（1）移动图表到 A8:G18 区域。

① 选中图表，按住左键，拖动鼠标将图表放到起始单元格 A8。

② 将鼠标指针放在图表的右下角，当鼠标指针变成斜向的双箭头时，按住左键放大到 G18 单元格即可。

（2）设置图表标题的字体为隶书，字号为 18 号。

① 双击要设置格式的对象（图表标题），弹出“图表标题格式”对话框。

② 在该对话框中选择“字体”选择卡，设置“字体”为“隶书”，“字号”为“18”，如图 4.33 所示。

（3）设置 X 轴标题的字体：宋体、10 号。

① 双击要设置格式的对象（X 轴），弹出“坐标轴格式”对话框。

② 在该对话框中选择“字体”选择卡，设置“字体”为“宋体”，“字号”为“10”，如图 4.34 所示。

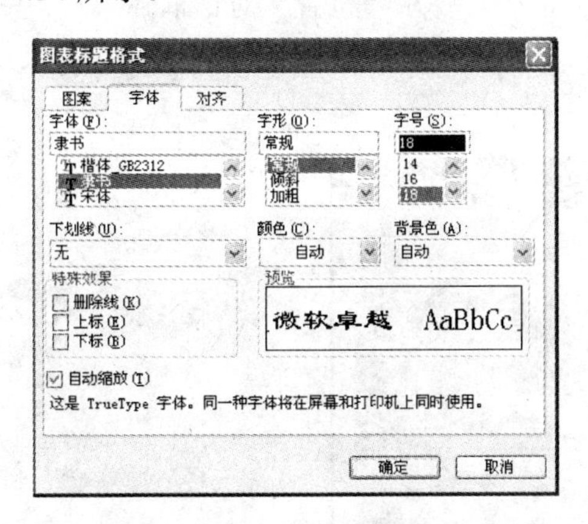

图 4.33　“图表标题格式”对话框中的“字体”选项卡　图 4.34　“坐标轴格式”对话框中的“字体”选项卡

（4）设置 Y 轴的刻度最大值为 30，主要刻度单位为 10。

① 双击要设置格式的对象（Y 轴），弹出“坐标轴格式”对话框。

② 在该对话框中选择“刻度”选择卡，设置 Y 轴的刻度“最大值”为“30”，“主要刻度单位”为“10”，如图 4.35 所示。

（5）设置图例的格式，填充色为红色。

① 双击要设置格式的对象（图例空白区），弹出“图表区格式”对话框。

② 在该对话框中选择“图案”选择卡，设置区域的“颜色”为“红色”，如图 4.36 所示。

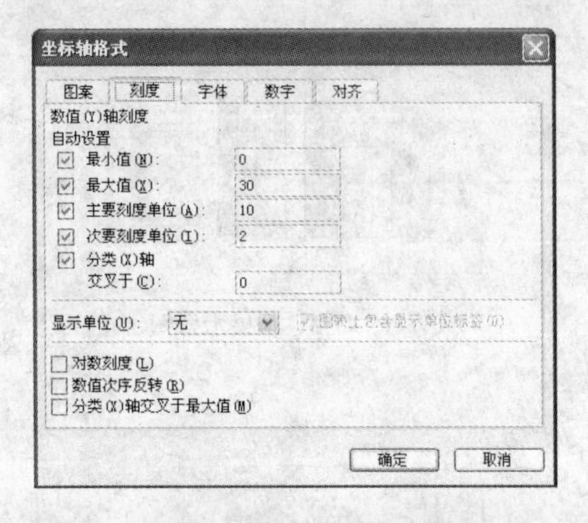

图 4.35　“刻度”选项卡

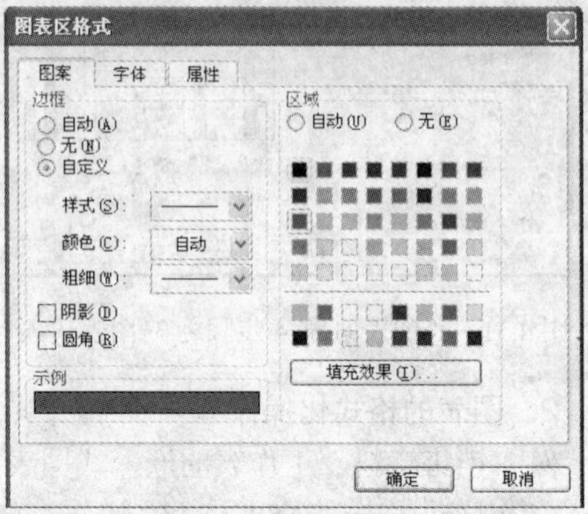

图 4.36　“图案”选项卡

（6）在图表中添加“五月”数据。

① 选定“五月”列所在的区域 F1:F6。

② 单击“常用”工具栏中的“复制”按钮。

③ 选定“销售信息表”图表，单击“常用”工具栏中的“粘贴”按钮。

3. 改变图表类型、位置等图表各要素

（1）将“销售资料”工作表的嵌入式簇状柱形图表，改为“数据点折线图”。

① 右击图表区，弹出快捷菜单，执行“图表类型”命令，弹出“图表类型”对话框。

② 重新选择图表的类型为“数据点折线图”。

（2）将 Sheet5 工作表的嵌入式图表改为图表工作表，图表的名字为 Sheet7。

① 右击图表区，弹出快捷菜单，执行“位置”命令，弹出“位置”对话框。

② 重新选择图表的位置为“作为新工作表插入”按钮，在其右边的文本框中输入 Sheet7，最终效果如图 4.37 所示。

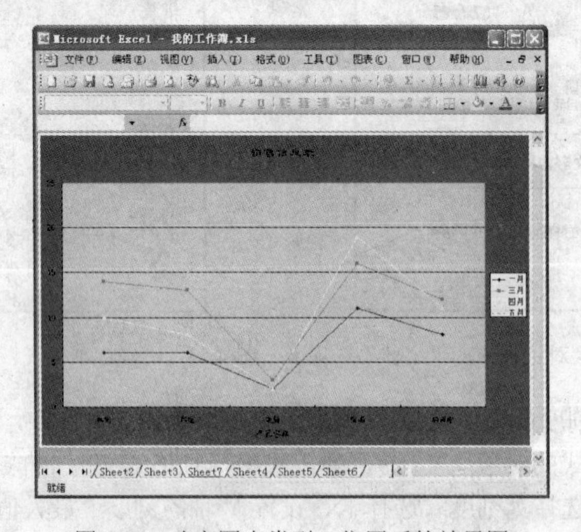

图 4.37　改变图表类型、位置后的效果图

三、综合练习

1．启动 Excel 2003，在空白工作表中输入图 4.38 所示的数据，并以 E3.xls 为文件名保存在当前文件夹中。

2．对表格中的所有学生的数据，在当前工作表中创建嵌入式的条形圆柱图图表，图表标题为“学生成绩表”。

3．取王大伟、李枚的高等数学和大学英语的数据，创建独立的柱形图图表“图表 1”。

4．对 Sheet1 中创建的嵌入式图表按图 4.39 所示进行如下编辑操作。

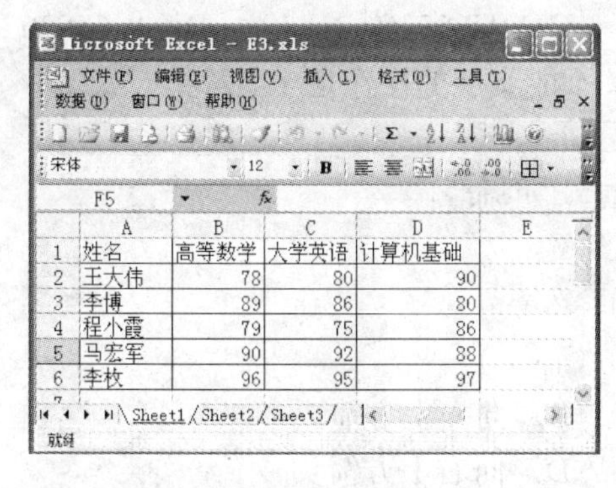

	A	B	C	D	E
1	姓名	高等数学	大学英语	计算机基础	
2	王大伟	78	80	90	
3	李博	89	86	80	
4	程小霞	79	75	86	
5	马宏军	90	92	88	
6	李枚	96	95	97	

图 4.38　E3.xls 样张

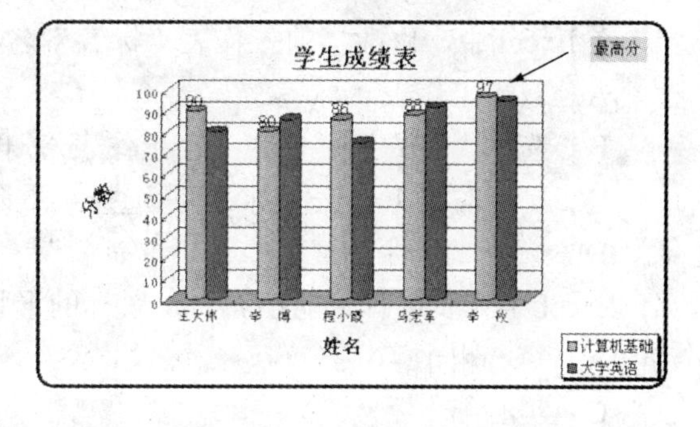

图 4.39　学生成绩表

（1）将该图表移动、放大到 A9:G23 区域，并将图表类型改为簇状柱形圆柱图。

（2）将图表中“高等数学”和“计算机基础”列删除掉，然后再将“计算机基础”列添加到图表中，并使“计算机基础”列位于“大学英语”列的前面。

（3）为图表中“计算机基础”列添加以值显示的数据标记。

（4）为图表添加分类轴标题“姓名”及数据值轴标题“分数”。

（5）对 Sheet1 中创建的嵌入图表进行如下格式化操作。

① 将图表区的字体大小设置为 11 号，并选用最粗的圆角边框。

② 将图表标题“学生成绩表”设置为粗体、14 号、单下画线；将分类轴标题“姓名”设置为粗体、11 号；将数值轴标题“分数”设置为粗体、11 号、45 度方向。

③ 将图例的字体改为 9 号、边框改为带阴影边框，并将图例移动到图表区的右下角。

④ 将数值轴的主要刻度间距改为 10、字体大小设置为 8 号；将分类轴的字体大小设置为 8 号。

⑤ 删除背景墙区域的图案。

⑥ 将“计算机基础”数据标记的字号设置为 16 号、上标效果。

⑦ 按样张所示调整绘图区的大小。

⑧ 按样张所示，在图表中添加指向最高分的箭头和文字框，文字框中的字体设置为 10 号，并添加 25%的灰色图案。

5．存盘，退出 Excel 2003。

练 习 题

一、选择题

1．属于 Excel 文件类型的有（　　）。

A．只有.XLS　　B．只有.XLT

C．只有.XLW　　D．有.XLS、.XLT 和.XLW

2．Excel 工作表的最右下角单元格的地址是（　　）。

A．IV65535　　B．IU65535　　C．IU65536　　D．Ⅳ65536

3．在 Excel 中，修改当前工作表“标签”名称，不能实现的操作是（　　）。

A．双击工作表“标签”

B．选择“格式”菜单中的“工作表”，再选择“重命名”

C．鼠标右击工作表“标签”，选择“重命名”

D．选择“文件”菜单中的“重命名”

4．Excel 工作表进行智能填充时，鼠标的形状为（　　）。

A．空心粗十字　　B．向左上方箭头

C．实心细十字　　D．向右上方箭头

5．若在 Excel 的 A2 单元格中输入“=56>=57”，则显示结果为（　　）。

A．56<57　　B．=56<57　　C．TRUE　　D．FALSE

6．在 Excel 的单元格 B2 中输入（　　），可使其显示 1.2。

A．2*0.6　　B．“2*0.6”　　C．= “2*0.6”　　D．=2*0.6

7．Excel 电子表格系统不具有（　　）功能。

A．数据库管理　　B．自动编写摘要　　C．图表　　D．绘图

8．当启动 Excel 后，Excel 将自动打开一个名为（　　）的工作簿。

A．文档 1　　B．Sheet1　　C．Book1　　D．EXCEL1

9．在 Excel 中，一个新工作簿默认有（　　）个工作表。

A．1　　B．10　　C．3　　D．5

10．在一个 Excel 工作表中，最多可以有（　　）行数据。

A．65 536　　B．36 000　　C．255　　D．256

11．在 Excel 中，工作表的列数最大为（　　）。

A．255　　B．256　　C．1024　　D．16384

12．一个工作簿是一个 Excel 文件（其扩展名为.xls），其最多可以含有（　　）个工作表。

A．5　　B．3　　C．255　　D．254

13．在 Excel 中，选取一行单元格的方法是（　　）。

A．单击该行行号

B．单击该行的任一单元格

C．在名称框中输入该行行号

D．单击该行的任一单元格，并选择“编辑”菜单中的“行”命令

14．用筛选条件“数学>70 与总分>350”对考生成绩数据表进行筛选后，在筛选结果中显示的是（　　）。

A．所有数学>70 的记录

B．所有数学>70 而且总分>350 的记录

C．所有总分>250 的记录

D．所有数学>70 或者总分>350 的记录

15．在建立 Excel 工作表时，（　　）可以删除工作表第 5 行。

A．单击行号 5，选择“文件”菜单中的“删除”

B．单击行号 5，选择“编辑”菜单中的“删除”

C．单击行号 5，选择工具栏中的“剪切”按钮

D．单击行号 5，选择“编辑”菜单中“清除”级联菜单中的“全部”

16．下列选项中，（　　）不是 Excel 数据输入类型。

A．文本输入　　B．数值输入　　C．公式输入　　D．日期时间数据输入

17．在 Excel 中，如要设置单元格中的数据格式，则应使用（　　）。

A．“编辑”菜单　　B．“格式”菜单中的“单元格”命令

C．“数据”菜单　　D．“插入”菜单中的“单元格”命令

18．函数 AVERAGE（参数 1，参数 2，……）的功能是（　　）。

A．求括号中指定各参数的总和

B．找出括号中指定各参数中的最大值

C．求括号中指定各参数的平均值

D．求括号中指定各参数中具有数值类型数据的个数

19．在 Excel 工作表的单元格内输入计算公式时，应在表达式前加的前缀字符是（　　）。

A．左圆括号“(”　　B．等号“=”

C．美元号“$”　　D．单撇号“'”

20．在 Excel 单元格中，输入下列（　　）表达式是错误的。

A．=SUM($A2:A$3)　　B．=A2:A3

C．=SUM(Sheet2!A1)　　D．=10

21．（　　）不能输入到 Excel 工作表的单元格中。

A．=“3，7.5”　　B．3，7.5　　C．=3，7.5　　D．=Sheet1!B1+7.5

22．用户在 Excel 工作表中输入日期，不符合日期格式的数据是（　　）。

A．10-01-99　　B．01-OCT-99　　C．1999/10/01　　D．“10/01/99”

23．在单元格 A2 中输入（　　），可使其显示 0.4。

A．2/5　　B．=2/5　　C．=“2/5”　　D．“2/5”

24．在 Excel 工作表中已输入的数据如下所示：

	A	B	C	D	E
1	10		10%	=A1*C1	
2	20		20%		

如将 D1 单元格中的公式复制到 D2 单元格中，则 D2 单元格的值为（　　）。

A．####　　B．2　　C．4　　D．1

25．在打印 Excel 工作表前，能看到实际打印效果的操作是（　　）。

A．仔细观察屏幕上显示的工作表

B．单击“视图”菜单中的“分页预览”命令

C．按 F8 功能键

D．单击工具栏上的“打印预览”按钮

26．在对一个 Excel 工作表进行排序时，下列表述中错误的是（　　）。

A．可以按指定的关键字递增排序

B．最多可以指定 3 个关键字排序

C．可以指定工作表中任意个关键字排序

D．可以按指定的关键字递减排序

27．Excel 的筛选功能包括（　　）高级筛选。

A．直接筛选　　B．自动筛选　　C．简单筛选　　D．间接筛选

28．在一个 Excel 工作簿中，下列（　　）操作不能增加一个工作表。

A．在工作表的标签上右击，并选择“插入”命令

B．选择“插入”菜单中的“工作表”命令

C．按 Alt+I 组合键，再输入 W

D．选择“编辑”菜单中的“插入工作表”命令

29．下列操作中，能对工作表进行重命名的是（　　）。

A．双击要重命名的工作表标签，反白显示后，输入工作表名字

B．左键单击要重命名的工作表标签，选择快捷菜单中的“重命名”命令

C．单击“文件”菜单中的“重命名”命令

D．间隔两次单击要重命名的工作表标签，反白显示后，输入工作表名字

30．下列操作中，能正确选取单元格区域 A2：D10 的操作是（　　）。

A．在名称框中输入单元格区域 A2-D10

B．鼠标指针移到 A2 单元格并按住鼠标左键拖动到 D10

C．单击 A2 单元格，然后单击 D10 单元格

D．单击 A2 单元格，然后按住 CTRL 键单击 D10 单元格

31．在 Excel 工作表 A4 单元格中，如要将原来的日期型数据清除并改成能输入数值型数据，正确的操作为（　　）。

A．单击 A4 单元格，选择“编辑”菜单中“清除”级联菜单中的“格式”

B．单击 A4 单元格，选择“编辑”菜单中“清除”级联菜单中的“全部”

C．单击 A4 单元格，选择“编辑”菜单中“清除”级联菜单中的“内容”

D．单击 A4 单元格，选择“编辑”菜单中“删除”

32．在 Excel 中，要清除选定单元格中的内容，最快捷的操作是（　　）。

A．选择“编辑”菜单中“清除”级联菜单中的“内容”选项

B．按 Delete 键

C．单击工具栏中的“剪切”按钮

D．选择“编辑”菜单中的“删除”命令

33．如要改变 Excel 工作表的打印方向（如横向），可使用（　　）。

A．“格式”菜单中的“工作表”命令

B．“文件”菜单中的“打印区域”命令

C．“文件”菜单中的“页面设置”命令

D．“插入”菜单中的“工作表”命令

34. 在 Excel 工作表的当前单元格 A8 中输入下列表达式，错误的是（　　）。
　A. =Sheet2!B2+Sheet1!A2　　　　B. =SUM（Sheet2!A1:A8）
　C. =SUM（a1:a7，b1，b5）　　　　D. =SUM（A1:A7）

35. 若在 Excel 的 B4 单元格中输入“=12<=11”，则显示结果为（　　）。
　A. 11<12　　B. =11<12　　C. TRUE　　D. FALSE

36. 在一个 Excel 工作表中，下面（　　）的表述是错误的。
　A. 可以递增排序　　　　B. 可以指定 5 个关键字排序
　C. 可以指定 3 个关键字排序　　　　D. 可以递减排序

37. 用筛选条件“英语<60 与总分<300”对考生成绩数据表进行筛选后，在筛选结果中显示的是（　　）。
　A. 所有英语<60 的记录　　　　B. 所有英语<60 而且总分<300 的记录
　C. 所有总分<300 的记录　　　　D. 所有英语<60 或者总分<300 的记录

38. 下列操作是对 Excel 工作表的一列数值求和，错误的操作是（　　）。
　A. 将求和列下方的第一个空白单元格选为当前单元格，选择工具栏中的∑按钮，矫正求和范围
　B. 将求和列下方的第一个空白单元格选为当前单元格，选择工具栏中的 *fx* 函数按钮，再选择 SUM，矫正求和范围
　C. 将求和列下方的第一个空白单元格选为当前单元格，选择“工具”菜单中的 *fx* 命令，再选择 SUM，矫正求和范围
　D. 将求和列下方的第一个空白单元格选为当前单元格，选择“插入”菜单中的 *fx* 命令，再选择 SUM，矫正求和范围

39. 在一个 Excel 工作表区域 A1：B6 中，各单元格中输入的数据如下：

	A	B
1	姓名	成绩
2	李达	88
3	宛思	缺考
4	区又燕	77
5	贾匡	50
6	考试人数	=COUNT（B2：B5）

那么，B6 单元格的显示结果为（　　）。
　A. #VALUE!　　B. 6　　C. 3　　D. 2

40. 在 Excel 中，图表和数据表放在一起的方法称为（　　）。
　A. 自由式图表　　B. 分离式图表　　C. 合并式图表　　D. 嵌入式图表

41. 在 Excel 中，要在同一工作簿中把工作表 Sheet3 移动到 Sheet1 前面，应（　　）。
　A. 单击工作表 Sheet3 标签，并沿着标签行拖动到 Sheet1 前
　B. 单击工作表 Sheet3 标签，并按住 Ctrl 键沿着标签行拖动到 Sheet1 前
　C. 单击工作表 Sheet3 标签，并选择“编辑”菜单中的“复制”命令，然后单击工作表 Sheet1 标签，再选择“编辑”菜单中的“粘贴”命令
　D. 单击工作表 Sheet3 标签，并选择“编辑”菜单中的“剪切”命令，然后单击工作表 Sheet1 标签，再选择“编辑”菜单中的“粘贴”命令

42. 在 Excel 的打印页面中，添加页眉和页脚的操作是（　　）。

A. 执行“文件”菜单中的“页面设置”命令，选择“页眉/页脚”

B. 执行“文件”菜单中的“页面设置”命令，选择“页面”

C. 执行“插入”菜单中的“名称”命令，选择“页眉/页脚”

D. 只能在打印预览中设置

43. 假设要在有“总分”列标题的数据表中查找满足条件总分>400 的所有记录，其有效方法是（　　）。

A. 依次人工查看各记录“总分”字段的值

B. 单击“数据”菜单中“筛选”子菜单中的“自动筛选”命令，并在“总分”的自定义条件对话框中分别输入：大于；400，单击“确定”按钮

C. 单击“数据”菜单中的“记录单”命令，在“记录单”对话框中连续单击“下一条”按钮进行查找

D. 用“编辑”菜单中的“查找”命令进行查找

44. 在 Excel 中，“XY 图”指的是（　　）。

A. 散点图　　B. 柱形图　　C. 条形图　　D. 折线图

45. Excel 可以把工作表转换成 Web 页面所需的（　　）格式。

A. BAT　　B. TXT　　C. HTML　　D. EXE

46. 在 Excel 中，选取整个工作表的方法是（　　）。

A. 单击“编辑”菜单中的“全选”命令

B. 单击工作表左上角的列标与行号交汇的方框

C. 单击 A1 单元格，然后按住 Shift 键单击当前屏幕的右下角单元格

D. 单击 A1 单元格，然后按住 Ctrl 键单击工作表的右下角单元格

47. 一个 Excel 工作簿（　　）。

A. 只包括一个“工作表”　　B. 只包括一个“工作表”和一个“统计图”

C. 最多包括三个“工作表”　　D. 可包括 1～255 个“工作表”

48. Excel 中的求和函数为（　　）。

A. SUN　　B. RUN　　C. SUM　　D. AVER

49. 启动 Excel 的正确步骤是（　　）。

（1）将鼠标移到“开始”菜单中的“程序”项上，打开“程序”菜单

（2）单击主窗口左下角的“开始”按钮，打开主菜单

（3）单击菜单中的 Microsft Excel

A. （1）（2）（3）　　B. （2）（1）（3）

C. （3）（1）（2）　　D. （2）（3）（1）

50. 在 Excel 中，A1 单元格设定其数字格式为整数，当输入“33.51”时，显示为（　　）。

A. 33.51　　B. 33　　C. 34　　D. ERROR

51. 下列选项中，属于对 Excel 工作表单元格绝对引用的是（　　）。

A. B2　　B. ￥B￥2　　C. $B2　　D. B2

52. 下列说法不正确的是（　　）。

A. Excel 中可以同时打开多个工作簿文档

B. 在同一个工作簿中可以建立多个工作表

C．在同一个工作表中可以为多个数据区域命名

D．Excel 工作表中的数据区域可以包括无数个单元格

53．函数 AVERAGE（范围）的功能是（　　）。

A．求范围内所有数字的平均值

B．求范围内数据的个数

C．范围内所有数字的和

D．返回函数中的最大值

54．在 Excel 中，如果单元格中的数太大不能显示时，一组（　　）显示在单元内。

A．?　　B．*　　C．ERROR！　　D．#

55．打开一个工作簿的常规操作是（　　）。

A．单击“文件”菜单中的“打开”，在“打开”对话框的“文件名”框中选择需打开的文档，最后单击“取消”按钮

B．单击“文件”菜单中的“打开”，在“打开”对话框的“文件名”框中选择需打开的文档，最后单击“确定”按钮

C．单击“插入”菜单中的“文件”，在其对话框的“文件名”中选择需要打开的文档，最后单击“确定”按钮

D．单击“插入”菜单中的“文件”，在其对话框的“文件名”中选择需要打开的文档，最后单击“取消”按钮

56．若在单元格中出现一串“#####”符号，则（　　）。

A．需重新输入数据　　B．需调整单元格的宽度

C．需删去该单元格　　D．需删去这些符号

57．在输入字符数据时，当单元格中的字符数据的长度超过了单元格的显示宽度时，下列叙述中正确的是（　　）。

A．该字符串将不能继续输入

B．如果左侧相邻的单元格没有内容，则超出的内容将显示在左侧单元格中

C．如果右侧相邻的单元格中没有内容，则超出的部分将延伸到右侧单元格中

D．显示为“#”符号

58．下列菜单中不属于 Excel 窗口菜单的是（　　）。

A．文件　　B．编辑　　C．查看　　D．格式

59．在 Excel 中，下列各表格的运算符中，优先级别最低的一个是（　　）。

A．%　　B．+　　C．/　　D．< =

60．在 Excel 的编辑状态下，选取不连续的区域时，首先按住（　　）键，然后单击需要的单元格区域。

A．Ctrl　　B．Alt　　C．Shift　　D．BackSpace

61．在 Excel 中，要在单元格中输入一个公式，则需要先输入（　　）符号。

A．=　　B．$　　C．+　　D．<>

62．在 Excel 中，（　　）是工作表的最基本的组成单位。

A．工作簿　　B．工作表　　C．活动单元格　　D．单元格

63．在 A1 到 A10 已填有十个数，在 Bl 中填有公式“=SUM（A1：A10）”，现在删除了第 4、5 两行，B1 中的公式（　　）。

A. 不变　　B. 变为=SUM（A1：A8）

C. 变为=SUM（A3：A10）　　D. 变为=SUM（A1：A3，A5：A10）

64. 默认情况下，启动 Excel 工作窗口之后，每个工作簿由三张工作表组成，工作表名字为（　　）。

A. 工作表 l. 工作表 2 和工作表 3

B. Bookl、Book2 和 Book3

C. Sheetl、Sheet2 和 Sheet3

D. 工作簿 l、工作簿 2 和工作簿 3

65. 下列 4 种操作方法中，不能退出 Excel 的方法是（　　）。

A. 在 Excel 窗口中单击标题栏右端的关闭按钮

B. 在 Excel 窗口中单击标题栏左端的控制菜单按钮

C. 单击“文件”菜单中的“退出”命令

D. 按.Alt+F4 组合键

66. 在 Excel 中，“排序”命令对话框中有 3 个关键字输入框，其中（　　）。

A. 3 个关键字都必须指定　　B. 3 个关键字可任意指定一个

C. “主要关键字”必须指定　　D. “主要关键字”和“次要关键字”必须指定

67. 在 Excel 的单元格内不能输入的内容是（　　）。

A. 文本　　B. 图表　　C. 数值　　D. 日期

68. 一个 Excel 工作簿文件在第一次存盘时，Excel 自动以（　　）作为其扩展名。

A. WKl　　B. XLS　　C. XCL　　D. DOC

69. 在单元格中输入公式时，编辑栏上的“√”按钮表示（　　）操作。

A. 确认　　B. 取消　　C. 拼写检查　　D. 函数向导

70. 一个单元格的内容是 8，单击该单元格，编辑栏中不可能出现的是（　　）。

A. 8　　B. 3+5　　C. =3+5　　D. =A2+B3

71. Excel 的主要功能是（　　）。

A. 表格处理、文字处理、文件管理

B. 表格处理、网络通信、图表处理

C. 表格处理、数据库管理、图表处理

D. 表格处理、数据库管理、网络通信

72. 在 Excel 工作表中，每个单元格都有唯一的编号，编号方法是（　　）。

A. 行号+列号　　B. 列号+行号

C. 数字+字母　　D. 字母+数字

73. 不属于 Excel 视图方式的为（　　）。

A. 常规　　B. 分页预览　　C. 打印预览　　D. 页面

74. 左键单击工作表的标签，会进行的操作是（　　）

A. 给工作表重新命名　　B. 激活工作表

C. 插入新的工作表　　D. 移动工作表的位置

75. 在 Excel 中，数据清单的高级筛选的条件区域中，对于各字段“与”的条件（　　）。

A. 必须写在同一行中　　B. 可以写在不同的行中

C. 一定要写在不同的行中　　D. 对条件表达式所在的行无严格的要求

76. 在 Excel 中，以下是输入公式时的操作错误的是（　　）。
  A. 应选定活动单元格
  B. 在活动单元格内输入计算公式
  C. 在公式编辑区输入计算公式
  D. 公式输入完后不要按 Enter 键
77. 在 Excel 中，关于“填充柄”的说法不正确的是（　　）。
  A. 它位于活动单元格的右下角
  B. 它的形状是“十”字形
  C. 它可以填充颜色
  D. 拖动它可将活动单元格内容复制到其他单元格
78. 如果一个工作簿中含有若干个工作表，则在该工作簿的窗口中（　　）。
  A. 只能显示其中一个工作表的内容
  B. 最多显示其中三个工作表的内容
  C. 能同时显示多个工作表的内容
  D. 由用户设定同时显示工作表的数目
79. “工作表”是用行和列组成的表格，分别用什么区别（　　）。
  A. 数字和数字
  B. 数字和字母
  C. 字母和字母
  D. 字母和数字
80. 在 Excel 中，双击图表标题将（　　）。
  A. 出现图表工具栏
  B. 出现标准工具栏
  C. 出现“改变字体”对话框
  D. 出现“图表标题格式”的对话框

二、填空题

1. 在某单元格中输入“=32470+2216”后，默认情况下该单元格将显示________。
2. 如果要将工作表 A5 单元格中的“电子表格”与 A6 单元格中的“软件”合并在 B5 单元格中，显示为“电子表格软件”，则在 B5 单元格中应输入公式________。
3. 在 Excel 中的数据列表里，每一行数据称为一个________。
4. 单元区域（B14：C17，A16：D18，C15：E16）包括的单元格数目是________。
5. 要选定整个工作表应单击________。
6. 在单元格中输入数值数据时，默认的对齐方式是________。
7. 在单元格中输入学号 0100281（数字字符串）时，应该输入________。
8. 在 Excel 中，快速查找数据清单中符合条件的记录，可使用 Excel 提供的________功能。
9. 精确设置工作表行高的方法是：选定需要设置行高的行，再选择“格式”中的________命令，并在级联菜单中单击“行高”，然后在“行高”对话框中输入行高的精确值。
10. 日期 1999 年 8 月 16 日与 2001 年 2 月 5 日相比，较大的是________。

第 5 章 PowerPoint 2003 演示文稿的制作

PowerPoint 2003 的基本功能是创建、浏览、修改和展示电子演示文稿。所谓电子演示文稿就是指人们在介绍成果、阐述观点时使用的背景材料，这些材料由一组具有特定用途的画面组成，以图文并茂的形式形象地表达出演讲者所要介绍的内容，可借助于计算机或大屏幕和音频设备方便地演示。

实验一 PowerPoint 2003 的启动与退出

一、实验目的和要求

1. 弄清 PowerPoint 2003 的工作界面的组成。
2. 掌握 PowerPoint 2003 的多种启动与退出方法。

二、实验内容与指导

1. 启动 PowerPoint 2003

与启动 Word、Excel 方法类似，可以采用以下 3 种方法启动 PowerPoint 2003。

（1）从“开始”菜单启动 Word 2003。执行“开始”→“所有程序”→Microsoft Office→Microsoft Office PowerPoint 2003 命令，如图 5.1 所示。

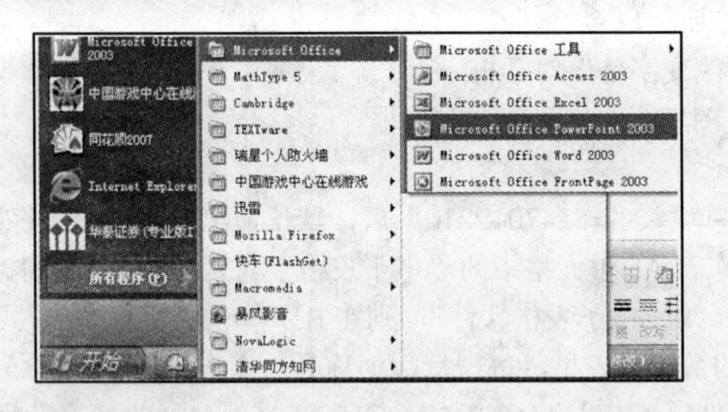

图 5.1 启动 PowerPoint 2003

（2）利用快捷图标启动 PowerPoint 2003。如果在桌面上建立有 Word 2003 的快捷方式图标，双击该图标也可以启动 PowerPoint 2003。

（3）通过打开 PowerPoint 文档启动 PowerPoint 2003。利用“资源管理器”或“我的电脑”找到要打开的 PowerPoint 文档，双击该 PowerPoint 文档图标，或右击该图标，从弹出的快捷菜单中执行“打开”命令，也可以启动 PowerPoint 2003，并打开此文档。

2. PowerPoint 2003 的工作环境

PowerPoint 2003 启动后，即出现工作界面。PowerPoint 2003 的工作界面由标题栏、菜单栏、常用工具栏、格式工具栏、标尺、任务窗格、幻灯片编辑区和绘图工具栏组成，如图 5.2 所示。

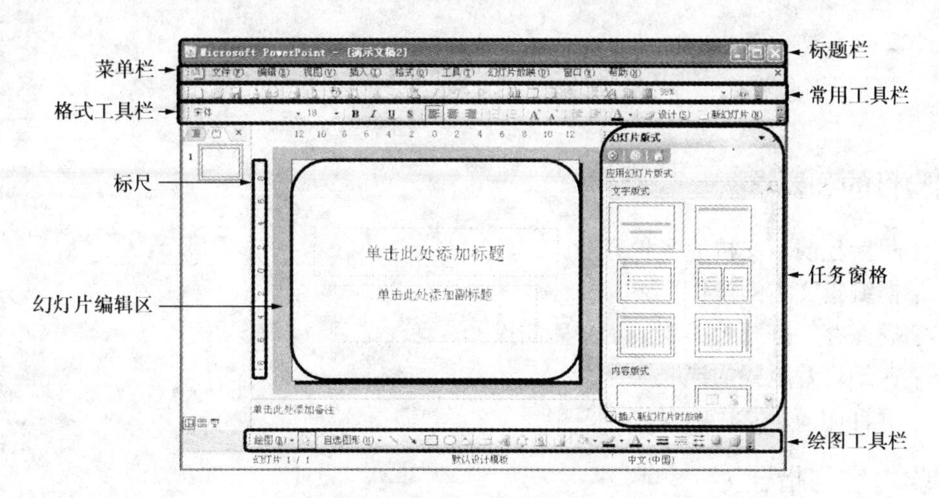

图 5.2　PowerPoint 工作界面的组成

（1）标题栏。标题栏的左侧显示了 PowerPoint 2003 应用程序的名称，标题栏的右侧是“最小化”按钮、“最大化”按钮、“向下还原”按钮和“关闭”按钮。

（2）菜单栏。菜单栏位于标题栏的下方，由 9 组菜单组成，单击菜单栏中的每一个菜单命令都可以弹出下拉菜单，执行下拉菜单中的命令项即可执行相应的操作。

（3）常用工具栏。常用工具栏中显示了常用的工具按钮，使用这些工具按钮，可以方便地对演示文稿进行操作。

（4）格式工具栏。格式工具栏中显示了常用的编辑工具按钮，使用格式工具栏中的编辑工具按钮可以简化编辑幻灯片的制作过程。

（5）标尺。制作幻灯片时，使用标尺可以方便、准确地对齐对象。同时，通过调节标尺也可以快速地设置页边距和段落缩进等。

（6）任务窗格。PowerPoint 2003 的任务窗格主要包括“新建演示文稿”任务窗格、“幻灯片版式”任务窗格、“幻灯片设计”任务窗格、“自定义动画”任务窗格和“幻灯片切换”任务窗格等。

（7）幻灯片编辑区。幻灯片编辑区是编辑幻灯片的主要区域。在幻灯片编辑区，可以为幻灯片添加文字、艺术字、图形和图片，并可以编辑添加的对象。

（8）绘图工具栏。绘图工具栏中显示了常用的绘图工具按钮，使用绘图工具按钮可以方便地在演示文稿中插入自选图形或图片，使演示文稿更加美观。

3. PowerPoint 2003 的退出

退出 PowerPoint 2003 的方法很多，这里仅介绍几种常用的方法。

（1）单击 PowerPoint 2003 标题栏右上角的“关闭”按钮×。

（2）在 PowerPoint 2003 中执行“文件”→“退出”命令。

（3）按 Alt+F4 组合键。

（4）双击 PowerPoint 2003 标题栏左侧的控制菜单图标。

三、综合练习

1. 请用多种方法启动 PowerPoint 2003。

2. 请用多种方法退出 PowerPoint 2003。

实验二　创建演示文稿

一、实验目的和要求

1. 了解新建演示文稿的多种方法。
2. 掌握编辑文本的操作。
3. 掌握保存、打开及关闭演示文稿的操作。
4. 掌握幻灯片版式的选取操作。
5. 了解打印演示文稿的操作。

二、实验内容与指导

1. 新建演示文稿

PowerPoint 2003 提供了多种新建演示文稿的方法，例如，使用“内容提示向导”、“设计模板”、“空演示文稿”等。

（1）利用“内容提示向导”新建一个演示文稿。

① 在 PowerPoint 2003 中，单击“文件”菜单中的“新建”命令，此时在窗口右侧出现 “新建演示文稿”任务窗格，如图 5.3 所示。

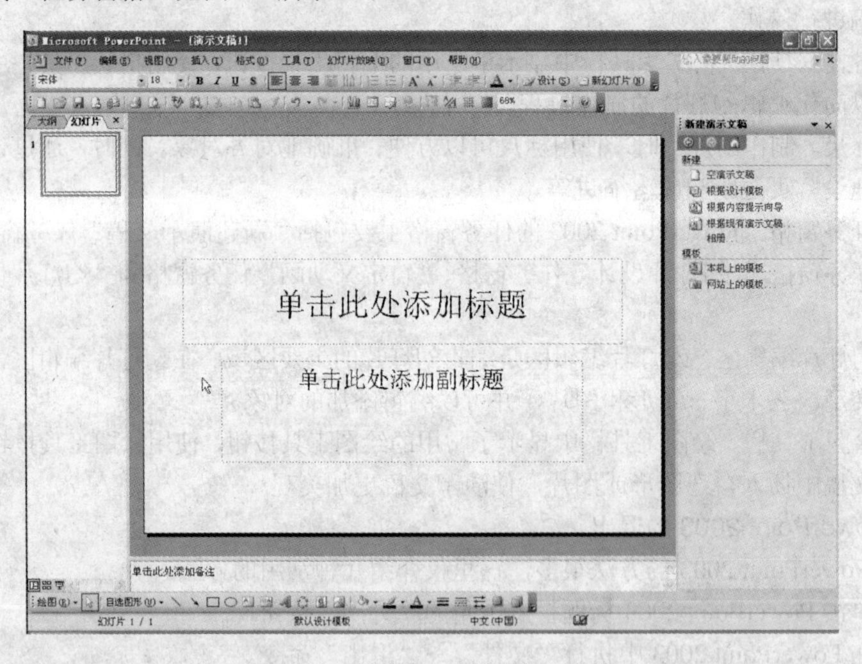

图 5.3　“新建演示文稿”任务窗格

② 单击“新建演示文稿”任务窗格中“根据内容提示向导”选项，出现图 5.4 所示的对话框。

③ 单击“下一步”按钮，出现图 5.5 所示的对话框，该对话框允许用户选择要创建的演示文稿的类型。例如，在“企业”类别中选择“商务计划”类型。

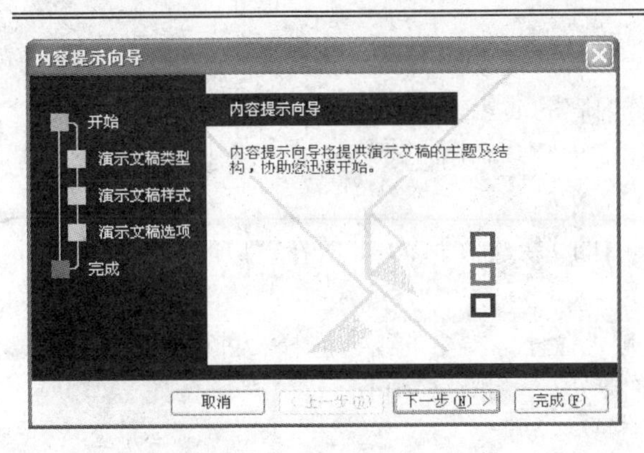

图 5.4　“内容提示向导”对话框

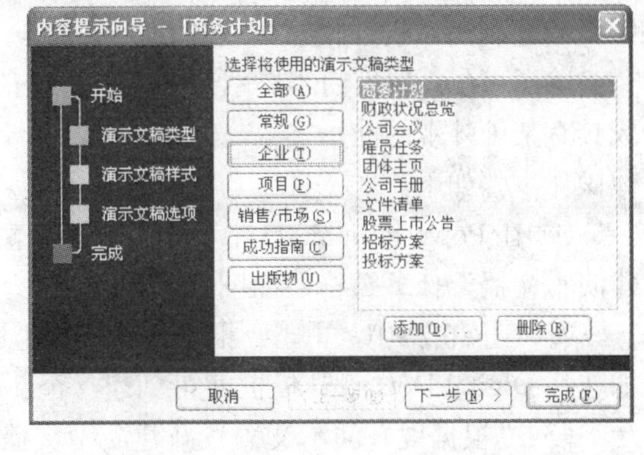

图 5.5　选择演示文稿的类型

④ 单击“下一步”按钮，出现图 5.6 所示的对话框，该对话框允许用户选择演示文稿的输出类型。例如，选中“屏幕演示文稿”单选按钮。

⑤ 单击“下一步”按钮，出现图 5.7 所示的对话框，该对话框允许用户输入演示文稿的标题，每张幻灯片都包含的对象，如页脚、上次更新日期和幻灯片编号等。

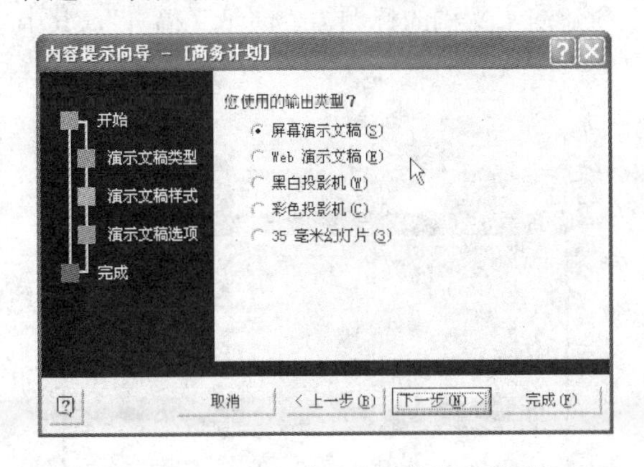

图 5.6　选择演示文稿的输出类型

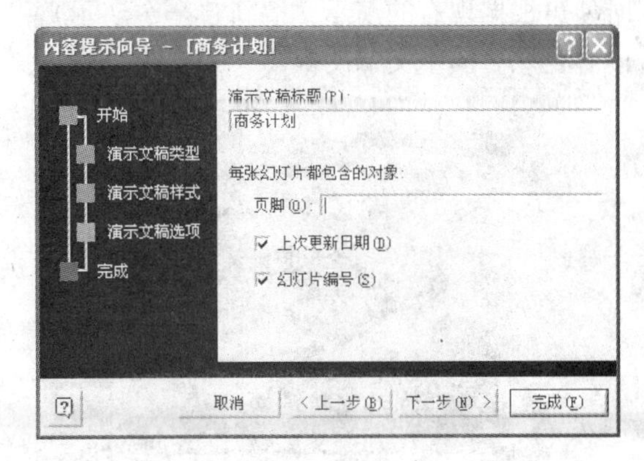

图 5.7　输入幻灯片的相关信息

⑥ 单击“下一步”按钮，出现图 5.8 所示的对话框，该对话框提示已经完成利用内容提示向导创建演示文稿的操作。

⑦ 单击“完成”按钮，即可生成具有专业效果的演示文稿，如图 5.9 所示。该演示文稿包含了多张幻灯片，只需将其中的示例文本修改成自己的内容即可。

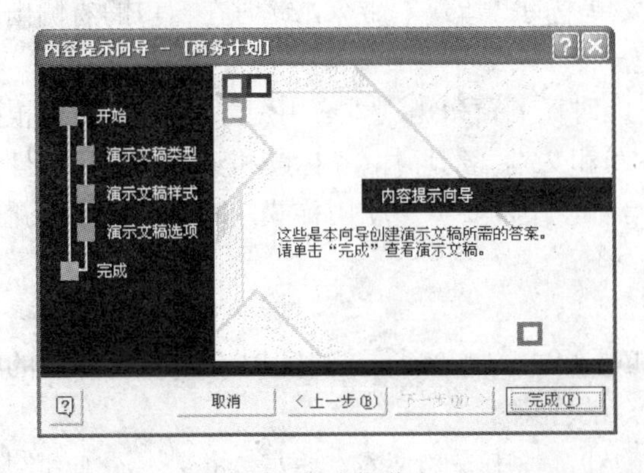

图 5.8　完成操作

图 5.9　“使用内容提示向导”新建的演示文稿

（2）利用“设计模板”新建演示文稿。

除了可以“根据内容提示向导”来新建带有内容的演示文稿外，还可以根据设计模板来生成具有某种外观的演示文稿，但不生成演示文稿的内容。利用“设计模板”新建演示文稿的具体操作步骤如下。

① 在 PowerPoint 2003 中单击“文件”菜单中的“新建”命令，此时在窗口的右侧出现“新建演示文稿”任务窗格，如图 5.3 所示。

② 在该窗格中，单击“根据设计模板”选项，在任务窗格的下方选择一种设计模板即可。如选择 Digital Dots 设计模板即可创建一个新演示文稿，如图 5.10 所示。

（3）“根据现有演示文稿”新建演示文稿。

还可以根据现有的演示文稿来建立自己所需的演示文稿，具体操作如下所述。

① 在 PowerPoint 2003 中单击“文件”菜单中的“新建”命令，此时在窗口的右侧出现“新建演示文稿”任务窗格，如图 5.3 所示。

② 在该窗格中单击“根据现有演示文稿”选项，弹出“根据现有演示文稿新建”对话框。在查找范围内找到相应的文件夹后找到该演示文稿，单击“创建”按钮，如图 5.11 所示。这时便可根据现有的演示文稿新建一个演示文稿，新建演示文稿的标题为“演示文稿 1”，其中内容是原有演示文稿的内容。

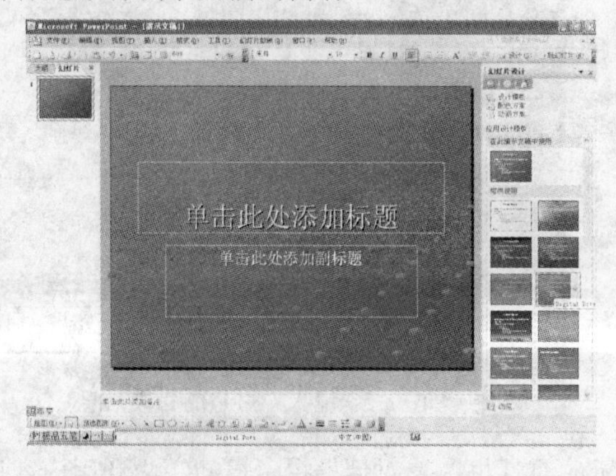

图 5.10　“根据设计模板”创建演示文稿

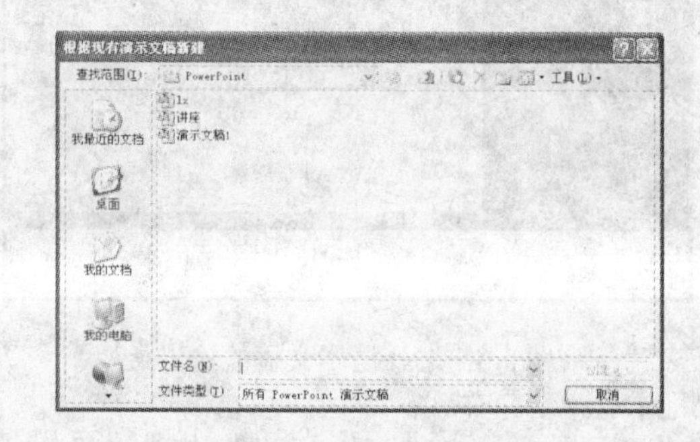

图 5.11　“根据现有演示文稿新建”对话框

（4）新建空白演示文稿。

如果用户要新建一个空白演示文稿，可以按照如下步骤进行。

① 在 PowerPoint 2003 中，单击“文件”菜单中的“新建”命令，此时在窗口的右侧出现“新建演示文稿”任务窗格，如图 5.3 所示。

② 在该窗格中单击“空演示文稿”选项，此时任务窗口出现“应用幻灯片版式”，可根据需要选择幻灯片版式，如“标题”幻灯片、“标题和文本”幻灯片、“标题和竖排文字”幻灯片等。还可以选择幻灯片版式是要应用于选定幻灯片，还是要重新应用样式，或者是要插入新的幻灯片。

2. 文本操作

无论演示文稿多么丰富多彩，文字始终是必不可少的。在演示的过程中，虽然有专门的解说人员，但在幻灯片中出现的文字更能吸引观众的注意。

在大纲窗格和幻灯片窗格中都可以在新建的幻灯片中添加文本。通常，将文本添加到幻灯片中最简单的方式是直接将文本输入幻灯片的任何占位符中。

一般情况下，幻灯片中包含的几个带有虚线边框的区域称为占位符，可以向占位符中输入文字或者插入对象。例如，演示文稿的第一张幻灯片是标题幻灯片，包含两个文本占位符，占位符中显示“单击此处添加标题”和“单击此处添加副标题”的字样。

（1）文本的添加。

① 单击幻灯片窗口中“单击此处添加标题”占位符，光标变为插入方式时，输入“浅谈现代职业技术教育”。

② 单击“单击此处添加副标题”占位符，输入“——对我校发展职业技术教育的若干思考”，如图 5.12 所示。

③ 添加其他的幻灯片。

（2）文本的修改。

① 选中幻灯片标题中的“思考”，将其改为“考虑”。

② 选中大纲窗口中编号 1 幻灯片下方的“——对我校发展职业技术教育的若干考虑”，按 Delete 键将其删除。

3．保存演示文稿

系统将新创建的演示文稿自动取名为“演示文稿 1.ppt”、“演示文稿 2.ppt”、……，其保存方式与 Word 文档的保存方式相同。

（1）在 PowerPoint 2003 中，单击“文件”菜单中的“保存”命令，或者单击工具栏中的“保存”按钮，弹出“保存”对话框。

（2）保存上述例子中的演示文稿，设置“保存位置”为 D:\lx\PowerPoint 文件夹，文件名为 lx，然后单击“保存”按钮。

（3）如果要使用另一个名字来保存文件，可以执行“文件”菜单中的“另存为”命令，然后在弹出的“另存为”对话框中设置新的文件名和保存位置，即可将该文件作为一个新文件保存或备份到另一个文件中。

4．打开及关闭演示文稿

（1）打开演示文稿。

在 PowerPoint 2003 窗口中打开演示文稿的步骤如下所述。

① 单击“文件”菜单中的“打开”命令，或者单击工具栏中“打开”按钮，弹出“打开”对话框，如图 5.13 所示。

图 5.12　输入文本

图 5.13　“打开”对话框

② 设置“查找范围”为 D:\lx\PowerPoint\，文件名为“讲座”，然后单击“打开”按钮。

（2）关闭演示文稿。在编辑制作演示文稿时，经常会打开多个演示文稿，如果当前打开的演示文稿不再使用，可以将其关闭，以免其占用计算机资源。要关闭某个打开的演示文稿窗口，可以采用以下步骤。

① 在 PowerPoint 2003 中单击“文件”菜单中的“关闭”命令，如果关闭前未保存文件，屏幕会出现一个提示对话框，如图 5.14 所示，询问是否保存对演示文稿的修改。

② 根据需要，单击“是”按钮关闭该对话框，保存新的修改；单击“否”按钮关闭该对话框，不保存最新的修改。

5．打印演示文稿

在打印演示文稿之前，必须进行相关的页面设置。

① 在 PowerPoint 2003 中单击“文件”菜单中的“页面设置”命令，出现图 5.15 所示的“页面设置”对话框。

图 5.14　“保存”对话框

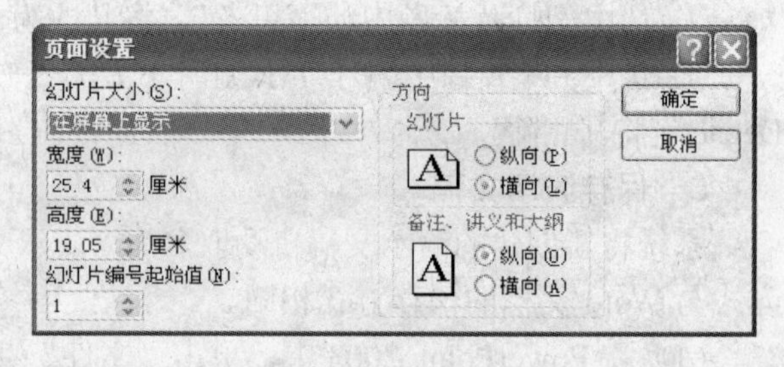

图 5.15　“页面设置”对话框

② 在“幻灯片大小”列表框中选择幻灯片的大小。也可以选择“自定义”选项，然后在“宽度”和“高度”数值框中输入幻灯片的宽度值和高度值。

③ 在“幻灯片编号起始值”数值框中可以输入幻灯片编号的起始值。

④ “方向”区中，可以设置幻灯片的页面方向，也可以设置备注、讲义和大纲的页面方向。

⑤ 设置完毕后，单击“确定”按钮。

页面设置完后，执行“文件”菜单中的“打印”命令，弹出“打印”对话框。在“打印内容”框中单击要打印的项目，如果选择了“讲义”，则需要设置每页的幻灯片数目及“横向”或“纵向”的顺序。

三、综合练习

1．占位符的作用是什么？

2．演示文稿和幻灯片有何区别？

3．如何打开一个已有的演示文稿，如何打开最近编辑过的演示文稿？

实验三　添加与管理幻灯片

一、实验目的和要求

1．掌握添加幻灯片的操作。

2．掌握插入其他演示文稿中幻灯片的操作。

3．掌握复制幻灯片的操作。

4．掌握管理幻灯片的操作。

二、实验内容与指导

演示文稿一般由一张或多张幻灯片组成，新建的空白演示文稿通常只含有一张幻灯片，若要展示较多的内容，还需要在演示文稿中继续添加幻灯片，而使用“根据内容提示向导”创建的演示文稿通常含有多张幻灯片，有时又需要将多余的幻灯片删除。

1．添加幻灯片

新建的演示文稿就已经创建了幻灯片，还可以根据需要使用不同的方法来添加幻灯片。

（1）插入空幻灯片。在普通视图或大纲视图中，添加格式相同的幻灯片是件非常容易的事。单击大纲区域，让光标位于幻灯片最高级标题文字之后，按一次 Enter 键即可增加一张幻灯片。在浏览视图中插入空幻灯片的方法介绍如下。

① 单击“浏览视图”按钮，切换到幻灯片浏览视图，单击幻灯片图标之间的位置如图 5.16 所示，选择插入幻灯片的位置（此时可看见一条竖线）。

② 执行“插入”菜单中的“新幻灯片”命令，插入图 5.17 所示的新幻灯片。

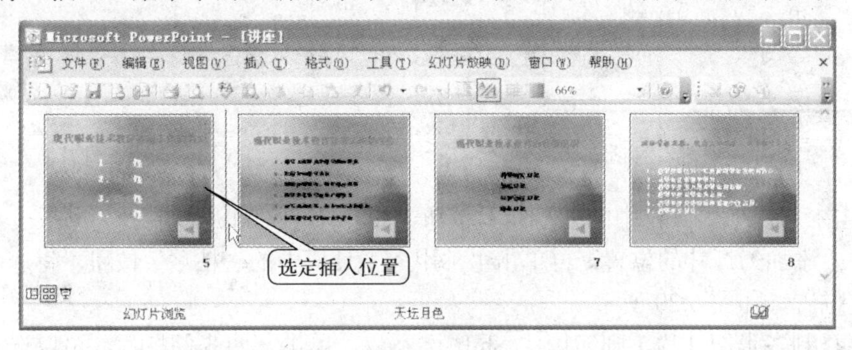

图 5.16 选择插入幻灯片的位置

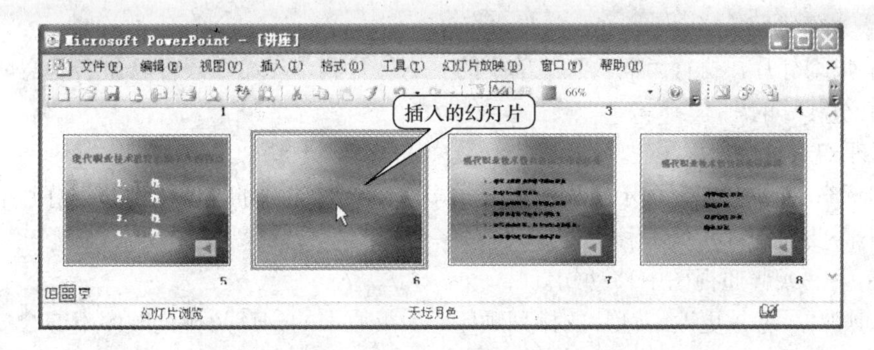

图 5.17 插入新幻灯片

（2）插入其他演示文稿中的幻灯片。

用上面的方法插入幻灯片时，只能插入空白幻灯片。如果想要插入来自其他演示文稿中已有内容的幻灯片，可以进行如下操作。

① 执行“插入”菜单中的“幻灯片”命令，打开图 5.18 所示的“幻灯片搜索器”对话框。

② 单击“浏览”按钮，打开“浏览”对话框，找到所需的演示文稿之后，双击演示文稿名，回到“幻灯片搜索器”对话框。

③ 选定将要插入的幻灯片，单击“插入”按钮，即可将选定的幻灯片插入到当前演示文稿中。单击“关闭”按钮，关闭“幻灯片搜索器”对话框。

（3）复制幻灯片。在制作演示文稿时，对于内容相近的幻灯片，可以将前面已经制作好的幻灯片复制一份，然后稍加修改即可。也可以将一个演示文稿中的某一张幻灯片或某几张幻灯片复制到同一个演示文稿或其他演示文稿中。

① 单击普通视图或大纲窗口中的幻灯片，如图 5.19 所示，选中需要复制的幻灯片。

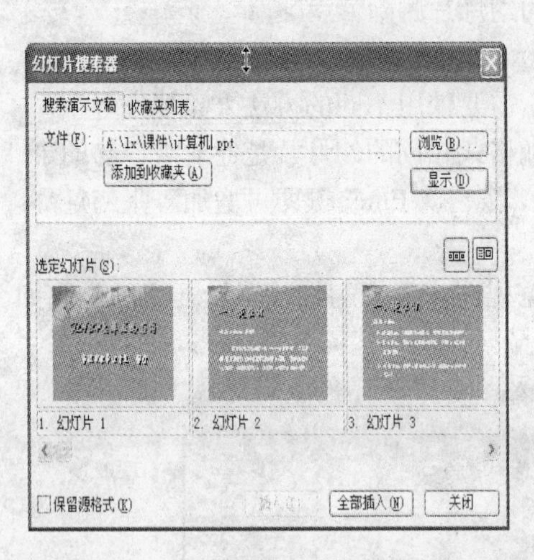

图 5.18 “幻灯片搜索器”对话框

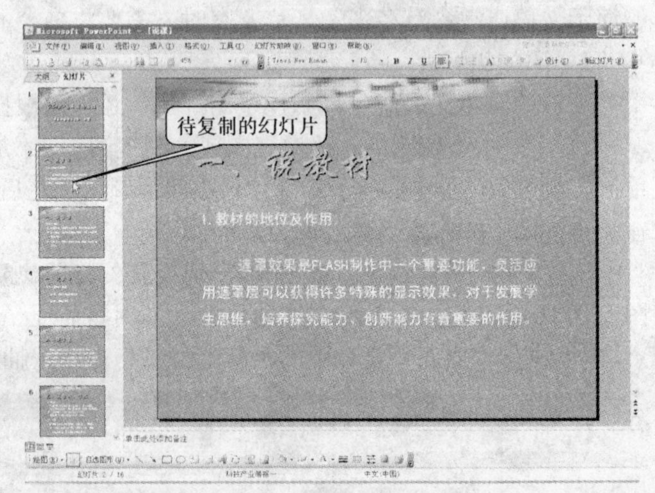

图 5.19 选中幻灯片

② 单击“常用”工具栏中的“复制”按钮，将选中的幻灯片复制到剪贴板上，然后单击大纲窗口中要添加幻灯片的位置，再单击“常用”工具栏中的“粘贴”按钮，将选中的幻灯片粘贴到指定位置，如图 5.20 所示。

如果要复制多张幻灯片，则应按住 Shift 键不放，单击某两张幻灯片，可以选中这两张幻灯片之间多张连续的幻灯片；按住 Ctrl 键不放，分别单击有关幻灯片可以选中多张连续或不连续的幻灯片。

选中某张幻灯片，执行“插入”菜单中的“幻灯片副本”命令，可以在当前幻灯片的后面复制出一个幻灯片的副本。

2．管理幻灯片

在 PowerPoint 中，一个演示文稿一般是由多个幻灯片组成的，可以调整幻灯片的顺序，也可以删除不需要的幻灯片或者移动幻灯片。

（1）在大纲或普通视图中移动幻灯片。

移动幻灯片，就是更改幻灯片的排列顺序。如果原来的幻灯片排列顺序不够合理，想要调整，可按下列方法进行操作。

① 单击幻灯片图标，选中演示文稿中的某张幻灯片，如图 5.21 所示。

② 拖动某张幻灯片到指定的位置，调整幻灯片的排列顺序，如图 5.22 所示。选中大纲视图中的幻灯片图标，单击“大纲”工具栏的“上移”按钮或“下移”按钮，或者用鼠标选中幻灯片图标，按住鼠标左键上下拖动，此时鼠标指针呈上下箭头，到达合适的位置松开鼠标左键即可。

（2）在浏览视图中移动幻灯片。单击选中要移动的幻灯片，按住左键，将其拖动到新的位置，松开鼠标即可改变幻灯片的排列顺序，如图 5.23 所示。

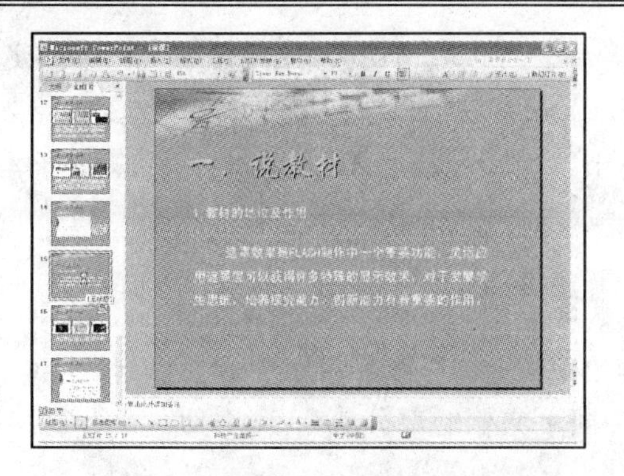

图 5.20　粘贴幻灯片到指定位置

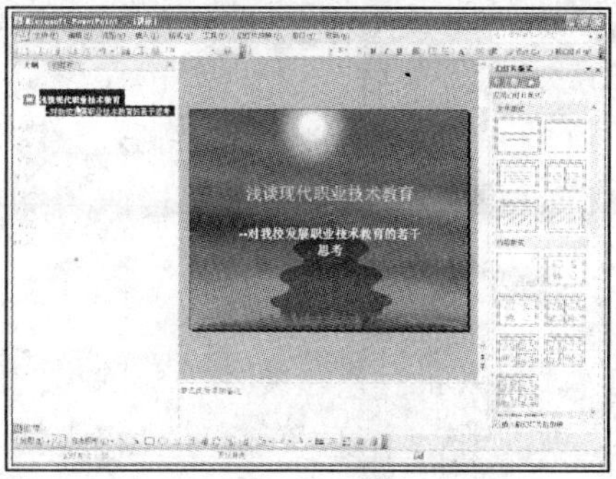

图 5.21　选中幻灯片

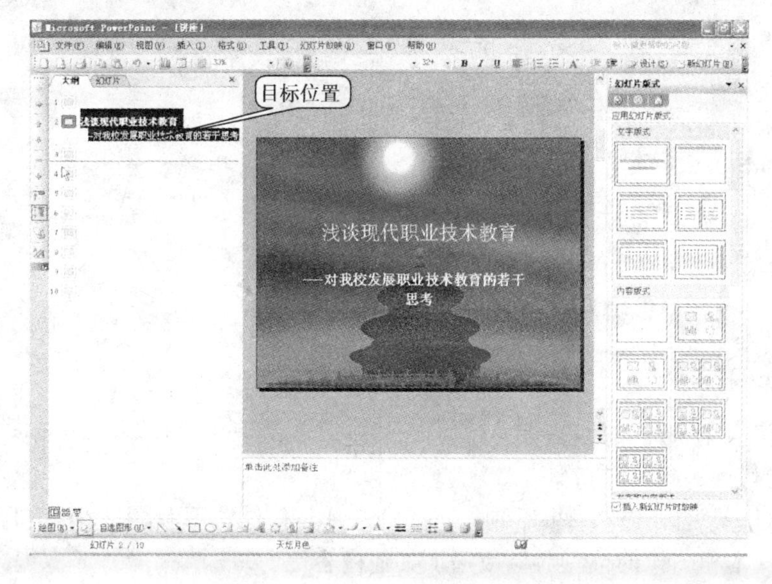

图 5.22　调整幻灯片的排列顺序

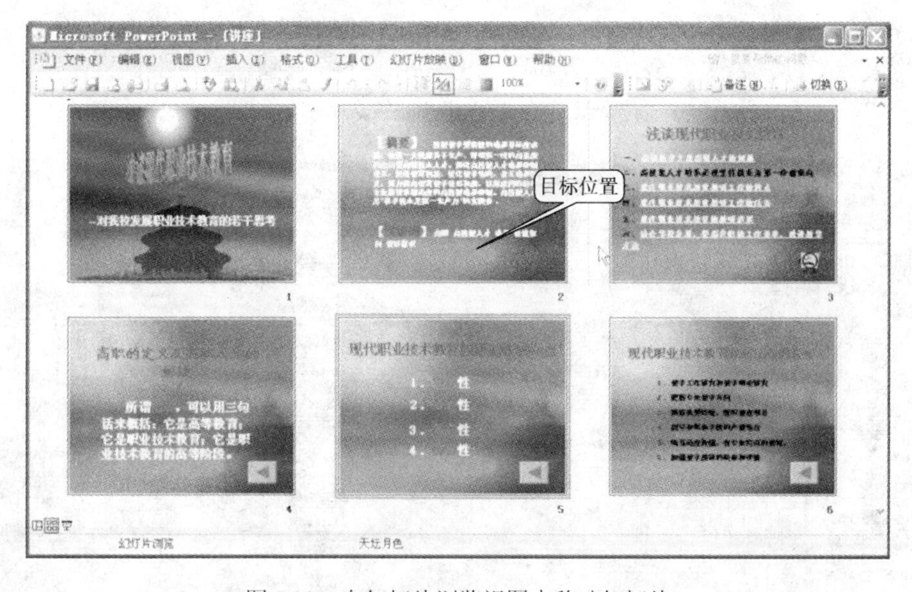

图 5.23　在幻灯片浏览视图中移动幻灯片

（3）在幻灯片浏览视图中删除幻灯片。单击幻灯片浏览视图中要删除的幻灯片，将其选中，执行“编辑”菜单中的“清除”或“删除幻灯片”命令，即可删除选定的幻灯片（如果未选定任何幻灯片，即删除当前幻灯片），按 Del 键或 BackSpace 键，也可删除幻灯片。

（4）在大纲视图中删除幻灯片。在大纲窗口中单击幻灯片的图标，选中要删除的幻灯片，按 Del 键，即可删除该幻灯片。

三、综合练习

1. 幻灯片的移动、复制、删除与幻灯片内容的移动、复制、删除有何区别？
2. 如何在一个打开的演示文稿中插入已有的演示文稿的部分或全部幻灯片？
3. 如何管理幻灯片？

实验四　修饰演示文稿

一、实验目的和要求

1. 掌握调整幻灯片的版式和背景的操作。
2. 掌握为演示文稿添加配色方案的操作。
3. 掌握应用模板、编辑母版的操作。

二、实验内容与指导

如果一个演示文稿只有白色的底色，那无疑是单调、无味的，可以对演示文稿进行修饰。

1. 调整幻灯片的版式和背景

（1）调整幻灯片的版式。如果对制作好的幻灯片整体结构不满意，可以利用版式来重新调整，如可以将文本和图像的位置对调或增加其他内容等。

① 选择要调整结构的幻灯片，执行“格式”菜单中的“幻灯片版式”命令，打开图 5.24 所示的“幻灯片版式”任务窗格。

② 将鼠标指针移到需要应用的版式图标上，出现下拉按钮，单击该按钮，出现下拉菜单，如图 5.25 所示，执行“应用于选定幻灯片”命令。

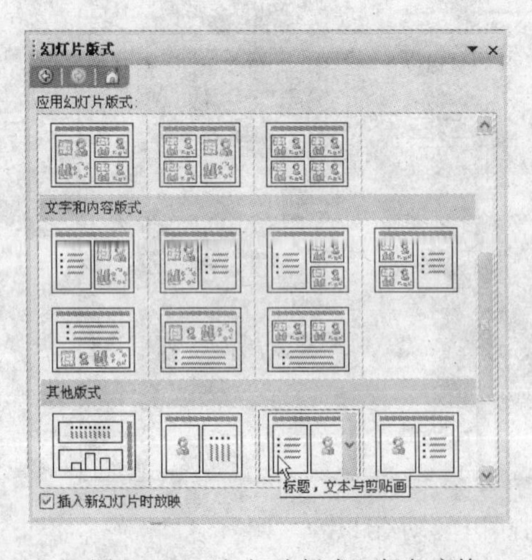

图 5.24　“幻灯片版式”任务窗格

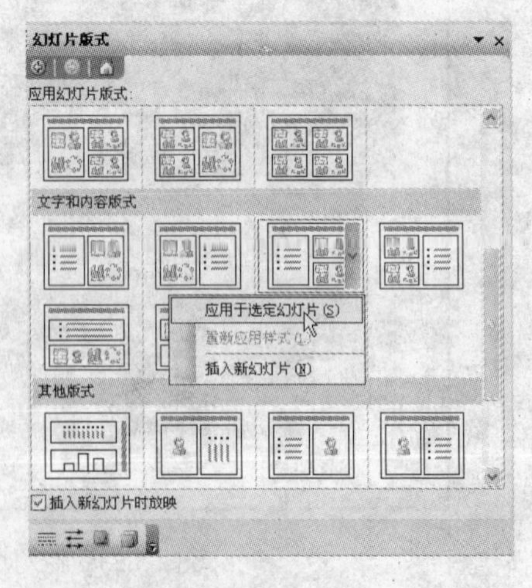

图 5.25　下拉菜单

将鼠标指针移到需要应用的版式图标上双击，则演示文稿中的所有幻灯片都会应用该版式。

（2）调整幻灯片的背景。默认的情况下，幻灯片的背景是白色的，可以通过设置将其变成其他颜色，也可以用渐变、纹理、图案和图片作为背景。

① 选中要设置背景的幻灯片，执行“格式”菜单中的“背景”命令，打开“背景”对话框，单击右边下拉按钮，出现“填充效果”下拉菜单。

② 执行“填充效果”命令，出现“填充效果”对话框，根据需要，从渐变、纹理、图案、图片中任选一种，单击“确定”按钮，回到“背景”对话框。

③ 如果单击“应用”按钮，所选幻灯片即被设置填充效果，如图 5.26 所示的第一张幻灯片。如果单击“全部应用”按钮，则所有幻灯片都成为所设置的效果。

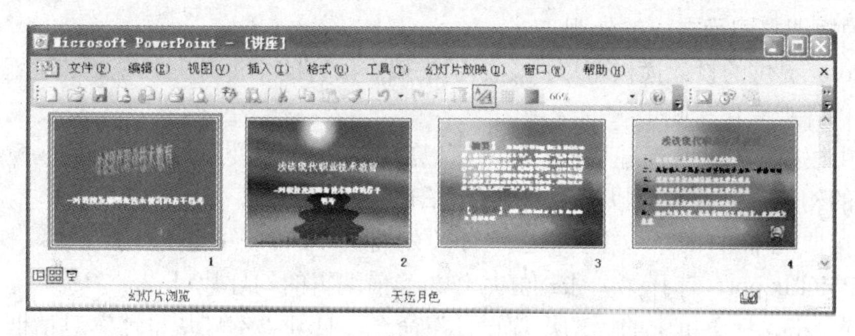

图 5.26　为第一张幻灯片设置过渡效果

2. 为演示文稿配色

当幻灯片中背景改变了，幻灯片上的文字、图形等颜色也需要随之改变，这样才能搭配协调。软件中预先将一些适宜的搭配做成配色方案供用户选择。

（1）选择标准配色方案。

改变演示文稿配色方案最简单的方法是选择一种标准配色方案。

① 打开要更改其配色方案的幻灯片。

② 执行“格式”菜单中的“幻灯片设计”命令，打开图 5.27 所示的“幻灯片设计”任务窗格。

③ 单击 配色方案，打开“应用配色方案”列表，将鼠标指针移到需要的“配色方案”图标上，出现下拉按钮，单击该按钮，出现下拉菜单，如图 5.28 所示。

④ 执行“应用于所选幻灯片”命令，将配色方案应用于当前幻灯片。

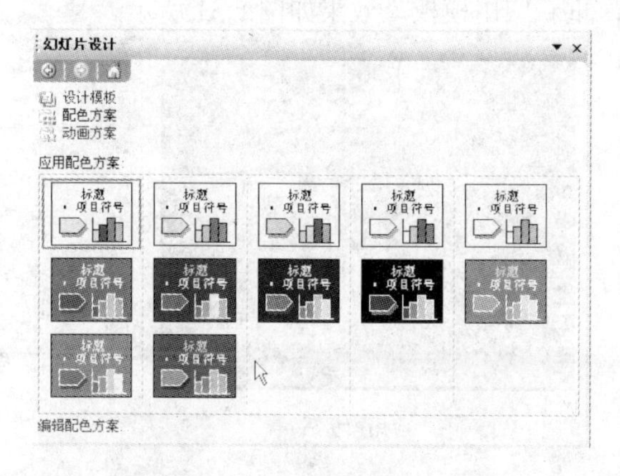

图 5.27　“幻灯片设计”对话框

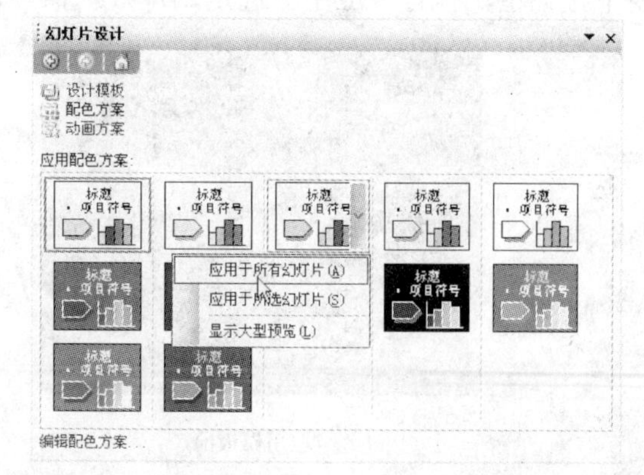

图 5.28　“配色方案”下拉菜单

（2）自定义配色方案。

如果标准配色方案不能满足需要，也可建立自定义的配色方案。为此，先为演示文稿选择一个设计模板，并且该设计模板的配色方案应与要建立的配色方案尽可能相似。

① 单击“幻灯片设计”任务窗格中的编辑配色方案... 按钮，打开“编辑配色方案”对话框，选择“自定义”选项卡，如图 5.29 所示。

② 根据需要，选择要配色的项目，如果改变背景颜色，单击“背景”前面的色块即可。

③ 单击“更改颜色”按钮，打开“背景色”对话框，该对话框中显示了许多色块及若干灰度，可从中选择一个新颜色，然后单击“确定”按钮，返回“编辑配色方案”对话框。

④ 单击“应用”按钮，即将该配色方案应用于当前幻灯片。

3. 用模板调整演示文稿的外观

PowerPoint 提供的设计模板可以决定演示文稿中所有的幻灯片的外观，它是所有调整方法中对演示文稿外观变化影响最大的一种。

（1）应用模板。幻灯片新建以后，随时可以应用模板来改变幻灯片的外观。模板既可以应用到所选择的幻灯片上，也可以应用到所有的幻灯片上。

① 打开要调整的演示文稿，选择有关幻灯片为当前编辑的幻灯片。例如，打开 D:\lx\PowerPoint\lx.ppt，选择第一张幻灯片作为当前编辑的幻灯片。

② 执行“格式”菜单中的“幻灯片设计”命令，打开“幻灯片设计”对话框，单击“设计模板”按钮，打开模板列表，如图 5.30 所示。

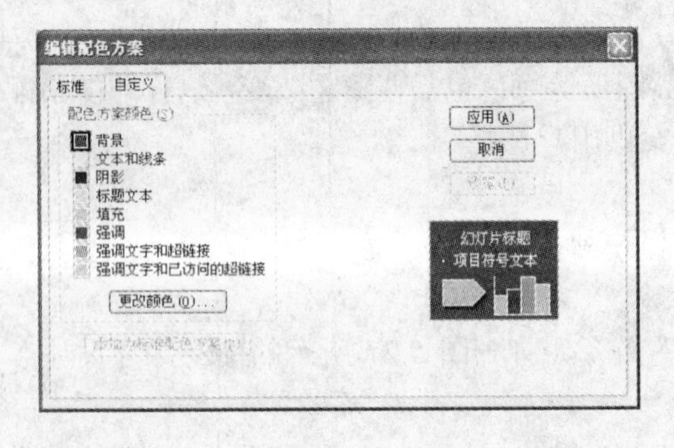

图 5.29　“编辑配色方案”对话框

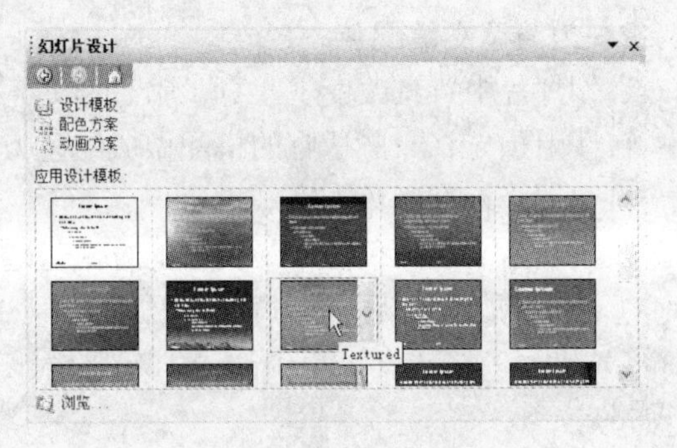

图 5.30　应用设计模板

③ 将鼠标指针移到需要的“应用设计模板”图标上，出现下拉按钮，单击该按钮，出现下拉菜单，执行“应用于选定幻灯片”命令，重新应用模板，效果如图 5.31 所示。

应用模板前

应用模板后

图 5.31　应用模板前后的变化

（2）编辑母版。所谓幻灯片母版，实际上就是一张特殊的幻灯片，它可以被看做是一个用于构建幻灯片的框架。在演示文稿中，所有的幻灯片都基于该幻灯片母版创建。母版的特点是在其中包含已设置好格式的各种占位符，如文本占位符、图表占位符、图片占位符以及其他各种对象的占位符。以下的操作均在 D:\lx\PowerPoint\lx.ppt 演示文稿中进行。

① 显示幻灯片母版。

a．执行“视图”菜单中的“母版”命令，从中选择“幻灯片母版”命令，弹出图 5.32 所示的“幻灯片母版”编辑窗口。

b．观察幻灯片母版编辑窗口中母版幻灯片内的布局。在窗口中出现了“幻灯片母版视图”工具栏。如果没有出现此工具栏，则单击“视图”菜单中的工具栏命令，然后选择“幻灯片母版视图”工具栏即可。

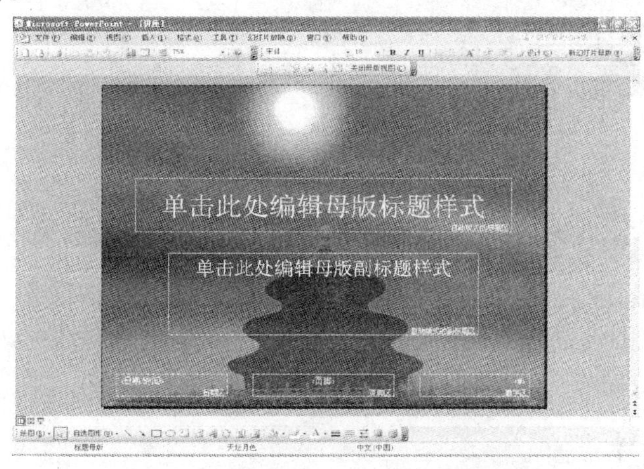

图 5.32　“幻灯片母版”编辑窗口

② 修改标题。

a．单击母版中“单击此处编辑母版标题样式”占位符中的文字，在标题占位符中出现光标插入点。

b．执行“格式”菜单中的“字体”命令，弹出“字体”对话框，设置中文字体为“华文行楷”。

③ 修改文本。

a．将光标定位在母版中“单击此处编辑母版副标题样式”的文字中。

b．将字体设置为楷体、加粗、36 磅、湖蓝色、阴影效果。

c．执行“格式”菜单中“行距”命令，弹出“行距”对话框，如图 5.33 所示，设置“行距”为 1，“段前”为 0.5，“段后”为 0.5，单击“确定”按钮。

d．单击母版工具栏中“关闭母版视图”按钮，回到幻灯片编辑窗口。浏览幻灯片，观察各幻灯片中文本的变化是否与母版的设定一致。再次返回母版编辑窗口。

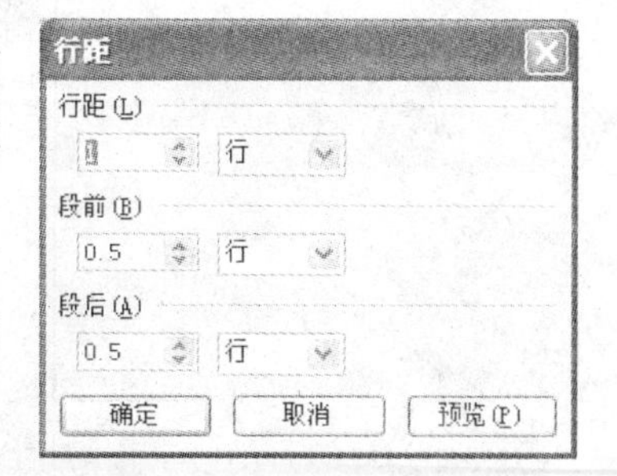

图 5.33　“行距”对话框

④ 插入日期。

a．将光标定位在母版的“日期区”。

b．执行“插入”菜单中的“日期和时间”命令，弹出“页眉和页脚”对话框。选中“固定”单选按钮后在其下面的文本框中输入 2009-5-21，然后选中“自动更新”单选按钮，最后单击“确定”按钮。

⑤ 调整占位符的位置。

a．选中母版中“日期区”占位符，将其拖到母版幻灯片的左上角。

b．单击母版工具栏中“关闭母版视图”按钮，回到幻灯片编辑窗口，浏览幻灯片，观察各幻灯片中文本的变化是否与母版的设定一致。

可以看到，在幻灯片中插入的日期出现在第一张幻灯片的左上角。

三、综合练习

1．母版分为几种，各有什么用途？

2．如何修改幻灯片母版？

3．如何调整幻灯片的版式？

实验五　图 表 操 作

一、实验目的和要求

1．掌握数据表结构的修改。

2．掌握图表类型的设置。

3．掌握图表中数轴的修改。

二、实验内容与指导

在演示文稿中使用图表可以让展示的数据一目了然，更具说服力；组织结构图能使要说明对象的逻辑、从属关系直观地呈现在读者面前，清楚明了、易懂易记。

1．插入图表

下面以地理课“西部大开发”为例，使用 PowerPoint 图表中的直方图来说明近年来东西部发展的差距，使枯燥的数据变得形象，说理清楚而又能激发学生的学习兴趣。

新建演示文稿，插入一张幻灯片，在其中插入表格，操作如下所述。

（1）选择“插入”菜单中的“图表”命令，插入 PowerPoint 系统默认的图表，同时打开图 5.34 所示的与图表对应的“数据表”。

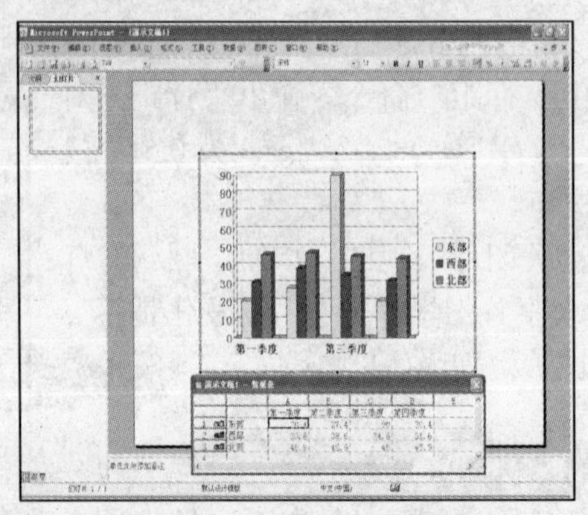

图 5.34　插入 PowerPoint 系统默认的图表

（2）将数据表结构修改成图 5.35 所示的样式，具体步骤如下所述。

① 单击数据表中左边第 1 列中标号为 3 的单元格，选中该行。

② 选择“编辑”菜单中的“删除”命令，删除选中的行。

③ 单击数据表中“第一季度”所在的单元格，选中该单元格，输入 1994 年。

④ 将“第二季度”、“第三季度”、“第四季度”分别改为 1995 年、1996 年、1997 年。

2. 设置图表格式

（1）将图表的背景填充颜色改成图 5.36 所示的效果。

演示文稿1 － 数据表

		A	B	C	D	E
		1994年	1995年	1996年	1997年	
1	东部	20.4	27.4	90	20.4	
2	西部	30.6	38.6	34.6	31.6	
3						
4						

图 5.35　修改数据表结构

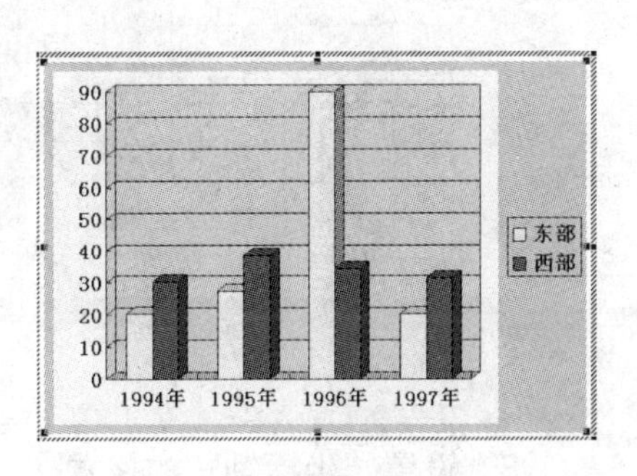

图 5.36　图表的背景填充颜色

（2）如图 5.37 所示，将光标移到背景墙上，右击弹出相应的快捷菜单。

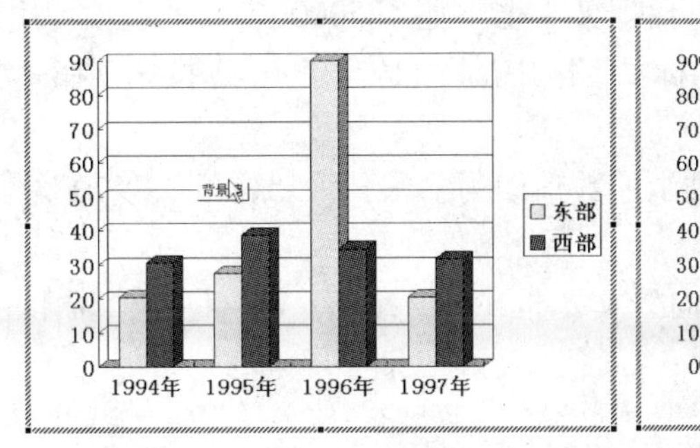

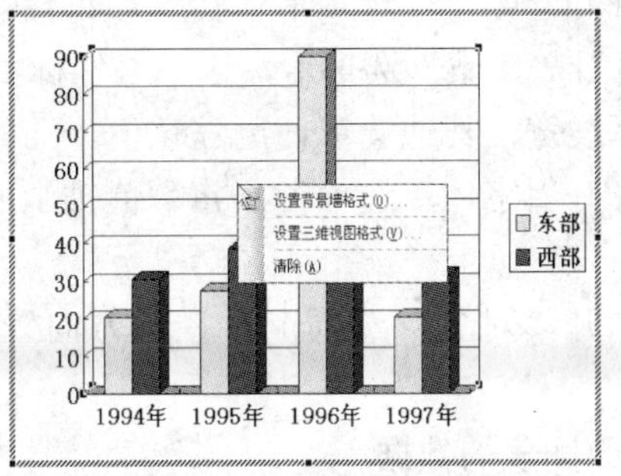

图 5.37　打开与背景相应的快捷菜单

（3）选择“设置背景墙格式”命令，打开图 5.38 所示的“背景墙格式”对话框。

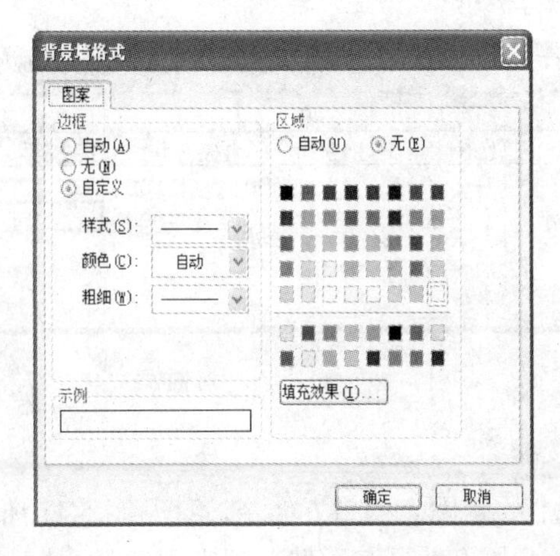

图 5.38　“背景墙格式”对话框

（4）在“图案”选项卡“区域”栏中的填充颜色列表中选择淡蓝色。

（5）分别右击图 5.39 所示的“绘图区”和“图表区域”，打开相关的快捷菜单，参照“背景墙”颜色设置方法，设置合适的颜色。

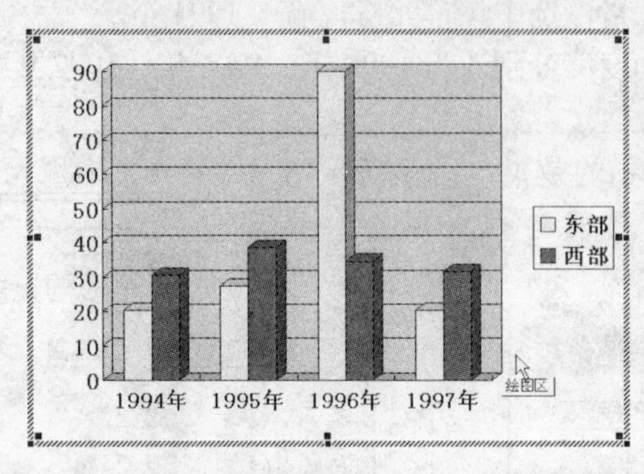

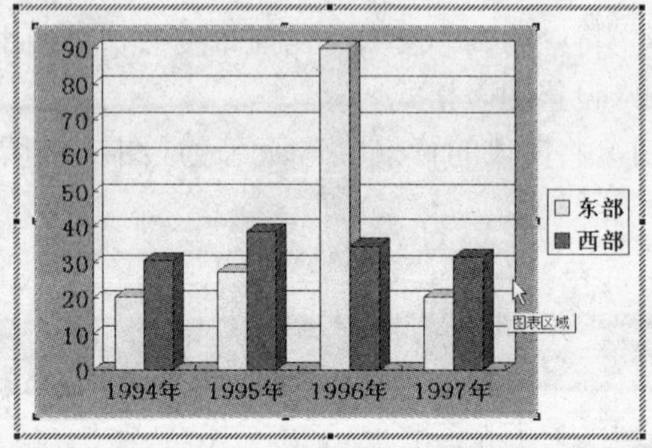

图 5.39　设置“绘图区”和“图表区域”的颜色

3．设置“坐标轴”的格式

（1）将鼠标移到纵轴（也称数值轴）的数字上，右击弹出相应的快捷菜单。

（2）选择快捷菜单中的“设置坐标轴格式”命令，打开“坐标轴格式”对话框。

（3）打开“刻度”选项卡，在“最大值”文本框中输入 50000，其他选项使用默认值。

（4）打开“图案”选项卡，选中“坐标轴”区中的“自定义”单选按钮，在“粗细”下拉列表中选择线宽，其他选项使用默认值。

（5）打开“字体”选项卡，将数值轴上的数值设为“宋体”、“常规”、“20”，其他选项使用默认值。

（6）打开“对齐”选项卡，在“方向”文本框中输入数字 30，将数值轴上的数字倾斜显示。

4．修改图表的数据

（1）选择“视图”→“工具栏”→“常用”命令，打开常用工具栏，单击“查看数据工作表”按钮，打开数据表。

（2）在有关单元格中输入数据，如图 5.40 所示。

演示文稿1 － 数据表

		A	B	C	D	E
		1994年	1995年	1996年	1997年	
1	东部	8000	9500	11000	12000	
2	西部	28000	32000	40000	45500	
3						
4						

图 5.40　输入数据

5．调整图表类型

（1）选择“图表”菜单中的“图表类型”命令，打开图 5.41 所示的“图表类型”对话框。

（2）在“标准类型”选项卡的“图表类型”列表中选择“圆柱图”，在“子图表类型”中选择“柱形圆柱图”，如图 5.42 所示。

图 5.41　“图表类型”对话框

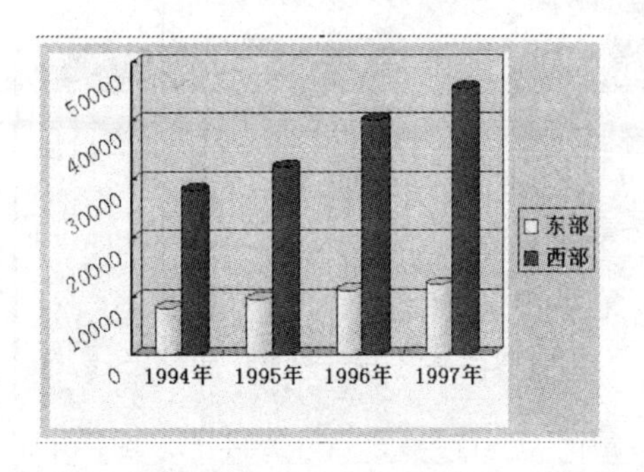

图 5.42　柱形圆柱图

6. 设置图表选项

（1）选择“图表”菜单中的“图表选项”命令，打开图 5.43 所示的“图表选项”对话框。

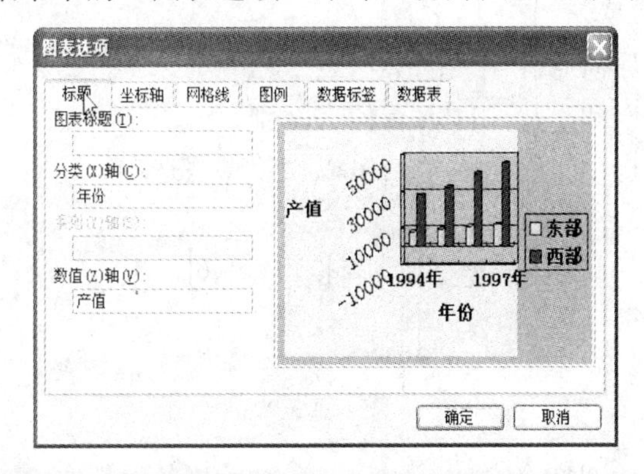

图 5.43　“图表选项”对话框

（2）打开“标题”选项卡，分别在“分类（X）轴”和“数值（Z）轴”文本框中输入“年份”和“产值”。

（3）打开“网格线”选项卡，在图 5.44 所示的“分类（X）轴”栏中选中“主要网格线”复选框。

（4）分别拖动“年份”、“产值”到图 5.45 所示的位置。

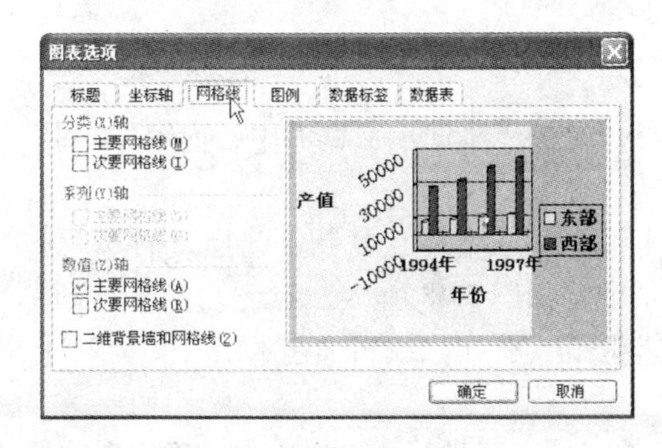

图 5.44　“网格线”选项卡

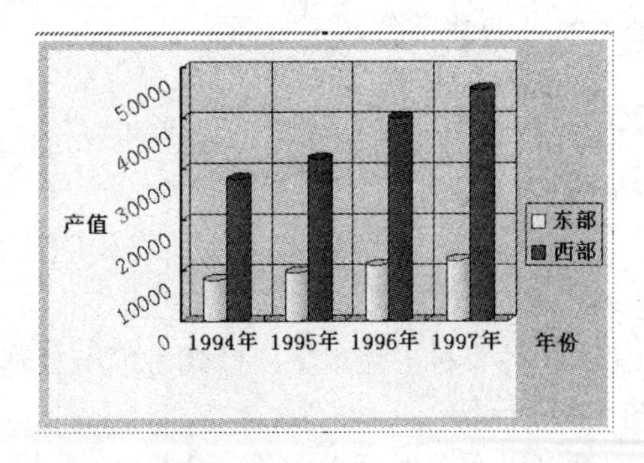

图 5.45　调整“年份”和“产值”的位置

（5）选择“图表”菜单中的“设置三维视图格式”命令，打开图 5.46 所示的“设置三维视图格式”对话框，分别在“上下仰角”和“旋转”文本框中输入 30，其余各项使用默认值，最后的效果图如图 5.47 所示。

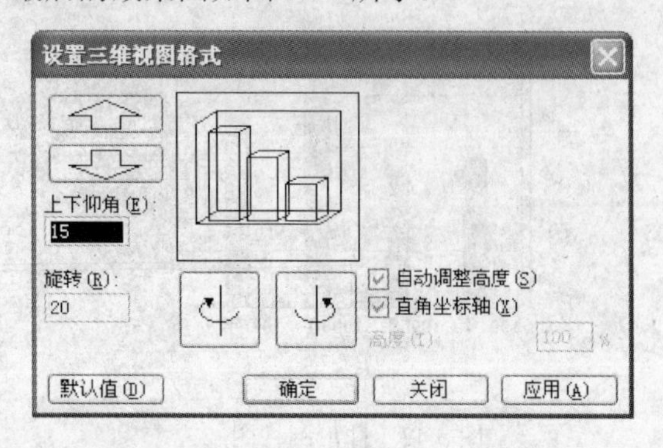

图 5.46 “设置三维视图格式”对话框

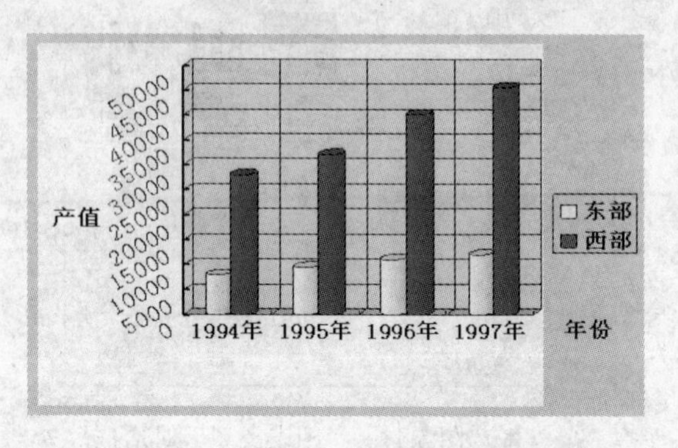

图 5.47 设置图表数轴标题和表格线

三、综合练习

1. 插入图表后，应如何修改图表的数据表？
2. 图表的“图表区”和“绘图区”有什么区别？
3. 在图表的“图表选项”对话框中，可以设置哪些选项？

实验六 插 入 对 象

一、实验目的和要求

1. 掌握图片及艺术字的插入方法。
2. 掌握组织结构图的插入方法。
3. 掌握表格的插入方法。

二、实验内容与指导

除了可以在演示文稿中输入文字外，还可以插入图片及艺术字。在 PowerPoint 2003 中可以直接地绘制出多种样式的表格。另外，PowerPoint 2003 还提供了公式编辑器，可以在幻灯片中插入复杂的数学公式。

1. 插入艺术字

打开要修改的演示文稿，如“讲座.ppt”，首页是关于本演示文稿的中心内容。

（1）用艺术字来制作首页。

① 将文本框中的文字“浅谈现代职业技术教育”选中并且复制，选择“插入”→“图片”→“艺术字”命令，弹出“艺术字库”对话框，如图 5.48 所示。

② 选择一种“艺术字”样式，单击“确定”按钮，弹出“编辑‘艺术字’文字”对话框，如图 5.49 所示。

③ 可以在此对话框中修改文字内容、文字的字体、字号等，然后单击“确定”按钮。

④ 利用弹出的“艺术字”工具栏，设置字形为“双波浪 1”模板，另外调整艺术字的位置和大小，把原有的文本框删除即可。

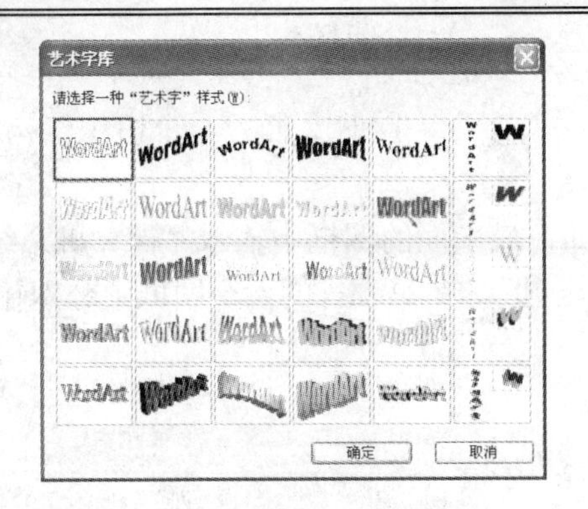

图 5.48　“艺术字库”对话框

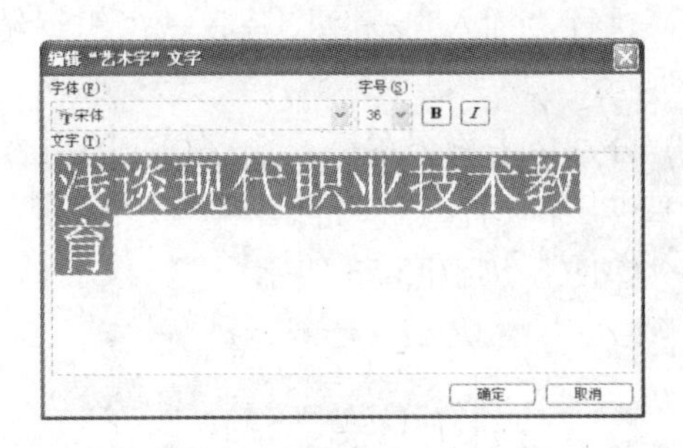

图 5.49　“编辑‘艺术字’文字”对话框

（2）插入新艺术字。

在演示文稿的最后插入一张幻灯片，在其中插入艺术字“谢谢各位光临”。

① 把光标定位在最后一张幻灯片之后，选择“插入”菜单中的“新幻灯片”命令，从中选择“空白”版式。

② 选择“插入”→“图片”→“艺术字”命令，弹出“艺术字库”对话框。

③ 选择一种“艺术字”样式后，输入文字“谢谢各位光临”。

④ 利用“艺术字”工具栏设置合适的模板，并且可以对其进行修饰。

2. 插入图片

照片、图像是制作 PowerPoint 最常用的素材，可以直接将其插入到 PowerPoint 幻灯片上。

（1）打开要修改的演示文稿，如“讲座.ppt”，切换到最后一张幻灯片，为该幻灯片插入一张图片作为一种修饰。

（2）执行“插入”→“图片”→“来自文件”命令，弹出图 5.50 所示的对话框。

（3）选择图片文件所在的文件夹，将光标移到图片文件名上，选择满意的图片，单击“插入”按钮，将图片插入幻灯片，如图 5.51 所示。

图 5.50　“插入图片”对话框

图 5.51　插入图片文件实例

（4）如果需要对插入的图片进行修改，选择“视图”→“工具栏”→“图片”命令，在打开的图片工具栏中选择相应的工具，对图片进行相应的处理。

3. 插入组织结构图

组织结构图由一系列图框和边线组成，可以用来显示一个机构的等级或层次。除了用于描述公司或机构的人事结构之外，其他具有层次特征的事物都可用组织结构图来表示。

PowerPoint 的许多版式中都带有能够容纳组织结构图的占位符，组织结构图是制作演示文稿的重要组成部分。

（1）打开需要插入组织结构图的演示文稿。

（2）执行“插入”→“图片”→“组织结构图”命令，此时会插入一个组织结构图，如图 5.52 所示。

（3）分别单击每个图框，输入相应的内容，如在最上面的图框中输入“计算机系统”。

（4）单击第二行最右边的图框，按 Del 键，将其删除，在第二行的两个图框中分别输入“硬件”和“软件”，如图 5.53 所示。

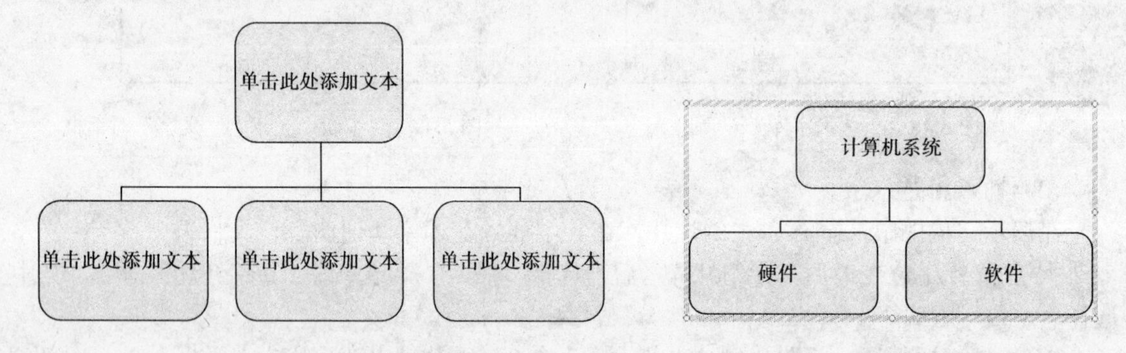

图 5.52　组织结构图的创建界面　　图 5.53　组织结构图的第一层结构

（5）选择“硬件”图框，单击“组织结构图”工具栏中的“插入形状”按钮，选择“下属”命令，即可在“硬件”图框下添加一个下属图框，再次单击“插入形状”按钮，再添加一个下属图框。用同样的方法在“软件”图框下添加下属图框，如图 5.54 所示。

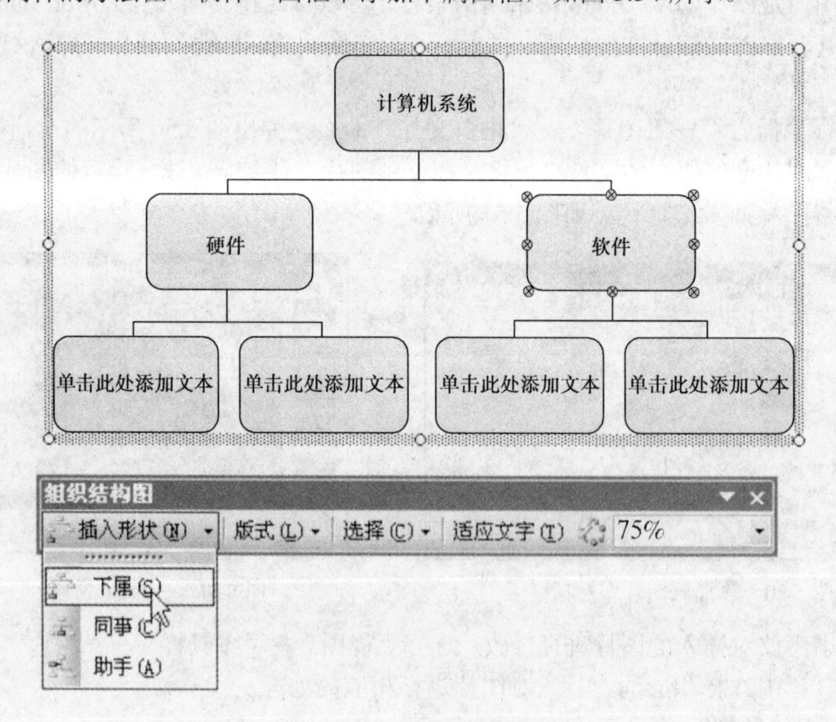

图 5.54　新添加的图框

（6）单击每个图框，分别输入文字，结果如图 5.55 所示。

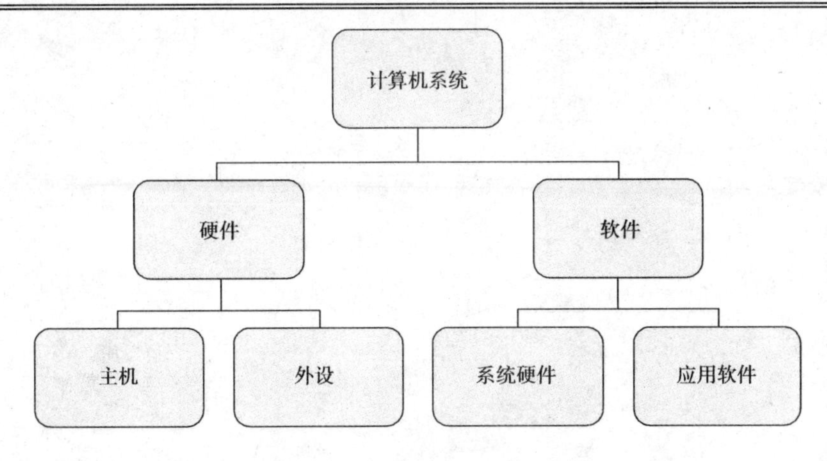

图 5.55　在图框中输入文字

（7）单击“组织结构图”工具栏中的“自动套用格式”按钮，打开图 5.56 所示的“组织结构图样式库”对话框。

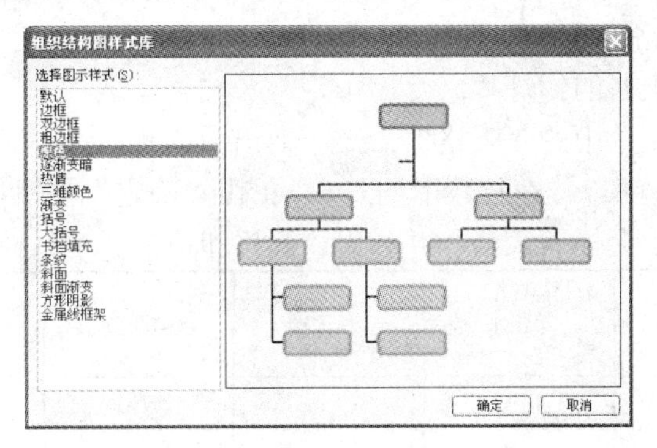

图 5.56　“组织结构图样式库”对话框

（8）在“选择图示样式”列表中选择“原色”，单击“确定”按钮，结果如图 5.57 所示。

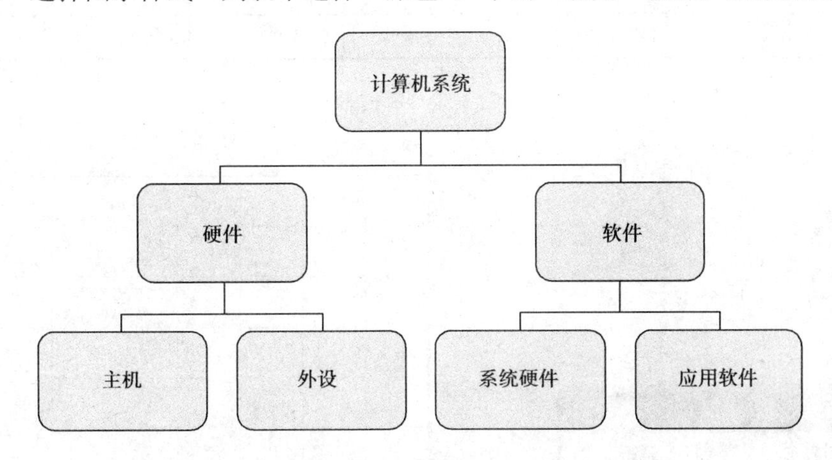

图 5.57　自动套用样式的效果

（9）单击“组织结构图”工具栏中的“版式”按钮，在打开的菜单中选择相应的调整命令，此时组织结构图的周围出现圆形的控制点，用鼠标拖动控制点可调整组织结构图的大小。选定图框中的文字，使用“格式”工具栏对字体、字号、颜色等进行设置，结果如图 5.58 所示。

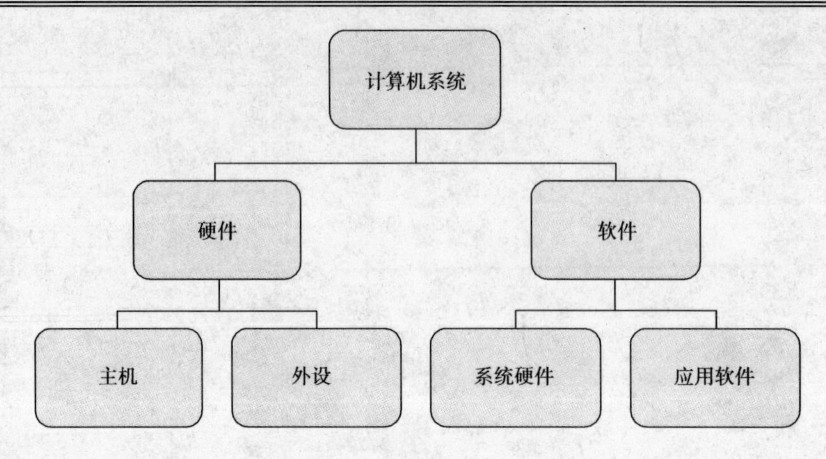

图 5.58　制作好的组织结构图

4. 插入表格

表格能够很简洁、直观地说明问题，PowerPoint 中已具有最常用的表格处理功能。在演示文稿中插入图 5.59 的表格，操作如下所述。

（1）选中需要插入表格的幻灯片。

（2）选择“插入”菜单中的“表格”命令，弹出图 5.60 所示的对话框。

（3）在“列数”中输入 7，在行数中输入 6，单击“确定”按钮。

（4）此时在幻灯片中会插入表格，并弹出“表格和边框”工具栏，如图 5.61 所示。

节数 星期	第一节	第二节	第三节	第四节	第五节	第六节
星期一	数学	语文	英语	政治	体育	自习
星期二	英语	数学	自习	英语	物理	化学
星期三	数学	英语	物理	政治	化学	自习
星期四	语文	政治	化学	物理	自习	自习
星期五	数学	语文	英语	物理	化学	政治

图 5.59　样式表

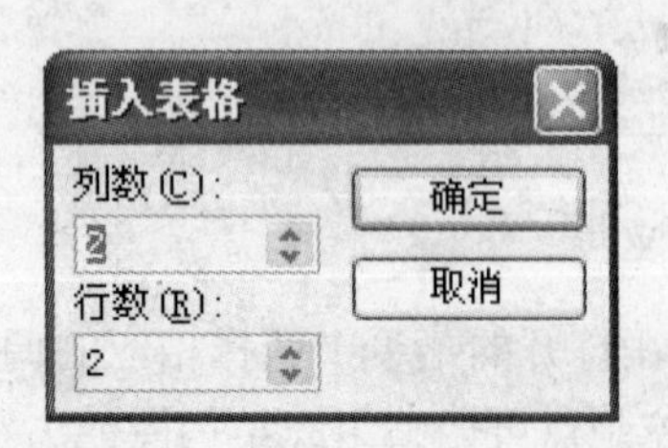

图 5.60　“插入表格”对话框

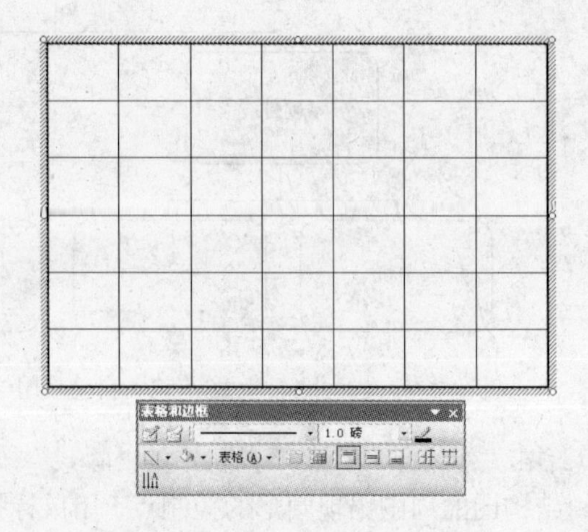

图 5.61　插入 6 行 7 列的表格

（5）在第一行第一列中插入斜线，然后在表格中输入文字即可。

三、综合练习

1．如何在幻灯片中插入艺术字？

2．如何修改组织结构图？

实验七　放映幻灯片

一、实验目的和要求

1．掌握幻灯片的切换效果的设置。

2．掌握动画效果及超链接的设置。

3．掌握幻灯片放映的方法。

二、实验内容与指导

为了提高演示文稿的表现力，可以直接在计算机上播放演示文稿，并且能够利用多媒体技术设置幻灯片的切换效果，从而充分调动观众的兴趣，获得好的演示效果。

1．幻灯片的切换效果

看电视时，常常会看到电视画面按照不同的方式进行切换，例如，中国教育电视台在课间休息时会播放一些精彩的图片，在切换画面时就采用百叶窗、棋盘式、向某个方向擦除等切换效果，以避免重复和单调，这些在 PowerPoint 中很容易实现。

放映一组幻灯片时，会一张一张地更换幻灯片，可以在更换幻灯片时，设置几种切换方式，使幻灯片的放映更有趣，操作步骤如下所述。

（1）打开要设置切换效果的演示文稿。

（2）单击窗口左下角的“幻灯片浏览”视图按钮田切换到幻灯片浏览视图，选定需要设置切换方式的幻灯片，选择“幻灯片放映”菜单下的“幻灯片切换”命令，打开图 5.62 所示的“幻灯片切换”任务窗格。

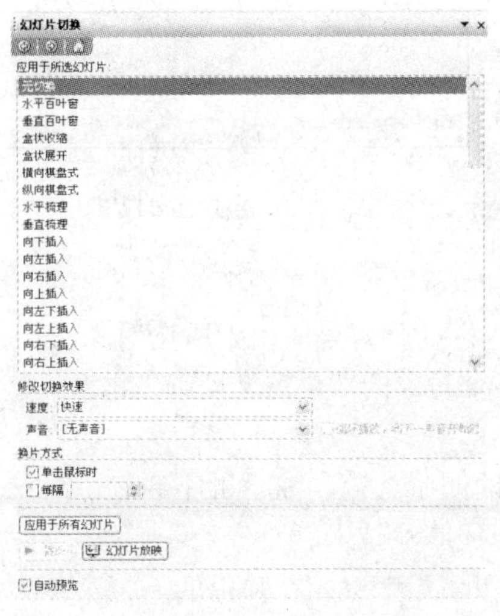

图 5.62　“幻灯片切换”任务窗格

（3）在“幻灯片切换”任务窗格的“应用于所选幻灯片”列表中选择“水平百叶窗”，打开“声音”下拉列表，选择“风铃”，其他选项使用默认值，单击[▶ 播放]按钮，可以预览切换效果。

（4）选择切换速度，速度的选择有 3 种：慢速、中速和快速。

（5）选择换页方式，有两种方式可供选择，单击鼠标换页和每隔几秒自动换页。

如果单击[应用于所有幻灯片]按钮，设定的切换效果则会应用到所有的幻灯片中。

2．设计动画

可以为幻灯片创建各种动画效果，使幻灯片中的文本、图像或其他对象以动画的方式出现，例如，可以使文本从左侧逐字飞入。

（1）为幻灯片中的对象添加动画效果。可以添加预设动画效果的对象包括幻灯片标题、幻灯片主体、文本对象、图形对象、多媒体对象。如果要为幻灯片中的文本和其他对象设置动画效果，可以按照如下的步骤进行。

① 打开要设置动画效果的演示文稿，选择第一张幻灯片。

② 选择“幻灯片放映”→“自定义动画”命令，如图 5.63 所示。

③ 打开“自定义动画”任务窗格，选中标题，作为自定义动画的对象，如图 5.64 所示。

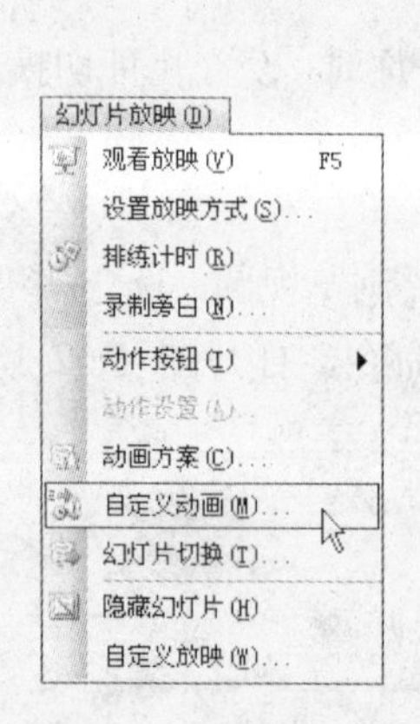

图 5.63　选择“自定义动画”命令

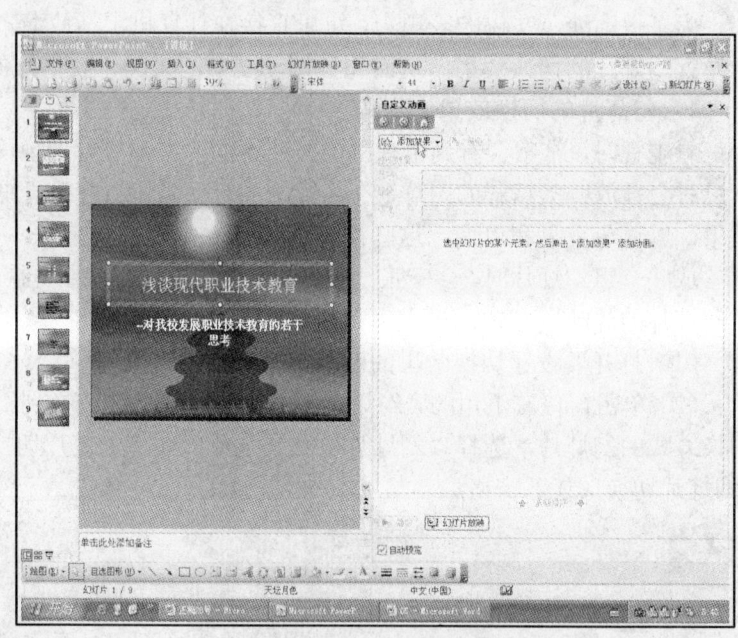

图 5.64　选择“自定义动画”对象

④ 单击“添加效果”按钮[添加效果]，在弹出的下拉菜单中选择“进入”→“飞入”命令，如图 5.65 所示，可以将“飞入”动画效果应用于所选对象。

此外，还可以同时利用多个对象的“自定义动画”组合，制作简单的路径动画，步骤介绍如下。

① 打开要设置动画效果的演示文稿，如“讲座.ppt”，对第一张幻灯片设置路径。选择第一张幻灯片中的标题“浅谈现代职业技术教育”。

② 单击“添加效果”按钮[添加效果]，在弹出的下拉菜单中选择“动作路径”→“绘制自定义路径”→“自由曲线”命令，如图 5.66 所示。

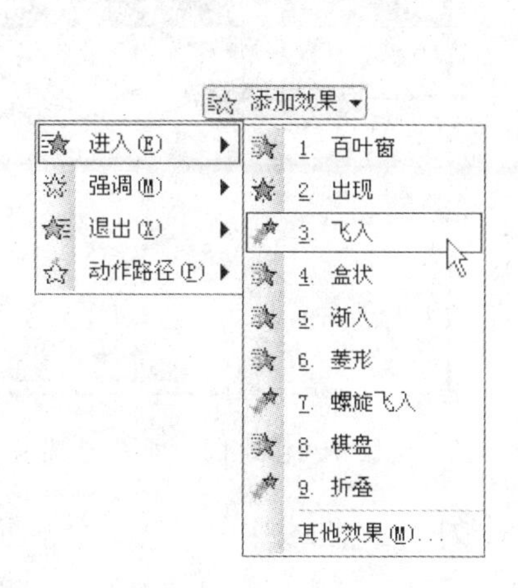

图 5.65　选择“飞入”命令

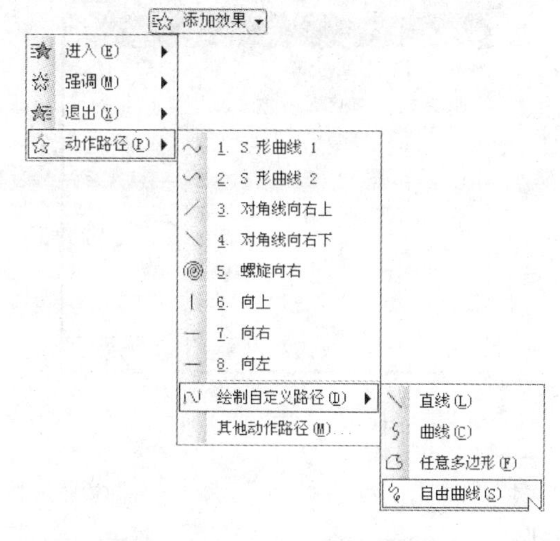

图 5.66　选择“自由曲线”命令

③ 将鼠标指针移动到幻灯片编辑区，按住左键并拖动，可以绘制自由曲线的动作路径，如图 5.67 所示。

（2）动态显示图表中的对象。

图表通常由许多元素组成，可以为这些元素分别设置动画效果。具体方法如下所述。

① 打开要设置效果的演示文稿。

② 选择“幻灯片放映”菜单中的“自定义动画”命令，打开“自定义动画”任务窗格。

③ 选中图表，作为自定义动画的对象。

④ 单击“添加效果”按钮 添加效果，在弹出的下拉菜单中选择“进入”菜单中的“擦除”命令。

⑤ 设置“擦除”动画效果后，在“自定义动画”任务窗格中出现动画项目，单击动画项目右侧的下拉箭头，在弹出的菜单中选择“效果选项”命令，如图 5.68 所示。

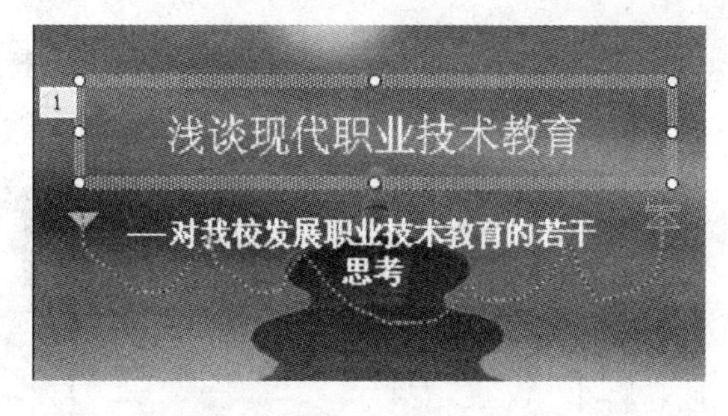

图 5.67　绘制自由曲线动作路径

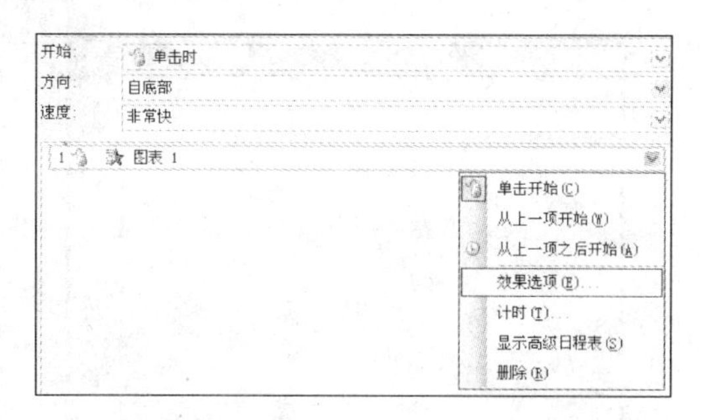

图 5.68　选择“效果选项”命令

⑥ 此时弹出“擦除”对话框，如图 5.69 所示，选择“图表动画”选项卡。

⑦ 在“组合图表”的下拉列表中选择“按类别中的元素”，选中“网格线和图例使用动画”，如图 5.70 所示，单击“确定”按钮。

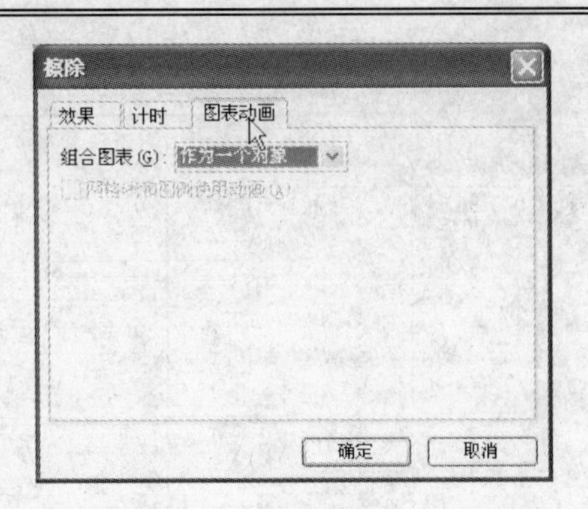

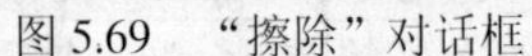

图 5.69　“擦除”对话框

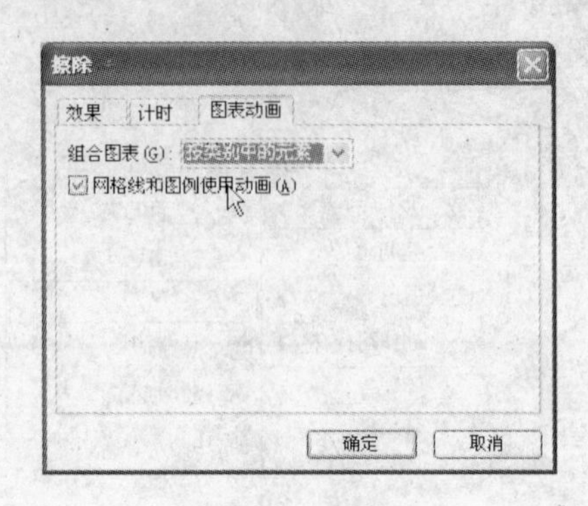

图 5.70　“图表动画”选项卡

把“效果”和“计时”选项卡都设置完毕后，播放图表，图表中的各元素会根据设置逐渐出现。

3. 超链接

使用“超链接”可以从当前放映的幻灯片跳转到不同的幻灯片，而且可以跳转到其他程序，如其他演示文稿、某个可执行程序，甚至是互联网上的某个网站。下面将演示文稿的封面标题文字设置超链接，使得演示文稿播放时，单击封面上的有关文字，可直接跳转到所链接的幻灯片上进行播放。

（1）打开要设置超链接的演示文稿，选择第一张幻灯片为当前编辑的幻灯片，单击幻灯片上的标题文本“浅谈现代职业技术教育”文本框。

（2）选择“幻灯片放映”菜单中的“动作设置”命令，打开图 5.71 所示的“动作设置”对话框。

（3）打开“单击鼠标”选项卡，选中“超链接到”单选按钮，然后单击其下面的下拉列表框，在下拉列表中选择“下一张幻灯片”选项，打开图 5.72 所示的“超链接到幻灯片”对话框。

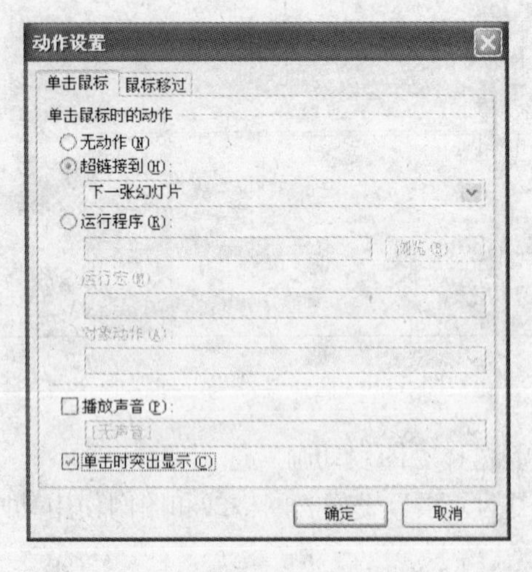

图 5.71　“动作设置”对话框

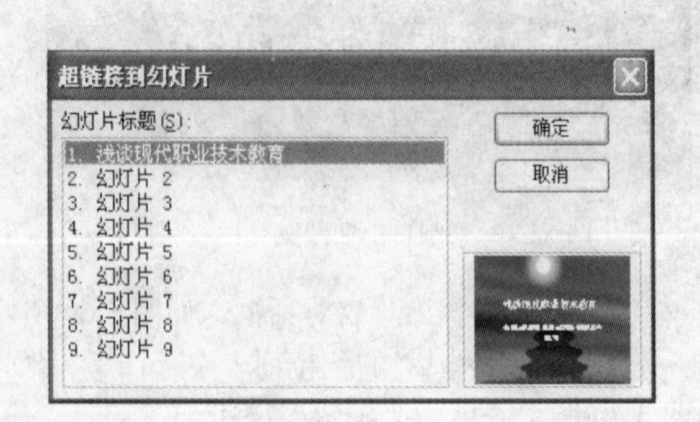

图 5.72　“超链接到幻灯片”对话框

（4）在“幻灯片标题”列表框中选择要链接到的幻灯片，如“幻灯片 2”，单击“确定”按钮，回到“动作设置”对话框，选中“单击时突出显示”复选框，单击“确定”按钮，完成超链接的设置。

4．动作按钮

可以将某个动作按钮添加到幻灯片中，然后定义如何在幻灯片中使用它，如链接到另一张幻灯片或者运行一个程序。

（1）打开要设置动作按钮的演示文稿，插入一张新幻灯片，输入图 5.73 所示的内容。

（2）选择“幻灯片放映”→“动作按钮”→“自定义”命令，如图 5.74 所示。

（3）移动鼠标指针到幻灯片编辑区，按住左键并拖动，可以在幻灯片中创建“自定义”按钮，如图 5.75 所示。

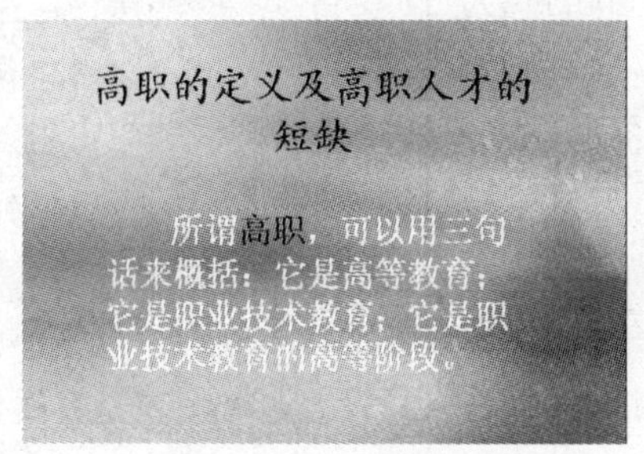

图 5.73　输入内容

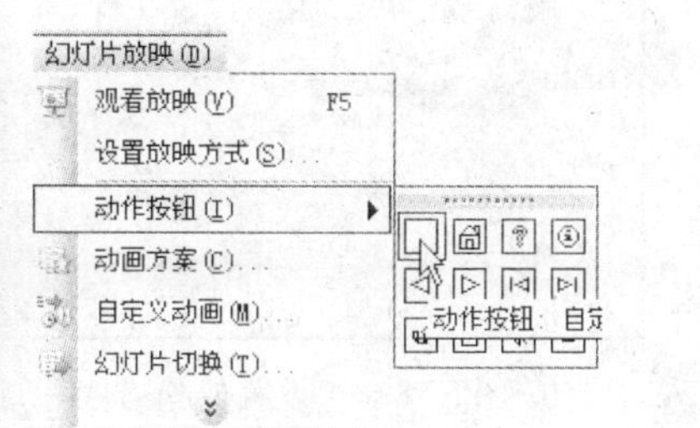

图 5.74　选择“自定义”选项

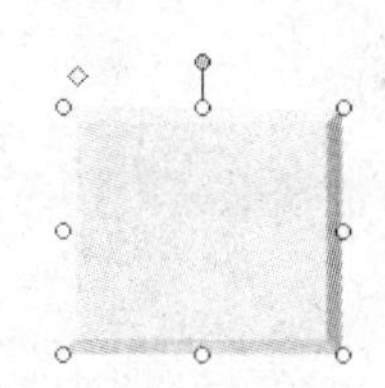

图 5.75　创建“自定义”按钮

（4）同时弹出“动作设置”对话框，在“单击鼠标时的动作”区域，选中“超链接到”单选按钮，单击下方列表框右侧的下拉箭头，在弹出的下拉列表中选择“下一张幻灯片”选项，从中选择第一张幻灯片，如图 5.76 所示。

（5）此时在幻灯片中插入按钮，选中此按钮右击，在弹出的快捷菜单中选择“文本”命令，在弹出的对话框中输入“返回”文本，如图 5.77 所示。

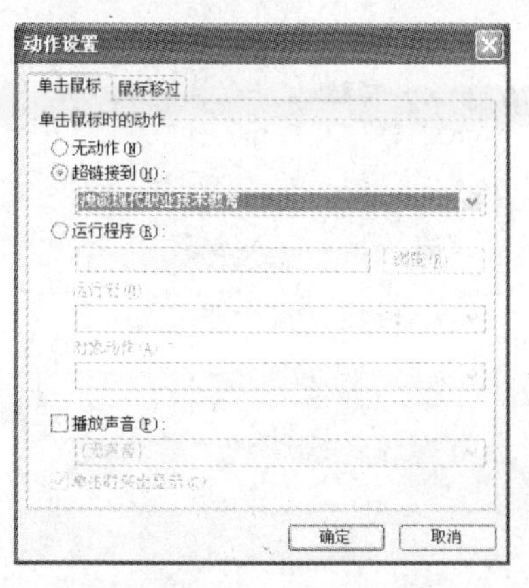

图 5.76　“动作设置”对话框

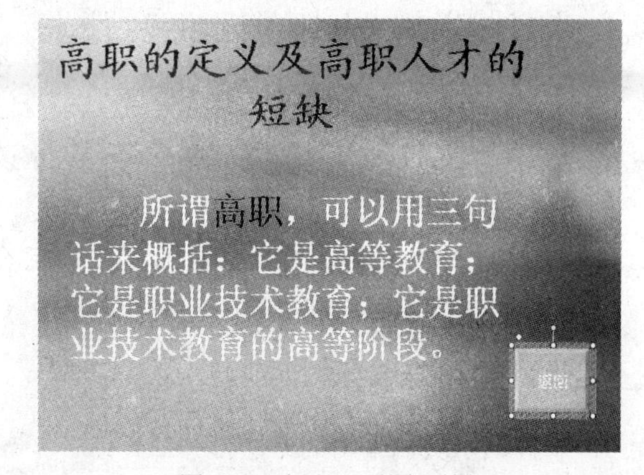

图 5.77　插入“返回”按钮

5．设置幻灯片放映

制作完演示文稿后，可以在计算机上放映演示文稿，当对某些幻灯片的设计不太满意时，可以对幻灯片重新进行加工。按照用户的需要，可以使用 3 种不同的幻灯片放映方式：演讲者放映（全屏幕）、观众自行浏览（窗口）和展台浏览（全屏幕）。

在设计自动运行的演示文稿时，需要考虑播放演示文稿的环境，例如，摊位或展台是否位于无人监视的公共场所，然后决定将哪些组件添加到演示文稿中、提供多少控制给用户以及如何避免误操作等。

设置幻灯片放映方式的操作步骤如下所述。

（1）选择“幻灯片放映”菜单中的“设置放映方式”命令，出现图 5.78 所示的“设置放映方式”对话框。

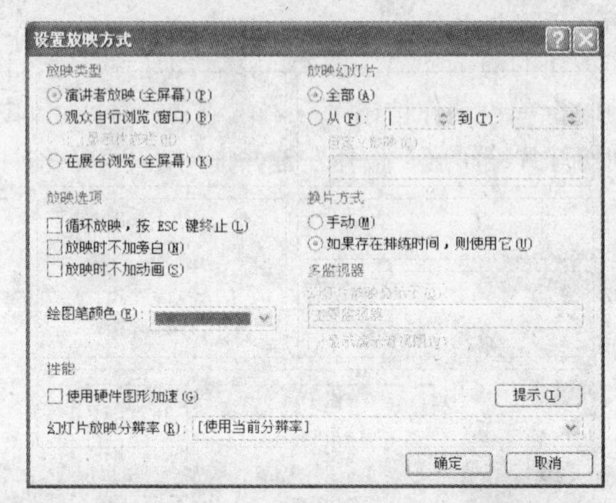

图 5.78　“设置放映方式”对话框

（2）在“放映类型”区中，可以选中“演讲者放映（全屏幕）”、“观众自行浏览（窗口）”或者“在展台浏览（全屏幕）”单选按钮。

（3）如果选中“放映时不加动画”复选框，则在放映幻灯片时，将隐藏为幻灯片的对象所加的动画效果，但并不删除动画效果。

（4）单击“确定”按钮。

三、综合练习

1. 如何设置幻灯片切换的动画效果？
2. 在自定义动画效果中，如何修改幻灯片对象的播放顺序？
3. 如何设置动作按钮的超链接？
4. 自定义放映与演示文稿有何联系和区别？

实验八　综合练习

一、实验目的和要求

1. 掌握演示文稿编辑的方法。
2. 掌握如何对幻灯片进行各种设置。

二、实验内容与指导

打开完成以前实验所建立的演示文稿文件，进行如下操作。

1. 切换幻灯片

将幻灯片的切换方式设置为“垂直百叶窗”、切换速度为“中速”、每隔 5 秒换页、应用范围为全部应用。

其步骤为：打开文件，选择“幻灯片放映”→“幻灯片切换”命令，在弹出对话框的右侧效果下拉列表框中选择“垂直百叶窗”，单击“应用于所有幻灯片”按钮，在“修改切换效果”

中选择速度为“中速”，“每隔”后的文本框中输入 00:05 即可。

2．链接动作按钮和幻灯片

在第 3 张幻灯片右下角插入一个“动作按钮”。

选择样式：自定义、高 2 厘米、宽 3 厘米，添加文字“返回”、隶书、字号 32。

动作设置：链接到第 2 张幻灯片，单击鼠标动作。

操作步骤如下所述。

（1）打开第 3 张幻灯片，选择“幻灯片放映”→“动作按钮”→“自定义”命令，在右下角插入一个“动作按钮”。

（2）选中该按钮后右击，在快捷菜单中选择“设置自选图形格式”命令，在弹出的页面上进行如下设置：高 2 厘米；宽 2 厘米；添加文字“返回”；设置字体为隶书、字号为 32。

（3）右击按钮，选择“动作设置”命令打开对话框，选中“超链接到”单选按钮，在其下面的下拉列表中选择“下一张幻灯片”选项，在弹出的对话框中选择“幻灯片 2”幻灯片，单击“确定”按钮。

3．设置动画

对第 2 张幻灯片进行自定义动画设置。

标题效果：“飞入”、“自左下部”，动画播放后不变暗。

文本效果：“百叶窗”、“垂直”，动画播放后不变暗。

操作步骤如下所述。

（1）选择并打开第 2 张幻灯片，选择“幻灯片放映”→“自定义动画”命令，在打开的任务窗格中分别选中标题和文本。

（2）标题效果：单击“添加效果”按钮，在下拉菜单中选择“进入”→“飞入”命令，在弹出页面中的方向列表框中选择“方向”→“自左下部”命令，在速度列表框的下边选中标题并右击，在下拉列表框中选择“效果选项”→“动画播放后‘不变暗’”。

（3）文本效果：单击“添加效果”按钮，选择“进入”→“百叶窗”命令，在打开的页面中的方向列表框中选择“方向”→“垂直”，在速度列表框的下边选中文本并右击，在下拉列表框中选择“效果选项”→“动画播放后‘不变暗’”。

4．保存演示文稿

最后将此演示文稿以 lianxi.ppt 文件名另存到 PowerPoint 文件夹中。选择“文件”→“另存为”命令，选择文件的保存位置，输入文件名称 lianxi.ppt，单击“保存”按钮，退出 PowerPoint 应用程序。

三、综合练习

1．有哪些方法可以设置幻灯片的超链接？

2．如何精确控制幻灯片的放映时间？

练　习　题

一、单项选择题

1．在 PowerPoint 中，（　　）可切换到幻灯片母版中。

A．单击视图菜单中的“母版”，再选择“幻灯片母版”

B．按住 Alt 键的同时单击“幻灯片视图”按钮

C．按住 Ctrl 键的同时单击“幻灯片视图”按钮

D．A 和 C 都对

2．PowerPoint 中，在（　　）视图中用户可以看到画面变成上下两半，上面是幻灯片，下面是文本框，可以记录演讲者讲演时所需的一些提示重点。

A．备注页视图　　B．浏览视图　　C．幻灯片视图　　D．黑白视图

3．PowerPoint 中，有关幻灯片母版中的页眉/页脚下列说法中错误的是（　　）。

A．不能设置页眉和页脚的文本格式

B．典型的页眉/页脚内容是日期、时间以及幻灯片编号

C．在打印演示文稿的幻灯片时，页眉/页脚的内容也可打印出来

D．页眉或页脚是加在演示文稿中的注释性内容

4．PowerPoint 中，在（　　）视图中可以定位到某特定的幻灯片。

A．备注页视图　　B．浏览视图　　C．放映视图　　D．黑白视图

5．PowerPoint 演示文档的扩展名是（　　）。

A．.ppt　　B．.pwt　　C．.xsl　　D．.doc

6．在 PowerPoint 中，有关设计模板下列说法错误的是（　　）。

A．它是控制演示文稿统一外观最有力、最快捷的一种方法

B．它是通用于各种演示文稿的模型，可直接应用于用户的演示文稿

C．用户不可以修改

D．模板有两种：设计模板和内容模板

7．在 PowerPoint 中，下列说法错误的是（　　）。

A．将图片插入到幻灯片中后，用户可以对这些图片进行必要的操作

B．利用“图片”工具栏中的工具可裁剪图片、添加边框和调整图片亮度及对比度

C．选择视图菜单中的“工具栏”，再从中选择“图片”命令可以显示“图片”工具栏

D．对图片进行修改后不能再恢复原状

8．在 PowerPoint 中，下列说法错误的是（　　）。

A．可以动态显示文本和对象

B．可以更改动画对象的出现顺序

C．图表中的元素不可以设置动画效果

D．可以设置幻灯片切换效果

9．在 PowerPoint 中，有关复制幻灯片的说法错误的是（　　）。

A．可以在演示文稿中使用幻灯片副本

B．可以使用“复制”和“粘贴”命令

C．选定幻灯片后选择“插入”菜单中的“幻灯片副本”命令

D．可以在浏览视图中按住 Shift 键，并拖动幻灯片

10．在 PowerPoint 中，下列有关嵌入的说法错误的是（　　）。

A．嵌入的对象不链接源文件

B．如果更新源文件，嵌入到幻灯片中的对象并不改变

C．用户可以双击一个嵌入对象来打开对象对应的应用程序，以便编辑和更新对象

D．当双击嵌入对象并对其编辑完毕后，要返回到 PowerPoint 演示文稿中时，则需重

新启动 PowerPoint

11. 在 PowerPoint 中，有关人工设置放映时间的说法错误的是（　　）。
A．只有单击鼠标时换页
B．可以设置在单击鼠标时换页
C．可以设置每隔一段时间自动换页
D．B、C 两种方法可以换页

12. 在 PowerPoint 中，下列说法错误的是（　　）。
A．可以将演示文稿转换成 Word 文档
B．可以将演示文稿发送到 Word 中作为大纲
C．要将演示文稿转换成 Word 文档，需选择“文件”菜单中的“发送”命令，再选择 Microsoft Word 命令
D．要将演示文稿转换成 Word 文档，需选择“编辑”菜单中的“对象”命令，再选择 Microsoft Word 命令

13. 在 PowerPoint 中，下列说法错误的是（　　）。
A．可以打开存放在本机硬盘上的演示文稿
B．可以打开存放在可连接的网络驱动器上的演示文稿
C．不能通过 UNC 地址打开网络上的演示文稿
D．可以打开 Internet 上的演示文稿

14. 在 PowerPoint 中，下列说法错误的是（　　）。
A．可以打开 Internet 上的演示文稿
B．可以打开 FTP 站点中的演示文稿
C．不可以将演示文稿保存到 FTP 站点上
D．PowerPoint 中的 Web 工具栏可以让用户浏览演示文稿和其他包含超链接的 Office 文档

15. 在 PowerPoint 中，启动幻灯片放映的方法错误的是（　　）。
A．单击演示文稿窗口左下角的“幻灯片放映”按钮
B．选择“幻灯片放映”菜单中的“观看放映”命令
C．选择“幻灯片放映”菜单中的“幻灯片放映”命令
D．直接按 F6 键，即可放映演示文稿

16. 在 PowerPoint 中，下列有关运行和控制放映方式的说法中错误的是（　　）。
A．用户可以根据需要，使用 3 种不同的方式运行幻灯片放映
B．要选择放映方式，请单击“幻灯片放映”菜单中的“设置放映方式”命令
C．3 种放映方式为：演讲者放映（窗口）、观众自行浏览（窗口）、在展台浏览（全屏幕）
D．对于演讲者放映方式，演讲者具有完整的控制权

17. 在 PowerPoint 中，在（　　）视图中可以精确设置幻灯片的格式。
A．备注页视图　　B．浏览视图　　C．幻灯片视图　　D．黑白视图

18. 在 PowerPoint 中，为了使所有幻灯片具有一致的外观，可以使用母版，用户可进入的母版视图有幻灯片母版、标题母版、（　　）。
A．备注母版　　B．讲义母版　　C．普通母版　　D．A 和 B 都对

19. 在 PowerPoint 中，“格式”下拉菜单中的（　　）命令可以用来改变某一幻灯片的布局。
A. 背景　B. 幻灯片版面设置
C. 幻灯片配色方案　D. 字体

20. 在 PowerPoint 中，下列有关在应用程序间复制数据的说法错误的是（　　）。
A. 只能使用复制和粘贴的方法来实现信息共享
B. 可以将幻灯片复制到 Word 中
C. 可以将幻灯片移动到 Excel 工作簿中
D. 可以将幻灯片拖动到 Word 中

21. 在 PowerPoint 中，有关备注母版的说法错误的是（　　）。
A. 备注的最主要功能是进一步提示某张幻灯片的内容
B. 要进入备注母版，可以选择视图菜单的母版命令，再选择“备注母版”
C. 备注母版的页面共有 5 个设置：页眉区、页脚区、日期区、幻灯片缩图和数字区
D. 备注母版的下方是备注文本区，可以像在幻灯片母版中那样设置其格式

22. PowerPoint 的演示文稿具有幻灯片、幻灯片浏览、备注、幻灯片放映和（　　）5 种视图。
A. 普通　B. 大纲　C. 页面　D. 联机版式

23. 在 PowerPoint 中，有关幻灯片背景下列说法错误的是（　　）。
A. 用户可以为幻灯片设置不同的颜色、阴影、图案或纹理的背景
B. 可以使用图片作为幻灯片背景
C. 可以为单张幻灯片进行背景设置
D. 不可以同时为多张幻灯片设置背景

24. 在 PowerPoint 演示文稿中，将某张幻灯片版式更改为“垂直排列文本”，应选择的菜单是（　　）。
A. 视图　B. 插入　C. 格式　D. 幻灯片放映

25. 在 PowerPoint 中，有关选定幻灯片的说法错误的是（　　）。
A. 在浏览视图中单击幻灯片即可选定
B. 如果要选定多张不连续的幻灯片，在浏览视图中按 Ctrl 键并单击各张幻灯片
C. 如果要选定多张连续的幻灯片，在浏览视图中，按住 Shift 键并单击最后要选定的幻灯片
D. 在幻灯片视图中，也可以选定多个幻灯片

26. 在 PowerPoint 中，下列有关链接与嵌入的说法错误的是（　　）。
A. 对于链接对象，其对象仍然存储在源文件中，目标文件中仅存储对象的位置
B. 对于链接对象，当源文件发生变化时，链接的对象不会更新
C. 对于嵌入对象，其对象是目标的一部分
D. 对于嵌入对象，当源文件发生变化时，嵌入的对象将会更新

27. 在 PowerPoint 中，关于在幻灯片中插入多媒体内容的说法错误的是（　　）。
A. 可以插入声音（如掌声）　B. 可以插入音乐（如 CD 乐曲）
C. 可以插入影片　D. 放映时只能自动放映，不能手动放映

28. 在 PowerPoint 中，下列有关嵌入对象的说法错误的是（　　）。
A. 在演示文稿中可以新建嵌入对象，也可以嵌入一个文件

B．只能在幻灯片视图中新建嵌入对象

C．要嵌入对象，应选择“插入”菜单中的“对象”命令

D．新建嵌入对象时，单击“插入对象”对话框中的“新建”命令

29. 在 PowerPoint 中，要为幻灯片中的文本和对象设置动态效果，下列步骤中错误的是（　　）。

A．在浏览视图中，单击要设置动态效果的幻灯片

B．选择“幻灯片放映”菜单中的“自定义动画”命令，单击“顺序和时间”标签

C．选择要动态显示的文本或者对象，在启动动画中选择激活动画的方法

D．要设置动画效果，单击“效果”标签

30. 在 PowerPoint 中，下列有关链接的说法错误的是（　　）。

A．若要在源应用程序中编辑对象，则需启动源应用程序，并且打开含有要编辑对象的源文件

B．若要在目标文件中编辑链接对象，需在目标文件中双击要编辑的链接对象，将会启动源应用程序，并且打开源文件

C．如果双击链接对象时，没有启动源应用程序，请选择“编辑”菜单中的“链接”命令

D．当打开包含链接对象的演示文稿时，链接对象会自动更新，人为不能控制是否更新

31. 在 PowerPoint 中，要设置幻灯片切换效果，下列步骤中错误的是（　　）。

A．选择“视图”菜单中的“幻灯片浏览”命令，切换到浏览视图中

B．选择要添加切换效果的幻灯片

C．选择编辑菜单中的“幻灯片切换”命令

D．在“效果”区的列表框中选择需要的切换效果

32. 在 PowerPoint 中，下列说法错误的是（　　）。

A．可以在浏览视图中更改某张幻灯片上动画对象的出现顺序

B．可以在普通视图中设置动态显示文本和对象

C．可以在浏览视图中设置幻灯片切换效果

D．可以在普通视图中设置幻灯片切换效果

33. 在 PowerPoint 中，有关排练计时的说法错误的是（　　）。

A．可以首先放映演示文稿，进行相应演示操作，同时记录幻灯片之间切换的时间间隔

B．要使用排练计时，请选择“幻灯片放映”菜单中的“排练计时”命令

C．系统以窗口方式播放

D．如果对当前幻灯片的播放时间不满意，可以单击“重复”按钮

34. 在 PowerPoint 中，当在万维网上处理一篇包含超级链接的文档时，在打开期间该文档可能又被其作者所修改。单击 Web 工具栏中的（　　）按钮，将根据网络服务器、Internet 或硬盘上的原文档对打开的文档进行更新。

A．返回　　B．刷新当前页　　C．开始页　　D．向前

35. 在 PowerPoint 中，在浏览视图中按住 Ctrl 键并拖动某幻灯片，可以完成（　　）操作。

A．移动幻灯片　　B．复制幻灯片　　C．删除幻灯片　　D．选定幻灯片

36. 在 PowerPoint 中，普通视图包含 3 个窗口，下列选项中（　　）窗口不可以对幻灯片进行移动操作。

A．大纲窗口　　B．幻灯片窗口　　C．备注窗口　　D．放映窗口

37．在 PowerPoint 中，在（　　）视图中不可以进行插入新幻灯片的操作。

A．大纲　　B．幻灯片　　C．备注页　　D．放映

38．在 PowerPoint 中，有关删除幻灯片的说法错误的是（　　）。

A．选定幻灯片，单击“编辑”菜单中的“删除幻灯片”

B．如果要删除多张幻灯片，请切换到幻灯片浏览视图。按住 Ctrl 键并单击各张幻灯片，然后单击“删除幻灯片”

C．如果要删除多张不连续的幻灯片，请切换到幻灯片浏览视图。按下 Shift 键并单击各张幻灯片，然后单击“删除幻灯片”

D．在大纲视图中单击选定幻灯片，按 Del 键

39．在 PowerPoint 中，关于在幻灯片中插入组织结构图的说法错误的是（　　）。

A．只能利用自动版式建立含组织结构图的幻灯片

B．可以通过插入菜单的“图片”命令插入组织结构图

C．可以向组织结构图中输入文本

D．可以编辑组织结构图

40．在 PowerPoint 中，下列说法错误的是（　　）。

A．剪贴画和其他图形对象一样，都是多个图形对象的组合对象

B．可以取消剪贴画的组合，再对局部图形进行修改

C．取消剪贴画的组合，需单击绘图工具栏中的“绘图”，再单击“取消组合”命令

D．取消剪贴画的组合，可选定图片后右击，选择组合中的“取消组合”命令

二、填空题

1．在一个演示文稿放映过程中，终止放映需要按键盘上的________键。

2．一个幻灯片中包含的文字、图形、图片等称为________。

3．能规范一套幻灯片的背景、图像、色彩搭配的是________。

4．在 PowerPoint 中提供了模板文档，其扩展名为________。

5．打印演示文稿时，在一页纸上能包括几张幻灯片缩图的打印内容称为________。

6．仅显示演示文稿的文本内容，不显示图形、图像、图表等对象，应选择________视图方式。

7．演示文稿中的每一张幻灯片由若干________组成。

8．在一个演示文稿中________（能、不能）同时使用不同的模板。

9．创建新的幻灯片时出现的虚线框称为________。

10．在 PowerPoint 2003 中，为每张幻灯片设置放映时的切换方式，应使用“幻灯片放映”菜单中的________命令。

第 6 章　计算机网络实验指导

实验一　Windows XP 的网络设置与网络资源共享

一、实验目的和要求

1．掌握 Windows XP 中 TCP/IP 协议参数配置的方法。

2．掌握测试网络连通性并创建拨号连接的方法。

3．掌握通过“网上邻居”查看共享资源的方法。

4．了解共享打印机的设置方法。

二、实验内容与指导

1．设置 IP 地址、子网掩码等基本参数

（1）在桌面上双击“网上邻居”，单击“网络任务”窗格中的“查看网络连接”，或者右击“网上邻居”，在弹出的快捷菜单中执行“属性”命令。

（2）双击“本地连接”，打开“本地连接状态”对话框，单击“属性”按钮，或者右击“本地连接”，在弹出的快捷菜单中执行“属性”命令，打开“本地连接属性”对话框，如图 6.1 所示。

（3）双击“Internet 协议（TCP/IP）”选项，在弹出的对话框中选中“使用下面的 IP 地址”选项组，依次输入“IP 地址”，如 172.18.52.59（注意：每台计算机的 IP 地址应该都不相同）；“子网掩码”如 255.255.255.128；“默认网关”如 172.18.52.1 以及 DNS 服务器地址，如 202.103.0.117，如图 6.2 所示，最后单击“确定”按钮完成设置。

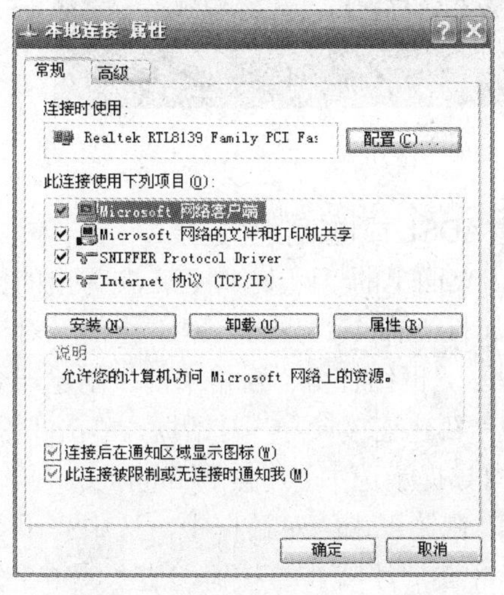

图 6.1　“本地连接属性”对话框

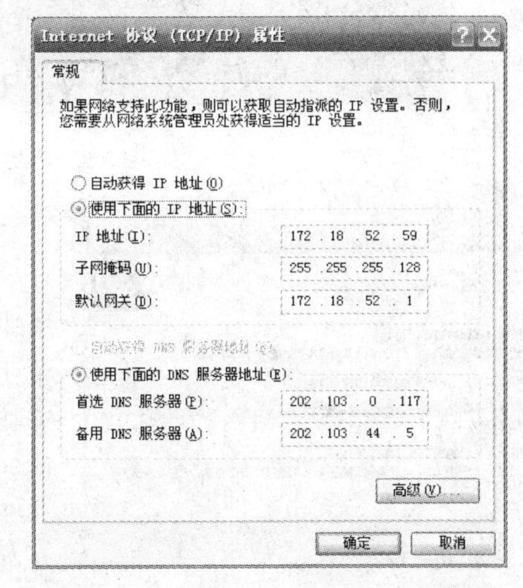

图 6.2　“Internet 协议（TCP/IP）属性”对话框

2．测试网络连通性

在 Windows XP 中，单击“开始”→“运行”命令，在打开的命令行中输入“cmd”，单击“确定”按钮，将出现命令提示符界面，输入命令：“ping 主机/IP 地址/网站域名”，如 ping www.163.com，按 Enter 键确定。如果能从所 ping 的机器获得回应，则表示该台机器参数设置成功，如图 6.3 所示。

如果出现图 6.4 所示的提示，则需要重新检查参数设置或硬件配置，直到 ping 成功为止。

```
选定 命令提示符

C:\Documents and Settings\xujj>ping www.163.com

Pinging www.cache.gslb.netease.com [220.181.28.51] with 32 bytes of data:

Reply from 220.181.28.51: bytes=32 time=8ms TTL=47
Reply from 220.181.28.51: bytes=32 time=6ms TTL=47
Reply from 220.181.28.51: bytes=32 time=7ms TTL=47
Reply from 220.181.28.51: bytes=32 time=7ms TTL=47

Ping statistics for 220.181.28.51:
    Packets: Sent = 4, Received = 4, Lost = 0 (0% loss),
Approximate round trip times in milli-seconds:
    Minimum = 6ms, Maximum = 8ms, Average = 7ms

C:\Documents and Settings\xujj>_
```

图 6.3　ping 命令显示联网成功

```
C:\WINDOWS\system32\cmd.exe
Microsoft Windows XP [版本 5.1.2600]
(C) 版权所有 1985-2001 Microsoft Corp.

C:\Documents and Settings\Administrator>ping www.163.com

Pinging www.cache.split.netease.com [220.181.28.51] with 32 bytes of data:

Request timed out.
Request timed out.
Request timed out.
Request timed out.

Ping statistics for 220.181.28.51:
    Packets: Sent = 4, Received = 0, Lost = 4 (100% loss),

C:\Documents and Settings\Administrator>_
```

图 6.4　ping 命令显示联网不成功

3. 创建 ADSL 或电话拨号连接

(1) 右击桌面上的“网上邻居”，在弹出的快捷菜单中执行“属性”命令，弹出“网络连接”对话框。单击该对话框 “网络任务”窗格中的“创建一个新的连接”，出现“新建连接向导”对话框。单击“下一步”按钮，根据向导提示选中“连接到 Internet”，单击“下一步”按钮，在接下来的对话框中，选中“手工设置我的连接”，单击“下一步”按钮，进入图 6.5 所示的界面。

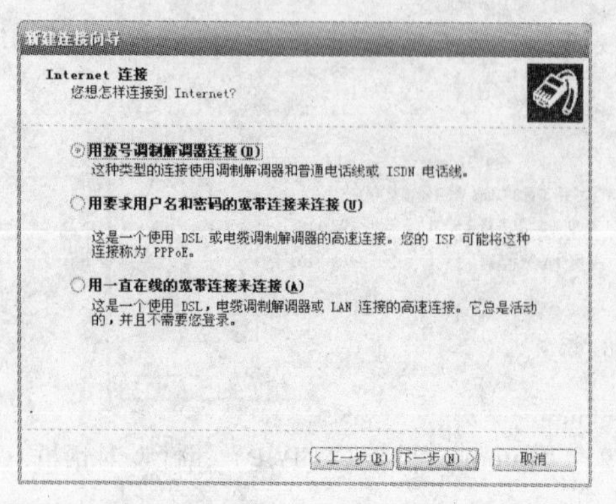

图 6.5　“新建连接向导”对话框

(2) 若选中“用拨号调制解调器连接”，可创建电话拨号，根据提示输入 ISP 的名称（如 163）、电话号码（如 16300）以及用户名和密码。若选中“用要求用户名和密码的宽带连接来连接”，可创建 ADSL 拨号。根据提示输入 ISP 名称（如电信宽带），如图 6.6 所示；输入用户名和密码，如图 6.7 所示（也可以跳过不填，留到连接拨号的时候再输入），单击“下一步”按钮。

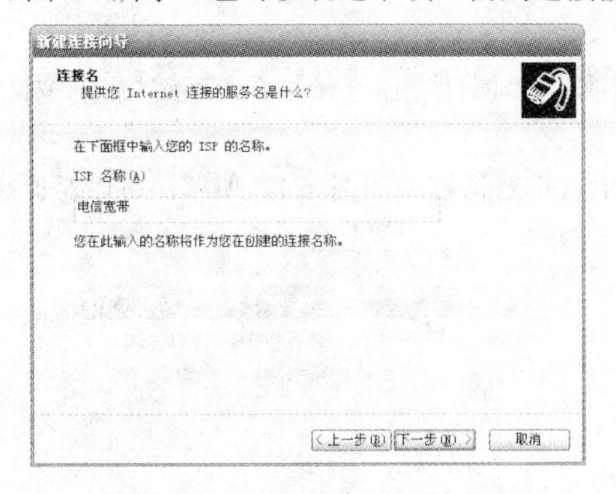

图 6.6　提示输入 ISP 名称

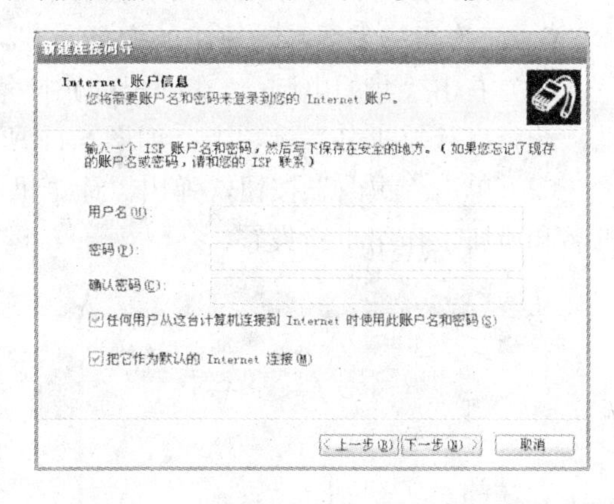

图 6.7　提示输入用户名及密码

（3）单击“完成”按钮创建连接，出现登录界面，如图 6.8 所示，直接输入用户名和密码，单击“连接”接入 Internet。如果要将本机设置成上网代理，使整个局域网内的用户都可以通过该机连接到 Internet，则继续进行以下的设置。

（4）单击登录界面中的“属性”按钮，在弹出的“属性”对话框中选择“高级”选项卡，选中“允许其他网络用户通过此计算机的 Internet 连接来连接”，如图 6.9 所示，单击“确定”按钮完成设置。这样与该机相连的整个局域网上的用户都可以共享并连接到 Internet。

4．连接上网

右击“网上邻居”，在弹出的快捷菜单中选择“属性”命令，在弹出的对话框中双击设置好的连接，如“电信宽带”，根据提示输入用户名和密码，即可连接上网。

图 6.8　连接登录界面

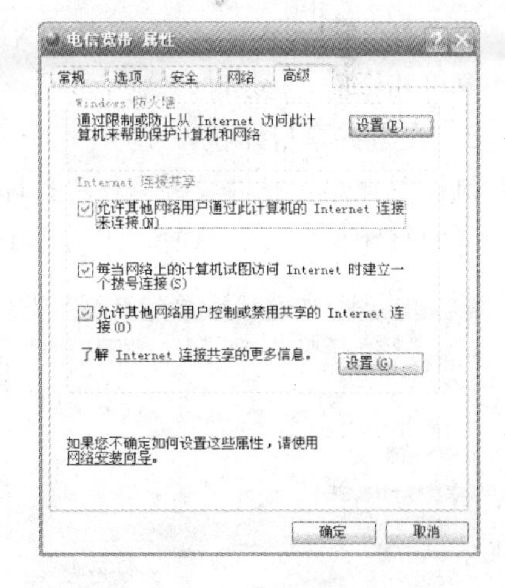

图 6.9　“Internet 属性设置”对话框

5．设置一个共享文件夹

打开“我的电脑”，找到需要共享的文件夹，如 F 盘的“下载硕博论文”文件夹，右击该文件夹，在弹出的快捷菜单中选择“属性”命令，打开属性对话框，如图 6.10 所示，单击“共享”选项卡，选中“共享此文件夹”复选框，这时“共享名”文本框变为可用状态，可以在“共享名”文本框中更改该共享文件夹的名称。在该对话框中单击“权限”按钮，在弹出的“权限”

对话框中可以设置用户对该共享文件夹的访问权限。

使用同样的方法可以设置共享驱动器，如将“DVD 驱动器”设置为共享。

6．工作组的设置和计算机的命名

（1）右击“我的电脑”，在弹出的快捷菜单中执行“属性”命令，打开“系统属性”对话框，选择“计算机名”选项卡，如图 6.11 所示。

（2）单击“更改”按钮，弹出“计算机名称更改”对话框，如图 6.12 所示，可以对计算机名和所属工作组重新设置。

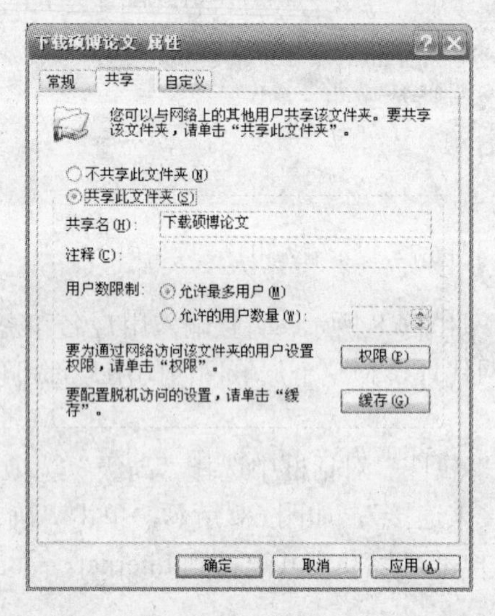

图 6.10　文件夹“属性”对话框的“共享”选项卡

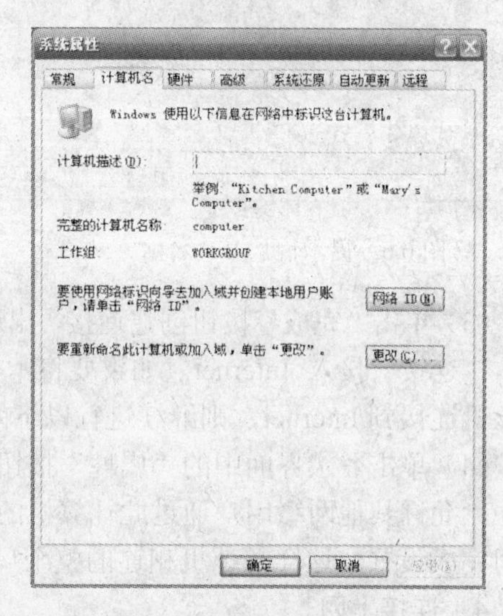

图 6.11　“系统属性”对话框的“计算机名”选项卡

7．查看、使用共享资源

双击打开“网上邻居”，单击“网络任务”窗格中的“查看工作组计算机”，显示工作组内的计算机和资源，双击打开含有共享资源的计算机，即可使用共享资源。

8．设置共享打印机

执行“开始”→“设置”→“打印机和传真”命令，弹出“打印机和传真”对话框，右击要共享的打印机图标，选择“共享”选项卡后进行设置，如图 6.13 所示。

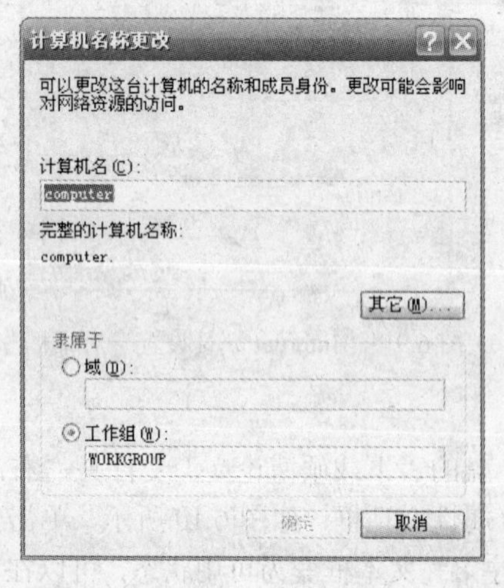

图 6.12　“计算机名称更改”对话框

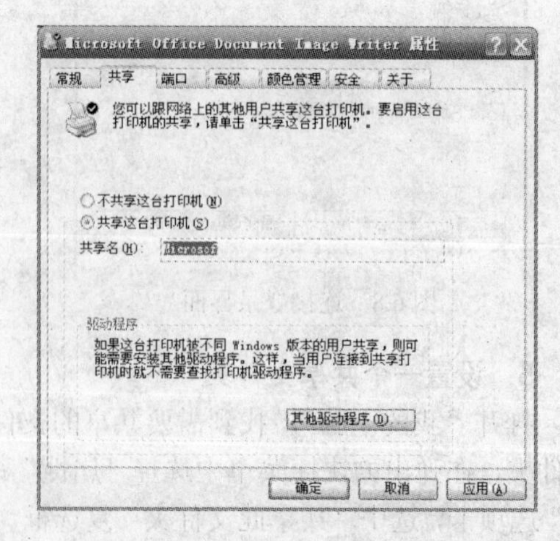

图 6.13　打印机属性对话框

实验二　IE 浏览器的使用

一、实验目的和要求

1．掌握 IE 浏览器的启动及对浏览器进行设置的方法。

2．熟悉在网上查找和保存信息的方法。

3．熟悉管理收藏夹的方法。

二、实验内容与指导

1．启动 Internet Explorer 6.0

双击桌面上的 Internet Explorer 6.0 图标，或执行“开始”→“程序”→Internet Explorer 命令，启动 Internet Explorer 6.0，打开图 6.14 所示的界面。

2．输入网址并浏览网页

（1）在 IE 地址栏中输入网易网的网址 http://www.163.com，浏览网易的主页。

（2）单击某一文本超链接，进入相关的网页。例如，单击“新闻”超链接，打开新闻网页。

（3）单击某一图片超链接，进入相关的网页。

（4）打开某一页面，执行“文件”→“另存为”命令，将其所有内容保存到本地硬盘中。

3．将网易（www.163.com）设置为主页

（1）启动 IE 浏览器。

（2）在 IE 浏览器中，单击“工具”菜单中的“Internet 选项”命令，弹出 “Internet 选项”对话框，选择“常规”选项卡，在“主页”区域中单击“使用当前页”按钮，再单击“确定”按钮，或在 “主页”区域的“地址”栏中输入 www.163.com，再单击“确定”按钮即可，如图 6.15 所示。

图 6.14　IE 6.0 界面

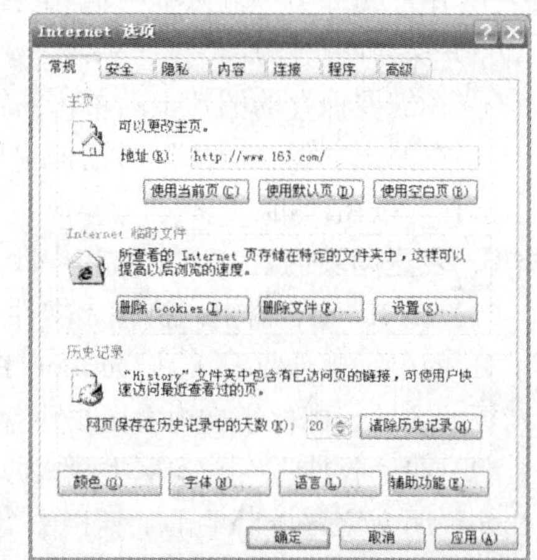

图 6.15　“Internet 选项”对话框

4．使用收藏夹

将当前主页的 URL 加入到“收藏夹”中。

（1）执行“收藏”→“添加到收藏夹”命令，弹出“添加到收藏夹”对话框，如图 6.16 所示。此时，“名称”文本框中显示了当前 Web 页的名称，用户可以自己给它重新命名。如果要选择主页的收藏位置，可单击“创建到”按钮，弹出“创建到”列表框，在该列表框中可以

创建新的文件夹。

（2）单击“确定”按钮，将 Web 页的 URL 地址存入到“个人收藏夹”中。

（3）在浏览网页时，打开“收藏”菜单或单击“收藏”按钮，就可以从中选择要浏览的网页。

5. 保存网页内容

（1）保存当前浏览的全部内容。

① 打开 IE 浏览器，执行“文件”→“另存为”命令，弹出“另存为”对话框，如图 6.17 所示。

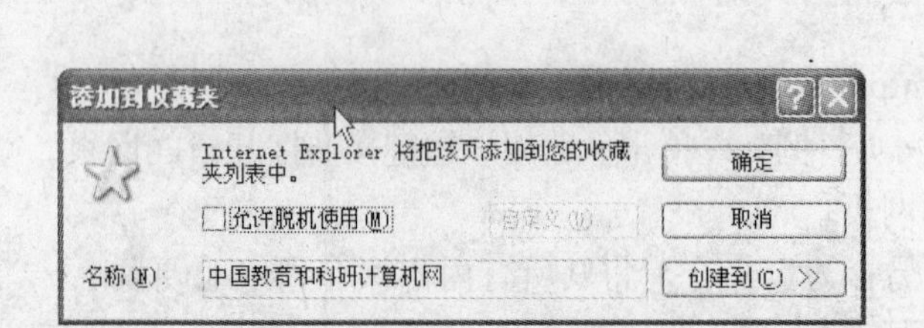

图 6.16　“添加到收藏夹”对话框

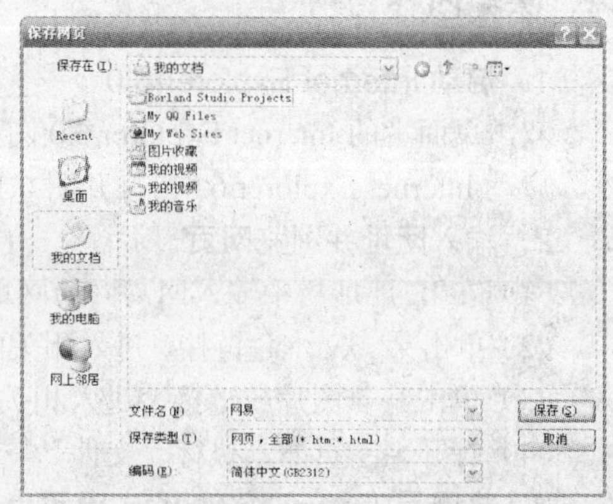

图 6.17　“另存为”对话框

② 在“保存类型”下拉列表框中设置存储格式，若以 HTML 格式存储网页，选择“HTML（*.htm；*.html）”；若以文本格式存储网页，选择“文本文件（*.txt）”。

③ 在“保存在”下拉列表框中选择保存网页文件的文件夹。

④ 在“文件名”输入框中输入文件名，然后单击“保存”按钮。

（2）保存网页图片。

① 在需要保存的图片上面单击右键，在弹出的快捷菜单中执行“图片另存为”命令。

② 在弹出“保存图片”对话框中选择要保存的目录，输入文件名称，选择保存类型，单击“保存”按钮即可。

6. 发送网页内容

（1）在 IE 浏览器中，执行“文件”→“发送”→“电子邮件页面”命令，此时屏幕上弹出了 IE 的电子邮件收发工具 Outlook Express。该窗口的邮件“主题”文本框中显示了当前浏览网页的地址，邮件正文内容区域中显示了当前网页的内容。

（2）在“收件人”文本框中输入收件人的 E-mail 地址，如果有必要还可在正文区域中写上几句说明文字，最后单击工具栏中“发送”按钮将网页内容邮寄出去。

7. 邮寄网页链接

（1）在 IE 浏览器中，执行“文件”→“发送”→“电子邮件链接”命令，弹出图 6.18 所示的 Outlook Express 邮件窗口。邮件“主题”文本框中显示了当前浏览网页的地址，正文区域显示了该网页的网址，附件中有一个扩展名为.url 的网址文件。收件人收到此邮件后双击该附件，将会自动启动浏览器并连接到发件人指定的网址，然后打开网页进行浏览。

（2）在“收件人”文本框中输入收件人的 E-mail 地址，最后单击工具栏中“发送”按钮将网页链接发送出去。

8．删除 Internet 临时文件夹的内容

（1）启动 IE 浏览器。

（2）在 IE 浏览器中，单击“工具”菜单中的“Internet 选项”，弹出“Internet 选项”对话框，如图 6.15 所示。

（3）在“常规”选项卡的“Internet 临时文件”区域中单击“删除文件”按钮即可。

9．设置 Internet 临时文件夹的大小

（1）启动 IE 浏览器。

（2）在 IE 浏览器中，单击“工具”菜单中的“Internet 选项”，弹出“Internet 选项”对话框，如图 6.15 所示。

（3）在“常规”选项卡中，单击“Internet 临时文件”区域中的“设置”按钮，弹出“设置”对话框。

（4）在“设置”对话框中，通过拖动滑块调节临时文件夹大小，如图 6.19 所示。

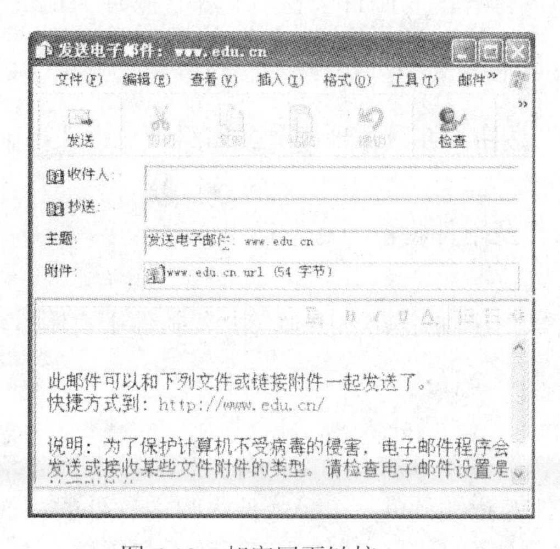

图 6.18　邮寄网页链接

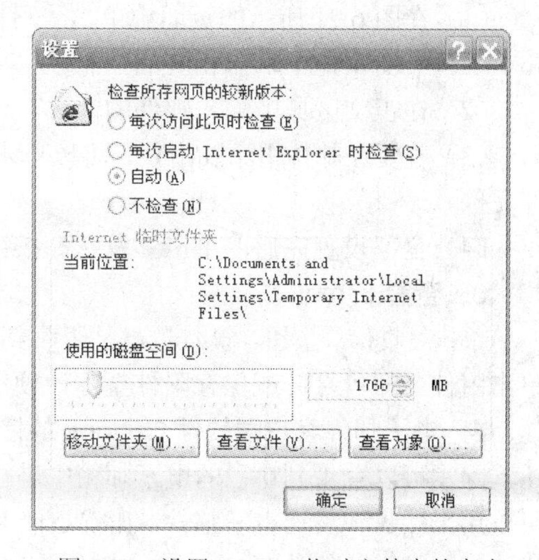

图 6.19　设置 Internet 临时文件夹的大小

实验三　电子邮件的使用

一、实验目的和要求

1．掌握电子邮件的相关概念。

2．学会申请电子邮件账号并使用电子邮件。

二、实验内容与指导

1．申请免费电子邮箱账号

（1）打开 IE 浏览器，在地址栏中输入网易 126 的网址 http://www.126.com，打开网易 126 邮局的主页，如图 6.20 所示。

（2）单击左侧的“注册”按钮，打开 126 邮箱的注册向导，并按照向导要求一步一步填写。

（3）申请成功后，用申请到的账号进行登录并打开邮箱，如图 6.21 所示。

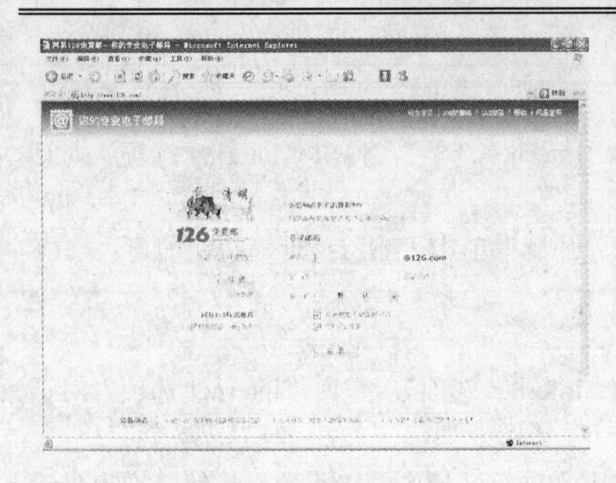

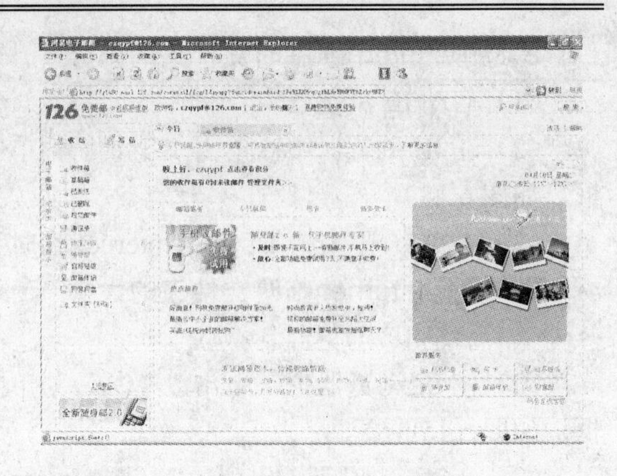

图 6.20　网易 126 邮局主页

图 6.21　进入 126 邮箱

2．发送 E-mail

（1）在图 6.21 所示的页面中单击“写信”按钮，打开“写邮件”窗口，在“收件人地址”和“主题”文本框中输入相应的信息。

（2）在正文区域中输入邮件的内容。

（3）若要在邮件中添加附件，可以单击“附件”按钮，并从本地硬盘或网络硬盘中选择附件文件。

（4）全部设置完后，单击“发送”按钮，该邮件及附件将被一起发送出去。

3．查看 E-mail

单击“收信”按钮，查看自己是否收到新邮件。双击新邮件可打开浏览，若邮件中有附件，单击附件名即可打开或保存附件至本地硬盘中。

4．电子邮件客户端软件 Outlook 的使用

除了可以登录到自己的电子邮箱中进行电子邮件的接收和发送外，还有一种更方便的方式可以用来接收和发送电子邮件，那就是使用电子邮件客户端软件。电子邮件客户端软件的种类比较多，常用的软件有 Outlook、Foxmail 等，这些软件在收发电子邮件的功能上都比较齐全，各有特点。

Outlook 是微软公司的软件产品，应用广泛，操作简单。下面就以 Outlook 为例，通过配置 Outlook，实现使用 Outlook 这个电子邮件客户端来进行电子邮件的接收和发送。

（1）启动 Outlook。如果是第一次启动 Outlook，将有一个 Outlook 的启动向导，可以按照向导启动 Outlook。使用 Outlook 启动向导启动 Outlook 的步骤如下所述。

① 在桌面上双击“Microsoft Outlook”图标，或单击任务栏的“开始”按钮，打开“开始”菜单，单击“程序”菜单中的 “Microsoft Outlook”菜单项，打开 Outlook 2000 的启动向导。

②单击“下一步”按钮，进入下一个步骤，在这个步骤中，向导询问是否使用原来的 Outlook 配置，选择选项“否”前的单选按钮后，单击“下一步”按钮。

③ 在出现的对话框中选择“仅用于 Internet”选项前的单选按钮，单击“下一步”按钮，完成启动的设置，启动 Outlook 的程序窗口如图 6.22 所示。

④ 第一次启动 Outlook 后，以后再启动时，只要在桌面上双击 Microsoft Outlook 图标，或选择“开始”菜单“程序”子菜单中的 Microsoft Outlook 菜单项，就能直接启动图 6.22 所示的程序窗口，而不需要经过以上配置过程。

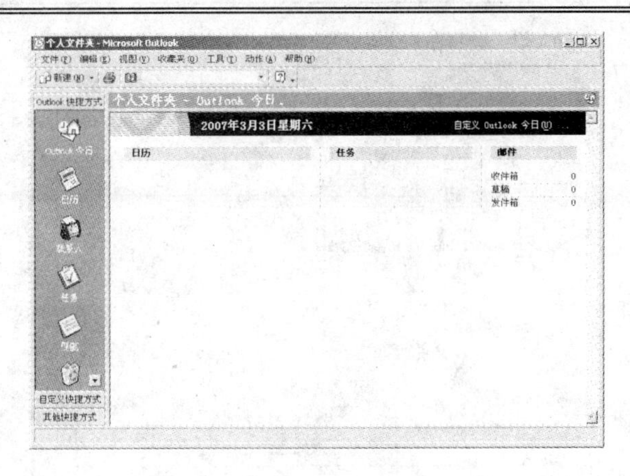

图 6.22　Outlook 的程序窗口

（2）账号的设置。

从实质上说，Outlook 并不能直接接收和发送电子邮件，它仅仅作为一个客户端，要借助电子邮箱服务器来进行电子邮件的接收和发送。

因此，启动 Outlook 后，并不能直接使用 Outlook 来进行邮件的接收和发送，必须先进行邮箱账号的配置，也就是新建一个邮箱账号。新建一个邮箱账号的操作步骤如下所述。

① 启动 Outlook 后，选择“工具”菜单中的“账户”命令，打开“Internet 账户”对话框，并单击选择“邮件”选项卡，如图 6.23 所示。

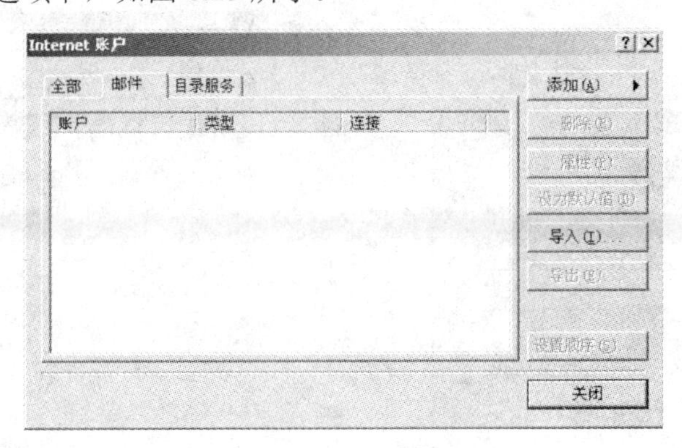

图 6.23　“邮件”选项卡

② 单击“添加”按钮，在弹出的菜单中选择“邮件”命令，打开创建新邮件账户的向导对话框，填入电子邮箱用户的姓名（具体可由用户自己确定）。

③ 单击“下一步”按钮，填入电子邮件的地址，即用户在邮件服务器申请到的电子邮箱的地址，如 Example@163.com。

④ 单击“下一步”按钮，出现图 6.24 所示的对话框，分别填入由 ISP 提供的接收邮件服务器 POP3 和发送邮件服务器域名。

⑤ 单击“下一步”按钮，分别填入账号名（即电子邮件地址字符@前的用户标识）和打开邮箱的密码。

⑥ 单击“下一步”按钮，出现一个标有“祝贺您”的对话框，表示设置完成。单击“完成”按钮保存设置，并返回到“邮件”选项卡，再单击“关闭”按钮。此时，账号的设置完成。

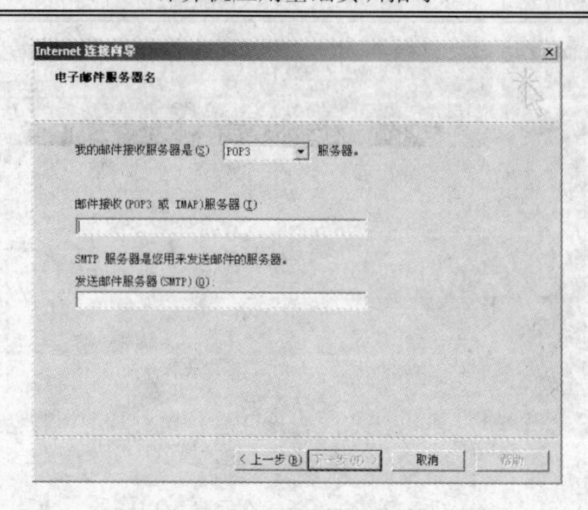

图 6.24　“Internet 连接向导”对话框

（3）接收电子邮件。接收电子邮件的步骤如下所述。

① 在打开的 Outlook 窗口中，单击“发送和接收”按钮或执行“工具”→“发送和接收”子菜单，从中需要接收邮件的账户。

② Outlook 开始连接邮件服务器，连接成功后，弹出登录对话框，如图 6.25 所示。

③ 在登录对话框中输入用户名和密码后，单击“确定”按钮，Outlook 就开始从邮件服务器上接收电子邮件了，如图 6.26 所示。

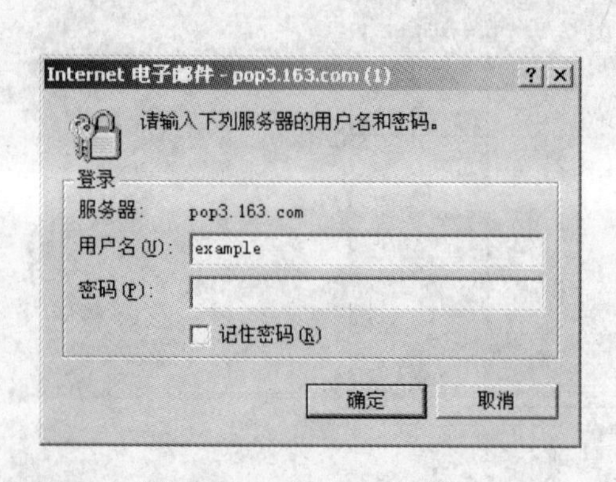

图 6.25　“登录”对话框

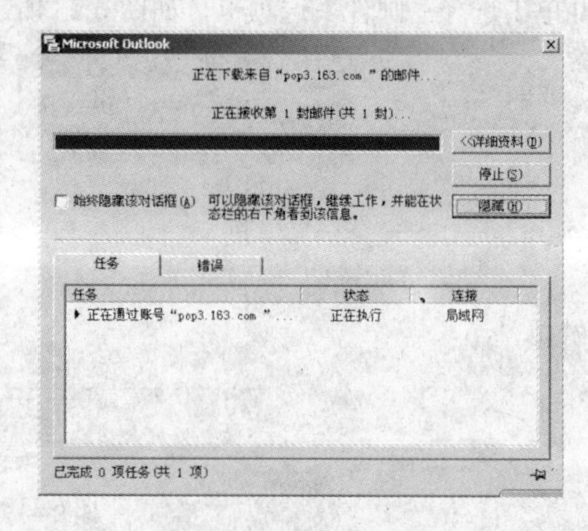

图 6.26　接收电子邮件

（4）发送电子邮件。发送电子邮件的步骤如下所述。

① 在打开的 Outlook 窗口中，选择“新建”按钮或选择“文件”→“新建”→“邮件”命令，打开新建邮件窗口，如图 6.27 所示。

② 在“收件人”文本框中输入发送目的邮件地址，并填写“主题”和“邮件正文”，再单击“发送”按钮，新建邮件对话框消失。

③ 此时，邮件并没有发送，必须继续选择“工具”菜单中的“发送”命令（也可以单击“发送和接收”按钮），邮件才开始发送。

④ 在发送的过程中，也会出现图 6.25 所示的登录对话框，在这个对话框中填写正确的用户名和密码后，邮件开始发送，如图 6.28 所示。

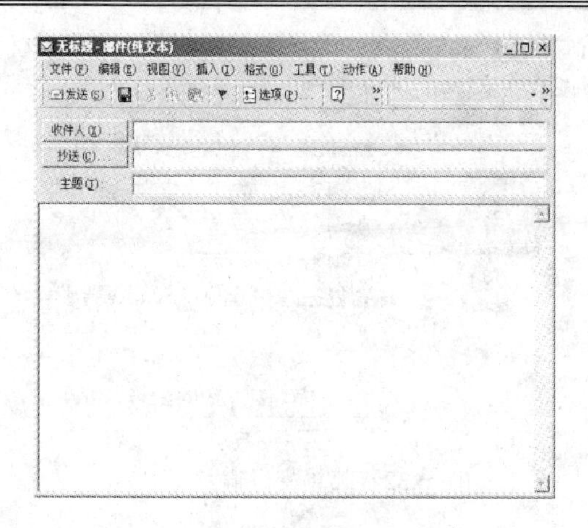

图 6.27　新建邮件窗口

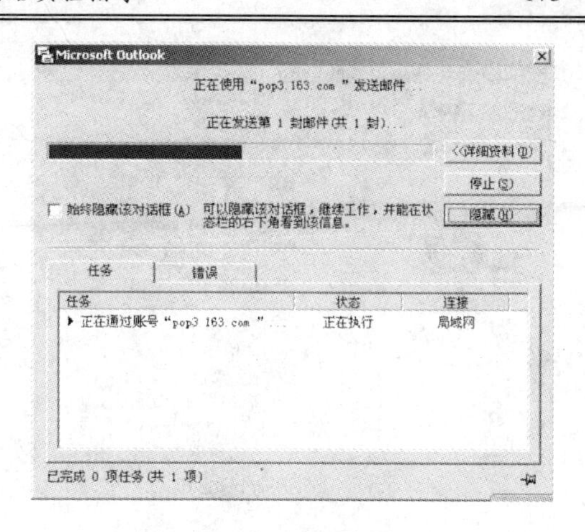

图 6.28　发送电子邮件

5. 电子邮件客户端软件 Foxmail 的使用

Foxmail 是一个非常优秀的国产电子邮件客户端软件，支持几乎所有的 Internet 电子邮件功能。Foxmail 程序小巧，使用方便，可以快速地发送邮件。新版的 Foxmail 还提供了强大的反垃圾邮件功能，提供的邮件加密功能确保了电子邮件的真实性和安全性。通过 Foxmail 还能够实现阅读和发送国际邮件（支持 Unicode）、地址簿同步、以嵌入方式显示附件图片、增强本地邮箱邮件搜索等功能。下面就来介绍它具体的使用方法。

（1）建立用户账户。

使用 Foxmail 的第一步是建立用户账户，这个账户对应一个邮箱，用来收发该账户的信件。

① 安装完 Foxmail 之后，就会自动启动并出现图 6.29 所示的用户向导窗口，单击“下一步”按钮。

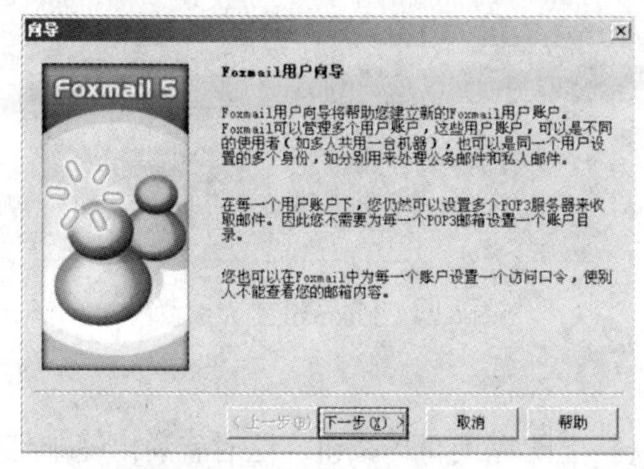

图 6.29　Foxmail 用户向导窗口

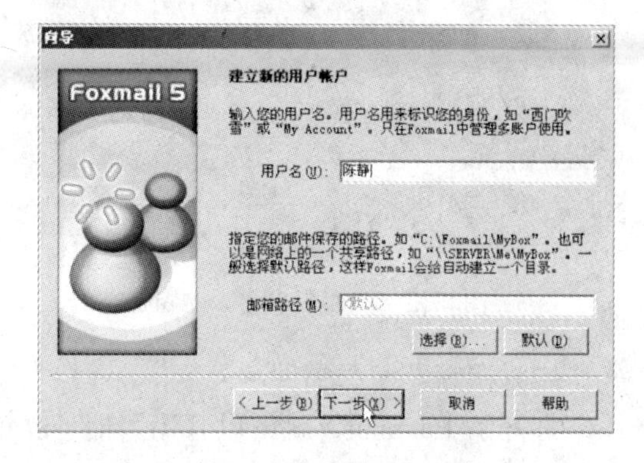

图 6.30　建立用户账户窗口

② 填写账户名称（任取）和邮箱的路径，这里的路径采用默认值（Foxmail 的安装路径下）即可，如图 6.30 所示，然后单击“下一步”按钮。

③ 这一步要建立与这个账户连接的电子邮箱，如图 6.31 所示。在“发送者姓名”中填写发送者的名字，在以后的信件撰写中，这个姓名就会自动添加上。在“邮件地址”中填入邮件地址，然后单击“下一步”按钮。

④ 在接下来的窗口中，除了“密码”文本框需要填写自己的电子邮箱的登录密码外，其他的都采用默认值，这些值实际上是 Foxmail 按照刚才输入的邮件地址自动添加的，如图 6.32 所示，单击“下一步”按钮。

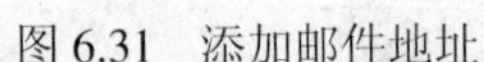
图 6.31　添加邮件地址

图 6.32　邮箱密码输入窗口

⑤ 最后一步同样可以按照默认值进行设置。单击“完成”按钮，就完成了账户的建立，如图 6.33 所示。

提示：一般 SMTP 邮件服务器都需要身份认证，所以需要选中“SMTP 服务器需要身份认证”复选框。如果需要在服务器上保留邮件备份，需要选中“保留服务器备份，即邮件接收后不从服务器删除”复选框。

⑥ 单击“完成”按钮后，打开 Foxmail 的主界面，如图 6.34 所示。可以看到刚才建立的账户“陈静”和相应的文件夹出现在主界面的左侧的窗口中。

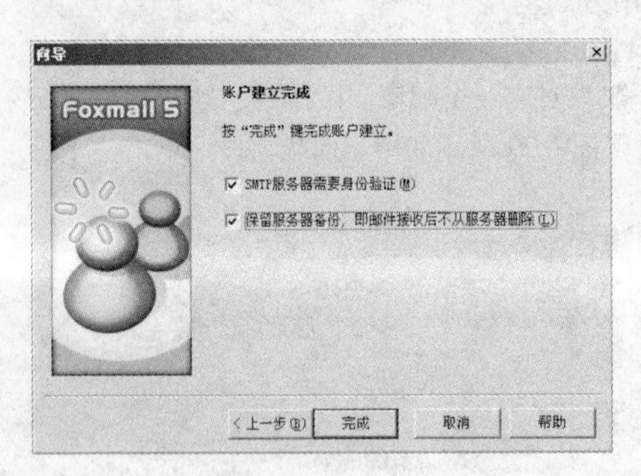

图 6.33　完成账户建立的窗口

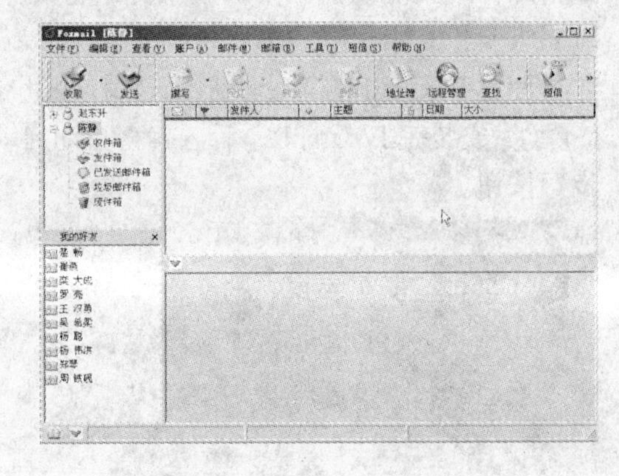

图 6.34　Foxmail 主界面窗口

（2）撰写及发送邮件。

打开了 Foxmail，就可以开始写信了。单击工具栏上的“撰写”按钮，这时就弹出写邮件的窗口，如图 6.35 所示。

首先看到在下面的窗口已经给出了中文信件的基本格式，也可以删掉这个格式，而采用自己常用的格式。此外，发信人的姓名和邮箱也自动添加在信纸上了，这时就可以在该窗口写邮件了。

如果需要在电子邮件中传递其他文件，可以单击工具栏上的“附件”按钮来添加，这时打开“打开”对话框，如图 6.36 所示。注意，一次只能添加一个文件，而不能添加一个文件夹里的所有内容。

选择好需要发送的文件后，单击“打开”按钮，就可以看到该文件出现在写邮件的窗口中，如图 6.37 所示。

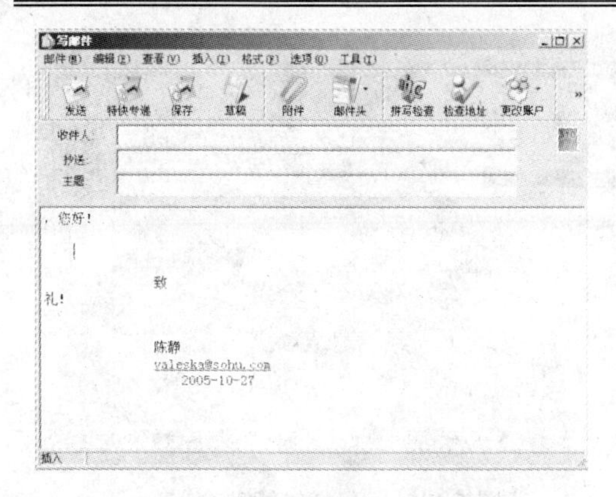

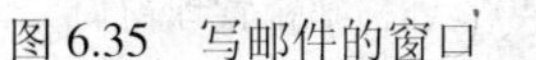

图 6.35　写邮件的窗口

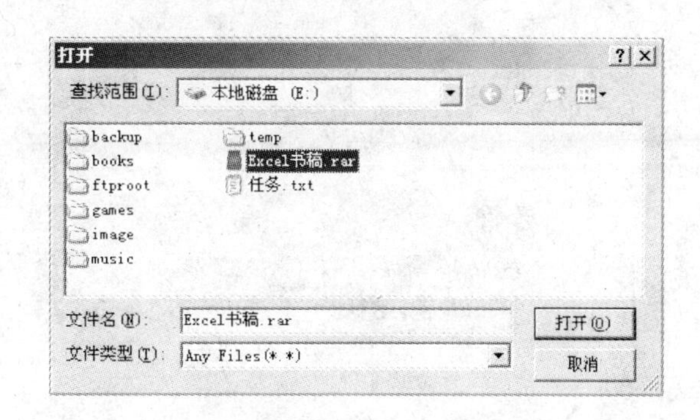

图 6.36　“打开”对话框

在“收件人”文本框中填上收件人的邮箱地址，写好主题，单击工具栏上的“发送”按钮，就可以发送邮件，如图 6.38 所示。

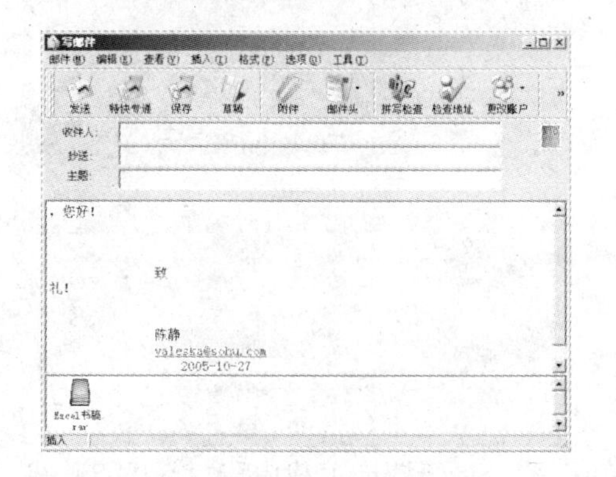

图 6.37　附件已被添加上的窗口

图 6.38　正在发送邮件的窗口

（3）接收邮件。使用 Foxmail 收取信件，免去了登录网页的烦琐操作，在选定了用户之后，单击工具栏上的“收取”按钮，即能完成收信任务。收完信件之后，单击账户下面的“收件箱”，就可以看到信件了，如图 6.39 所示。

拨号上网用户可以设置 Foxmail 自动连接网络收发邮件。执行“选项”→“系统设置”命令，在弹出的“设置”对话框中选择“网络”选项卡，然后选择“自动拨号上网”。选择“收发邮件后自动断线”选项后可以使 Foxmail 在完成任务后自动断开与网络的连接。在“设置”对话框中选择“常规”选项，然后选中“系统启动时，自动运行 Foxmail”复选框，这样就可以在开机时自动上网收发邮件了。

（4）邮箱的远程管理。

接收邮件的时候，可能会接收到一些垃圾邮件甚至带有病毒的邮件，通过 Foxmail 提供的远程邮箱管理，可以有选择地下载邮件。删除在服务器上的邮件等操作。

单击 Foxmail 工具栏中的“远程管理”按钮，登录的窗口消失后可以看到“远程邮箱管理”的窗口，单击工具栏中的“新信息”按钮，可以看到右边的窗口中列出了当前服务器上的信件，如图 6.40 所示，这些信件都还没有下载到本地电脑上。

在该窗口中，可以方便地对远在服务器上的邮件进行操作，如删除操作、收取后再删除操作等，免去了浏览服务器网页的烦恼。

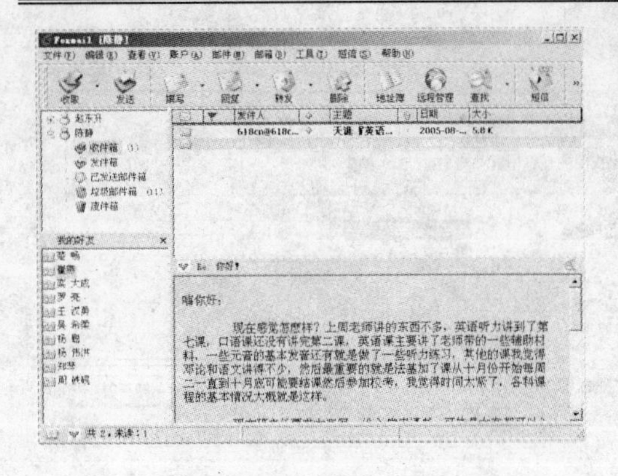

图 6.39　收件箱窗口

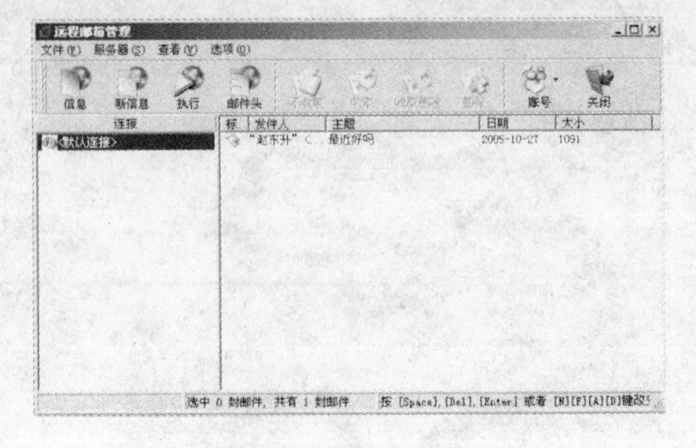

图 6.40　远程邮箱管理窗口

提示：单击“新信息”按钮可以刷新在服务器上的信息。

实验四　常用 Internet 工具的使用

一、实验目的和要求

1. 学会使用 FlashGet 下载文件。
2. 学会使用 BitComet 下载数据。
3. 学会使用 QQ 联络通信。

二、实验内容与指导

1. 下载并使用 FlashGet

FlashGet 是全球使用人数最多的下载工具，能高速、安全、便捷地下载电影、音乐、游戏、视频、软件、图片等，可支持多种资源格式。

FlashGet 采用基于业界领先的 MHT 下载技术给用户带来超高速的下载体验；全球首创 SDT 插件预警技术充分确保安全下载；兼容 BT、传统（HTTP、FTP 等）等多种下载方式让用户充分享受互联网海量下载的乐趣。

（1）打开 IE 浏览器，在地址栏中输入网址 http://www.flashget.com，打开快车主页，如图 6.41 所示。

图 6.41　快车主页

（2）单击“立即下载”按钮，下载 FlashGet 软件，并保存至本地硬盘中。

（3）双击 FlashGet 安装文件，并根据向导的提示进行安装。

（4）打开比特彗星主页 http://www.bitcomet.com，并用 FlashGet 下载 BitComet。

2. 使用 BitComet

BitComet 是一个完全免费的 BitTorrent（BT）下载管理软件，也称 BT 下载客户端，同时也是一个集 BT/HTTP/FTP 为一体的下载管理器。BitComet 拥有多项领先的 BT 下载技术，有边下载边播放的独有技术，也有方便自然的使用界面。最新版又将 BT 技术应用到了普通的 HTTP/FTP 下载，可以通过 BT 技术加快普通下载速度。

（1）启动 BitComet，单击工具栏上的“收藏”按钮，打开收藏频道，双击某个 BT 发布站点，如 BT@China，打开其主页。

（2）选择要下载的文件，单击链接，设置保存路径后进行下载。

3. QQ 的使用

（1）打开 IE 浏览器，在地址栏中输入网址 http://www.qq.com，找到 QQ 的下载链接并用 FlashGet 进行下载。

（2）安装 QQ，并根据向导的提示申请免费 QQ 号码。

（3）将老师或同学的 QQ 号码添加为好友，并向对方发送消息或传送文件。

练　习　题

一、单项选择题

1. 如果计算机要以电话拨号方式接入 Internet，则必须使用（　　）。

A. 调制解调器　B. 网卡　C. Windows NT　D. 解压卡

2. 一个用户要想使用电子邮件功能，应当（　　）。

A. 使自己的计算机通过网络得到一个网上 E-mail 服务器的服务支持

B. 把自己的计算机通过网络与附近的一个邮局连起来

C. 通过电话得到一个电子邮局的服务支持

D. 向附近的一个邮局申请，办理建立一个自己专用的信箱

3. 目前网络传输介质中传输速率最高的是（　　）。

A. 双绞线　B. 同轴电缆　C. 光缆　D. 电话线

4. 选择网卡的主要依据是组网的拓扑结构、（　　）、网络段的最大长度和节点之间的距离。

A. 接入网络的计算机种类　B. 使用传输介质的类型

C. 使用网络操作系统的类型　D. 互联网络的规模

5. 在计算机网络中，表征数据传输可靠性的指标是（　　）。

A. 传输率　B. 误码率　C. 信息容量　D. 频带利用率

6. 电子邮件是 Internet 应用最广泛的服务项目，通常采用的传输协议是（　　）。

A. SMTP　B. TCP/IP　C. CSMA/CD　D. IPX/SPX

7. 下列四项内容中，不属于 Internet 的基本功能是（　　）。

A. 电子邮件　B. 文件传输　C. 远程登录　D. 实时监测控制

8. 与 Web 网站和 Web 页面密切相关的一个概念称“统一资源定位器”，它的英文缩写是（　　）。

A．UPS　　B．USB　　C．ULR　　D．URL

9．网络互联设备通常分成以下四种，在不同的网络间存储并转发分组，必要时可通过（　　）进行网络层上的协议转换。

A．重发器　　B．网关　　C．协议转换器　　D．桥接器

10．计算机通信就是将一台计算机产生的数字信息通过（　　）传送给另一台计算机。

A．数字信道　　B．通信信道

C．模拟信道　　D．传送信道

11．在下列四项中，不属于 OSI（开放系统互联）参考模型七个层次的是（　　）。

A．会话层　　B．数据链路层

C．用户层　　D．应用层

12．以（　　）将网络划分为广域网（WAN）、城域网（MAN）和局域网（LAN）。

A．接入的计算机多少　　B．接入的计算机类型

C．拓扑类型　　D．地理范围

13．域名是 Internet 服务提供商（ISP）的计算机名，域名中的后缀.gov 表示机构所属类型为（　　）。

A．军事机构　　B．政府机构

C．教育机构　　D．商业公司

14．根据域名代码规定，域名为 Katong.com.cn 表示的网站类别应是（　　）。

A．教育机构　　B．军事部门

C．商业组织　　D．国际组织

15．在计算机网络中，通常把提供并管理共享资源的计算机称为（　　）。

A．服务器　　B．工作站

C．网关　　D．网桥

16．在多媒体计算机系统中，不能用以存储多媒体信息的是（　　）。

A．磁带　　B．光缆　　C．磁盘　　D．光盘

17．OSI 的中文含义是（　　）。

A．网络通信协议　　B．国家信息基础设施

C．开放系统互联参考模型　　D．公共数据通信网

18．为了能在网络上正确地传送信息，制定了一整套关于传输顺序、格式、内容和方式的约定，称之为（　　）。

A．OSI 参考模型　　B．网络操作系统

C．通信协议　　D．网络通信软件

19．衡量网络上数据传输速率的单位是每秒传送多少个二进制位，记为（　　）。

A．bps　　B．OSI　　C．Modem　　D．TCP/IP

20．局域网常用的基本拓扑结构有（　　）、环形和星形。

A．层次型　　B．总线型　　C．交换型　　D．分组型

21．目前，局域网的传输介质（媒体）主要是（　　）、同轴电缆和光纤。

A．电话线　　B．双绞线　　C．公共数据网　　D．通信卫星

22．在局域网中的各个节点上，计算机都应在主机扩展槽中插有网卡，网卡的正式名称是（　　）。

A．集线器 B．T 形接头（连接器）
C．终端匹配器（端接器） D．网络适配器

23．调制解调器用于完成计算机数字信号与（ ）之间的转换。
A．电话线上的数字信号 B．同轴电缆上的音频信号
C．同轴电缆上的数字信号 D．电话线上的音频信号

24．所谓互联网，指的是（ ）。
A．同种类型的网络及其产品相互连接起来
B．同种或异种类型的网络及其产品相互连接起来
C．大型主机与远程终端相互连接起来
D．若干台大型主机相互连接起来

25．计算机网络的发展，经历了由简单到复杂的过程。其中最早出现的计算机网络是（ ）。
A．Internet B．Ethernet C．ARPAET D．PSDN

26．因特网是一个（ ）。
A．局域网 B．互联网 C．以太网 D．万维网

27．TCP/IP 是因特网的（ ）。
A．一种服务 B．一种功能 C．通信协议 D．通信线路

28．直接接入因特网的每一台计算机（节点主机）都必须有一个（ ）。
A．IP 地址 B．E-mail 地址 C．域名 D．用户名和密码

29．因特网 E-mail 服务的中文名称是（ ）。
A．电子邮件 B．网上交谈 C．网上浏览 D．网络下载

30．通过 Internet 发送或接收电子邮件的首要条件是应该有一个电子邮件地址，它的正确形式是（ ）。
A．用户名@域名 B．用户名#域名
C．用户名/域名 D．用户名.域名

31．计算机网络的目标是实现（ ）。
A．数据处理 B．文献检索
C．资源共享和信息传输 D．信息传输

32．下列属于微机网络所特有的设备是（ ）。
A．显示器 B．UPS 电源 C．服务器 D．鼠标器

33．计算机网络的最突出的优点是（ ）。
A．存储容量大 B．资源共享 C．运算速度快 D．运算精确

34．（ ）是网络的心脏，它提供了网络最基本的核心功能，如网络文件系统、存储器的管理和调度等。
A．服务器 B．工作站 C．服务器操作系统 D．通信协议

35．计算机网络中的所谓“资源”是指硬件、软件和（ ）资源。
A．通信 B．系统 C．数据 D．资金

二、填空题

1．在计算机网络中，通信双方必须共同遵守的规则或约定，称为________。

2．计算机网络是由负责信息处理并向全网提供可用资源的资源子网和负责信息传输的

子网组成。

3. 提供网络通讯和网络资源共享功能的操作系统称为________。
4. 计算机网络最本质的功能是实现________。
5. 目前，广泛流行的以太网所采用的拓扑结构是________。
6. ________过程将数字化的电子信号转换成模拟化的电子信号，再送上通信线路。
7. 局域网是一种在小区域内使用的网络，其英文缩写为________。
8. 某因特网用户的电子邮件地址为 llanxi@yawen.kasi.com，这表明该用户在其邮件服务器上的（邮箱）账户名是________。
9. 某局域网主干传输速率为 1000Mbps，这意味着每秒传输________个二进制位的信息。
10. “国家顶层域名”代码中，中国的代码是________。

附录A 等级考试模拟试题

一级B模拟练习（一）

一、选择题（共20题，每题1分）

1. 计算机界常提到的“2000年问题”指的是（　　）。
   A．计算机在2000年大发展的问题
   B．计算机病毒在2000年大泛滥的问题
   C．NC和PC在2000年平起平坐的问题
   D．有关计算机处理日期的问题
2. 计算机内部采用二进制表示数据信息，二进制的一个主要优点是（　　）。
   A．容易实现　　B．方便记忆
   C．书写简单　　D．符合人们的习惯
3. 第二代计算机所使用的主要逻辑器件为（　　）。
   A．电子管　　B．集成电路
   C．晶体管　　D．中央处理器
4. 计算机辅助设计简称（　　）。
   A．CAT　　B．CAM　　C．CAI　　D．CAD
5. 下列关于硬件系统的说法，不正确的是（　　）。
   A．硬件是指物理上存在的机器部件
   B．硬件系统包括运算器、控制器、存储器、输入设备和输出设备
   C．键盘、鼠标和显示器等都是硬件
   D．硬件系统不包括存储器
6. 把内存中的数据传送到计算机的硬盘称为（　　）。
   A．显示　　B．读盘　　C．输入　　D．写盘
7. 如果键盘上的（　　）指示灯亮着，表示此时输入英文的大写字母。
   A．Caps Lock　　B．Num Lock
   C．Scroll Lock　　D．以上答案都不对
8. 微型计算机的中央处理器每执行一条（　　），就完成一步基本运算或判断。
   A．命令　　B．指令　　C．程序　　D．语句
9. 下列选项的叙述中，正确的是（　　）。
   A．如果CPU向外输出20位地址，则它能直接访问的存储空间可达1MB
   B．PC在使用过程中突然断电，SRAM中存储的信息不会丢失
   C．PC在使用过程中突然断电，DRAM中存储的信息不会丢失
   D．外存储器中的信息可以直接被CPU处理
10. SRAM存储器是（　　）。
    A．静态随机存储器　　B．静态只读存储器
    C．动态随机存储器　　D．动态只读存储器

11. 十进制数 66 转换成二进制数为（　　）。

A. 111101　　B. 1000001　　C. 1000010　　D. 100010

12. 在微型计算机的汉字系统中，一个汉字的内码占（　　）个字节。

A. 1　　B. 2　　C. 3　　D. 4

13. 下列等式中，正确的是（　　）。

A. 1KB ＝ 1024×1024B　　B. 1MB ＝ 1024B

C. 1KB ＝ 1024MB　　D. 1MB ＝ 1024KB

14. 下列各组设备中，全部属于输入设备的一组是（　　）。

A. 键盘、磁盘和打印机　　B. 键盘、扫描仪和鼠标

C. 键盘、鼠标和显示器　　D. 硬盘、打印机和键盘

15. 某单位的财务管理软件属于（　　）。

A. 工具软件　　B. 系统软件　　C. 编辑软件　　D. 应用软件

16. 将高级语言编写的程序翻译成机器语言程序，采用的两种翻译方式是（　　）。

A. 编译和解释　　B. 编译和汇编

C. 编译和连接　　D. 解释和汇编

17. 计算机病毒是一种（　　）。

A. 特殊的计算机部件　　B. 游戏软件

C. 人为编制的特殊程序　　D. 能传染的生物病毒

18. Internet 提供的服务有很多种，（　　）表示电子公告。

A. E-mail　　B. FTP　　C. WWW　　D. BBS

19. 在一个计算机房内要实现所有计算机联网，一般应选择（　　）。

A. GAN　　B. MAN　　C. LAN　　D. WAN

20. 下列域名书写正确的是（　　）。

A. _catch.gov.cn　　B. catch.gov.cn

C. catch，edu，cn　　D. catch..gov.cn1

二、文字录入题（共 15 分）

电脑的学名为电子计算机，是由早期的电动计算器发展而来的。1945 年，世界上出现了第一台电子数字计算机 ENIAC，用于计算弹道。ENIAC 是由美国宾夕法尼亚大学莫尔电工学院制造的，它的体积庞大，占地面积 170 多平方米，重量约 30 吨，消耗近 100 千瓦的电力。显然，这样的计算机成本很高，使用不便。1956 年，晶体管电子计算机诞生了，这是第二代电子计算机，只要几个大一点的柜子就可将它容下，运算速度也大大提高了。1959 年出现的是第三代集成电路计算机。

三、操作题（共 20 分）

1. 在 C 盘中建立一个名为“学生文件夹”的文件夹。

2. 在学生文件夹下建立 exer 和 user 两个文件夹。

3. 在学生文件夹下的 user 文件夹中创建 user1 文件夹，在学生文件夹下的 exer 文件夹中创建 exer1 文件夹。

4. 在学生文件夹下的 user\user1 子文件夹中新建 user.txt 和 practice.txt 两个文件。

5. 在 C 盘中搜索 WDREAD9.TXT 文件，并将该文件复制到学生文件夹下的 exer\exer1 子文件夹中，改名为 ractice2.txt。

四、Word 操作题（共 25 分）

1．制作一个 4 行 3 列的表格，要求表格的各单元格宽度为 4.8 厘米，按图 A.1 所示的表格样式对表格进行必要的拆分和合并操作，并以 w1.doc 为文件名保存。

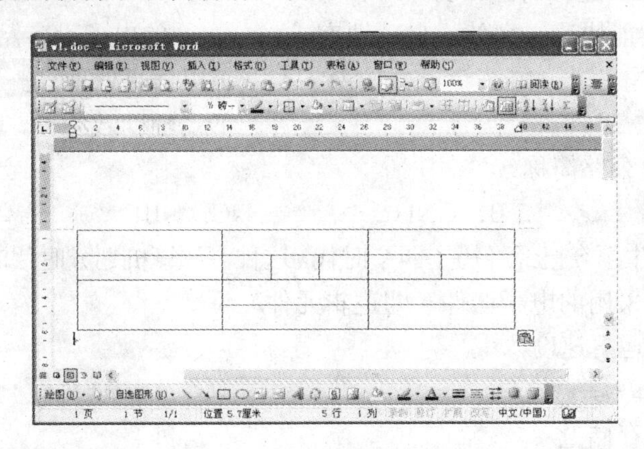

图 A.1　w1.doc

2．复制上面的表格，并将复制的表格中的第一列删除，各单元格的高度修改为 20 厘米，并以 w1b.doc 为文件名保存。

五、Excel 操作题（共 20 分）

1．建立图 A.2 所示的数据表格（存放在 A1:E6 区域内）。

2．在 E 列中求出各款手机的全套价（公式为“＝裸机价＋入网费”或使用 SUM()函数），在 C7 单元格中利用 MIN()函数求出各款裸机的最低价。

3．绘制各型号手机全套价的簇状柱形图，要求有图例显示，图表标题为“全球通移动电话全套价柱形图（元）”，分类轴名称为“公司名称”（即 X 轴），数值轴名称为“全套价格”（即 Y 轴），完成后将图嵌入在数据表格下方（存放在 A9:F20 区域内）。

4．将当前工作表 Sheet1 更名为“手机价一览表”。

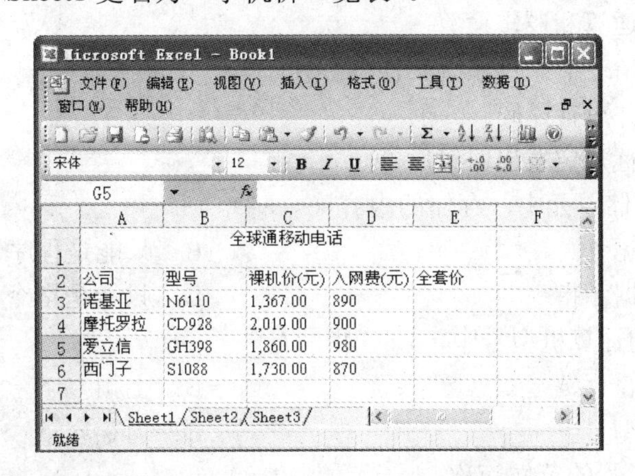

	A	B	C	D	E	F
1			全球通移动电话			
2	公司	型号	裸机价(元)	入网费(元)	全套价	
3	诺基亚	N6110	1,367.00	890		
4	摩托罗拉	CD928	2,019.00	900		
5	爱立信	GH398	1,860.00	980		
6	西门子	S1088	1,730.00	870		
7						

图 A.2　全球通移动电话源数据

一级 B 模拟练习（二）

一、选择题（共 20 题，每题 1 分）

1. 计算机是一种能快速、高效、自动地完成（　　）的电子设备。
   A. 科学计算　B. 信息处理
   C. 文字处理　D. 辅助教学
2. 国家信息高速公路简称（　　）。
   A. CNII　B. GNU　C. NII　D. ANII
3. 计算机从其诞生至今已经经历了四个时代，这种对计算机划分时代的原则是根据（　　）。
   A. 计算机所采用的电子器件（即逻辑元件）
   B. 计算机的运算速度
   C. 程序设计语言
   D. 计算机的存储量
4. 最先实现存储程序的计算机是（　　）。
   A. ENIAC　B. EDSAC　C. EDVAC　D. UNTVAC
5. CAE 是（　　）的英文简称。
   A. 计算机辅助科学　B. 计算机辅助设计
   C. 计算机辅助工程　D. 计算机辅助教学
6. 关于微型计算机系统的硬件配置，下列选项中，（　　）不是计算机的基本硬件配置。
   A. 内存　B. 显示器　C. 主板　D. 键盘
7. 在微型计算机系统中，硬件与软件的关系是（　　）。
   A. 一定条件下可以互相转化　B. 等效关系
   C. 特有的关系　D. 固定不变的关系
8. 运算器的主要功能是（　　）。
   A. 实现算术运算和逻辑运算
   B. 保存各种指令信息供系统其他部件使用
   C. 分析指令并进行译码
   D. 按主频指标规定发出时钟脉冲
9. 在计算机的存储单元中，存储的内容（　　）。
   A. 只能是数据　B. 只能是程序
   C. 可以是数据和指令　D. 只能是指令
10. Athlon1.8G 的计算机型号中，1.8G 指的是（　　）。
    A. 硬盘容量　B. 主频
    C. 微处理器型号　D. 内存容量
11. UPS 是（　　）的英文简称。
    A. 控制器　B. 存储器　C. 不间断电源　D. 运算器
12. 最大的 10 位无符号二进制整数转换成十进制数是（　　）。
    A. 511　B. 512　C. 1023　D. 1024
13. 对 ASCII 编码的描述准确的是（　　）。
    A. 使用 7 位二进制代码　B. 使用 8 位二进制代码，最左一位为 0

C．使用输入码　　D．使用8位二进制代码，最左一位为1

14．软盘的每一个扇区上可记录（　　）字节的信息。

A．1　　B．8　　C．512　　D．不一定

15．鼠标是计算机的一种（　　）。

A．输出设备　　B．输入设备

C．存储设备　　D．运算设备

16．下列4种软件中，属于系统软件的是（　　）。

A．WPS　　B．Word　　C．DOS　　D．Excel

17．下列关于解释程序和编译程序的论述中，正确的是（　　）。

A．编译程序和解释程序均能产生目标程序

B．编译程序和解释程序均不能产生目标程序

C．编译程序能产生目标程序，而解释程序则不能

D．编译程序不能产生目标程序，而解释程序能

18．防止软盘感染病毒的有效方法是（　　）。

A．对软盘进行格式化　　B．对软盘进行写保护

C．对软盘进行擦拭　　D．将软盘放到软驱中

19．下列不属于网络拓扑结构形式的是（　　）。

A．星形　　B．环形　　C．总线　　D．分支

20．域名中的int是指（　　）。

A．商业组织　　B．国际组织

C．教育组织　　D．网络支持机构

二、文字录入题（共15分）

网络计算机Network Computer（NC）是我公司的主导产品，该系列产品由软件、硬件两大系统构成。网络计算机的软件系统采用嵌入式Linux操作系统，并支持Windows和Linux两种操作系统的关键应用。网络计算机在传统NC功能的基础上进行了特殊功能的拓展，增加了音频、视频文件的播放功能，可以实现视频点播（VOD）等多媒体功能，并可根据用户需求进行定制。网络计算机具有价格低廉、使用安全和安装简便等特点。网络计算机作为商用PC和字符终端的替代产品，在金融系统、教学领域、政府办公和企业管理等方面得到了广泛的应用。

三、操作题（共20分）

1．在C盘中建立一个名为“学生文件夹”的文件夹。

2．在学生文件夹中建立名为BARE、BANK和TROUBLE的3个文件夹。

3．在学生文件夹中的TROUBLE文件夹下建立SUING子文件夹。

4．在学生文件夹中新建名为bare.cnt、trouble.txt、bank.bmp和trouble.doc的4个文件。

5．将学生文件夹中的文件trouble.txt移到TROUBLE\SUING子文件夹中。

6．将学生文件夹中的文件bank.bmp移到BANK文件夹中。

四、Word操作题（共25分）

（文档开始）

北京市人口基本情况

全市总人口：全市总人口为1381.9万人，与1990年7月1日0时第四次全国人口普查的1081.9万人相比，10年4个月共增加了300万人，增长了27.7%。平均每年增加29万人，年

平均增长率为 2.4%。

自然增长：普查时点前一年，即 1999 年 11 月 1 日至 2000 年 10 月 31 日全市出生人口为 8.1 万人，人口出生率为 6.0‰；死亡人口为 7.0 万人，人口死亡率为 5.1‰；自然增加人口为 1.1 万人，人口自然增长率为 0.9‰。

性别构成：全市人口中，男性为 720.6 万人，占总人口的 52.1%；女性为 661.3 万人，占总人口的 47.9%。性别比（以女性为 100，男性对女性的比例）为 109.0，高于 1990 年第四次全国人口普查的 107.0。

年龄构成：全市人口中，0～14 岁的人口为 187.8 万人，占总人口的 13.6%；15～64 岁的人口为 1078.6 万人，占总人口的 78.0%；65 岁及以上的人口为 115.5 万人，占总人口的 8.4%。与 1990 年第四次全国人口普查相比，0～14 岁人口的比重下降了 6.6 个百分点，65 岁及以上人口的比重上升了 2.1 个百分点。

东城区：53.6 万人。

西城区：70.7 万人。

崇文区：34.6 万人。

宣武区：52.6 万人。

朝阳区：229.0 万人。

丰台区：136.9 万人。

石景山区：48.9 万人。

海淀区：224.0 万人。

门头沟区：26.7 万人。

房山区：81.4 万人。

通州区：67.4 万人。

（文档结束）

1．设置页面左、右边距各为 2 厘米，页面纸张大小为“16 开（18.4×26 厘米）”。

2．将标题文字（北京市人口基本情况）设置为三号、紫色、宋体、居中、字符间距加宽 3 磅，并添加黄色底纹。

3．设置正文各段落（全市总人口……上升了 2.1 个百分点）左右各缩进 0.5 厘米；首字下沉 2 行。

4．将文中后 11 行文字转换为一个 11 行 2 列的表格；设置表格居中、列宽为 3 厘米，并按“列 2”降序排列表格内容。

5．设置表格内框线为 0.75 磅、单实线，外框线为 1.5 磅、绿色、单实线。

五、Excel 操作题（共 20 分）

（1）建立一个图 A.3 所示的数据表（存放在 A1:E4 的区域内），并求出每个人的出错字符数，当前工作表为 Sheet1。

（2）选择“姓名”、“输入字符数”、“出错字符数” 3 列数据，绘制一个三维簇状柱形图图表，嵌入在数据表格下方（存放在 A6:F17 的区域内）。

（3）图表标题为“统计输入文档中出错文字情况”，数值轴标题为“输入字符数”，分类轴标题为“姓名”。

（4）将当前工作表 Sheet1 更名为“员工打字情况表”。

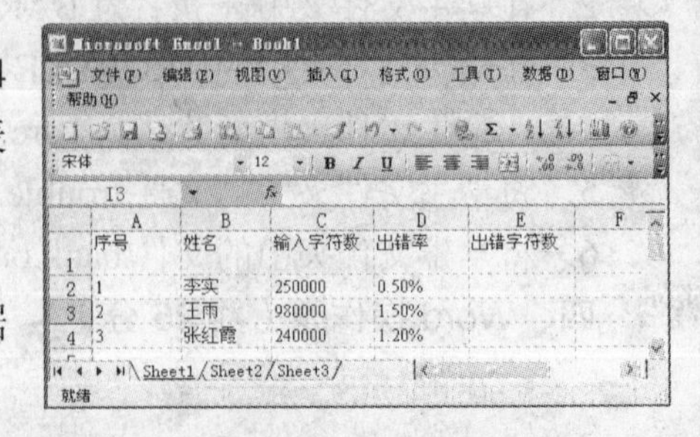

图 A.3　出错字符数源数据

一级B模拟练习（三）

一、选择题（共20题，每题1分）

1. 计算机中数据的表示形式是（　　）。

A. 八进制　　B. 十进制　　C. 二进制　　D. 十六进制

2. 计算机可分为数字计算机、模拟计算机和混和计算机，这是按（　　）进行分类的。

A. 功能和用途　　B. 性能和规律

C. 工作原理　　D. 控制器

3. 1949年，世界上第一台（　　）计算机投入运行。

A. 存储程序　　B. 微型　　C. 人工智能　　D. 巨型

4. 下列不属于计算机应用领域的是（　　）。

A. 科学计算　　B. 过程控制

C. 金融理财　　D. 计算机辅助系统

5. 计算机辅助工程简称（　　）。

A. CAD　　B. CAI　　C. CAE　　D. CAM

6. 下列有关计算机的叙述中，正确的是（　　）。

A. 计算机的主机只包括CPU

B. 计算机程序必须装载到内存中才能执行

C. 计算机必须具有硬盘才能工作

D. 计算机键盘上字母键的排列方式是随机的

7. 下列叙述中，错误的是（　　）。

A. 内存容量是指微型计算机硬盘所能容纳信息的字节数

B. 微处理器的主要性能指标是字长和主频

C. 微型计算机应避免强磁场的干扰

D. 微型计算机机房湿度不宜过大

8. 微型计算机的运算器、控制器及内存储器的总称是（　　）。

A. 主机　　B. ALU　　C. CPU　　D. MPU

9. 计算机的内存储器比外存储器（　　）。

A. 便宜　　B. 存储量大

C. 存取速度快　　D. 虽贵但能存储更多的信息

10. 对于3.5英寸软盘，移动滑块露出写保护孔，这时（　　）。

A. 只能长期保存信息，不能存取信息　　B. 能安全地存取信息

C. 只能读取信息，不能写入信息　　D. 只能写入信息，不能读取信息

11. 二进制数1111011111转换成十进制数为（　　）。

A. 990　　B. 899　　C. 995　　D. 991

12. 标准ASCII码字符集共有编码（　　）个。

A. 128　　B. 52　　C. 34　　D. 32

13. 在计算机中，用（　　）位二进制码组成一个字节。

A. 8　　B. 16　　C. 32　　D. 64

14. 下列描述中，正确的是（　　）。

A．激光打印机是击打式打印机

B．软盘驱动器是存储器

C．计算机运算速度可用每秒钟执行的指令条数来表示

D．操作系统是一种应用软件

15.（　　）属于一种系统软件，缺少它，计算机就无法工作。

A．汉字系统　　B．操作系统

C．编译程序　　D．文字处理系统

16. 一般使用高级语言编写的程序称为源程序，这种程序不能直接在计算机中运行，需要由相应的语言处理程序翻译成（　　）程序才能运行。

A．编译　　B．目标　　C．文书　　D．汇编

17. 下列选项中，不属于计算机病毒特征的是（　　）。

A．破坏性　　B．潜伏性　　C．传染性　　D．免疫性

18. 下列关于计算机病毒的叙述中，正确的选项是（　　）。

A．计算机病毒只感染.exe 或.com 文件

B．计算机病毒可以通过读写软盘、光盘或 Internet 网络进行传播

C．计算机病毒是通过电力网进行传播的

D．计算机病毒是由于软盘片表面不清洁而造成的

19. 下列有关 Internet 的叙述中，错误的是（　　）。

A．万维网就是因特网

B．因特网上提供了多种信息

C．因特网是计算机网络的网络

D．因特网是国际计算机互联网

20. 中国的域名是（　　）。

A．com　　B．uk　　C．cn　　D．jp

二、文字录入题（共 15 分）

太阳黑子，是指太阳光球层上出现的暗黑斑点，它是太阳活动明显的标志。黑子多少天文上用太阳黑子相对数表示，2000 年，太阳黑子达到顶峰期，黑子相对数高达 119.6。此后，太阳黑子逐年减少。2007 年为 7.5，2008 年为 3.7，2009 年 8 月未出现黑子，10 月黑子相对数回升为 5.1。这次太阳活动周期的太阳黑子低谷期比上次低谷期持续的时间要长。

但是太阳黑子稀少未必是中国南方部分地区遭遇罕见低温冰雪天气的原因。王思潮说，著名科学家竺可桢也曾对气候与太阳活动的关系进行大量的研究。他发现，中国长江流域的雨量与黑子多少成正比，黄河流域则相反。根据中国历史上的太阳黑子记录，黑子最多的第 4、6、9、12 和 14 世纪，反而是中国严寒日子比较多的世纪。

三、操作题（共 20 分）

1．在 C 盘中建立一个名为“学生文件夹”的文件夹。

2．在学生文件夹下建立 teacher 和 student 两个文件夹。

3．在学生文件夹下的 teacher 文件夹中创建 teacher1 文件夹，在学生文件夹下的 student 文件夹中创建 student1 文件夹。

4．在学生文件夹下的 teacher\teacher1 子文件夹中新建 user.txt 和 practice.txt 两个文件。

5. 将学生文件夹下 teacher\teacher1 子文件夹中的 practice.txt 文件移动到 student\student1 子文件夹中。

6. 将学生文件夹下的 student\student1 子文件夹中的 practice.txt 文件设置为“只读”属性。

四、Word 操作题（共 25 分）

（文档开始）

初中学龄人口高峰到来

由于人口波动的原因，2000 年前后，我国将出现初中入学高峰。根据教育部教育管理信息中心汇总的数据，1999—2003 年，小学毕业生出现明显高峰期，初中在校生随之大幅度增加，峰值为 2002 年。以 1998 年小学毕业生升学率 92.63%计，2002 年初中在校生达到 7005 万，比 1998 年增长了 30.63%。

初中教育发展面临学龄人口激增和提高普及程度的双重压力，教育需求和供给矛盾将进一步尖锐。

初中学龄人口高峰问题已引起教育部的高度重视。1999 年下半年，基础教育司义务教育处曾就此问题对河南、河北、四川、山东 4 个人口大省进行了调查。调查结果表明，全国及 4 省几年来初中入学人数激增，2001—2002 年将达到峰值，由此将引发一系列问题，其中最关键的问题是校舍和师资的不足。

初中适龄人口高峰的到来，给全国“普九”工作和“普九”验收后的巩固提高工作带来很大压力，各种矛盾非常突出，非下大决心、花大力气、用硬措施解决不可。

全国 4 省 1999—2003 年初中在校生情况表（单位：万人）

省名	1999 年	2000 年	2001 年	2002 年
河南	5843	6313	6690	7005
河北	532	620	699	743
四川	367	393	427	461
山东	606	678	695	675

（文档结束）

1. 将文中“在校生”替换为“在校学生”，并改为斜体，加下画线（单线）。

2. 第一段标题（初中学龄……到来）设置为小三号、黑体、蓝色、居中、对标题文字加红色、阴影边框（线型和宽度为默认值）。

3. 全文（除标题段和文后的表格数据外）用五号、黑体字，各段落的左、右各缩进 1.2 厘米，首行缩进 0.8 厘米。并将正文第一段（含标题是第二段）中的“峰值”二字设置为小四号、黑体、加粗。

4. 将倒数第六行的统计表标题（全国 4 省 1999—2003 年……情况表（单位：万人））设置为小四号、宋体、居中。

5. 将最后五行统计数字转换成一个 5 行 5 列的表格，表格居中、列宽 2.8 厘米，表格中的文字设置为小五号、宋体、第一行和第一列中的文字居中，其他各行各列中的文字右对齐。

五、Excel 操作题（共 20 分）

1. 建立图 A.4 所示的考生成绩数据表格（存放在 A1:F4 区域内），其中考生号为数字字符串型数据，成绩为数值型数据。

2. 在“总分”列中，计算每位考生 4 门课的考分总和，将当前工作表 Sheet1 更名为“考生成绩表”。

3．以“考生号”为横坐标，“成绩”为纵坐标，绘制各考生的各科考试成绩柱形图（簇状柱形图），并嵌入在数据表格下方（存放在A7:F17区域内），图表标题为“考生成绩图”。

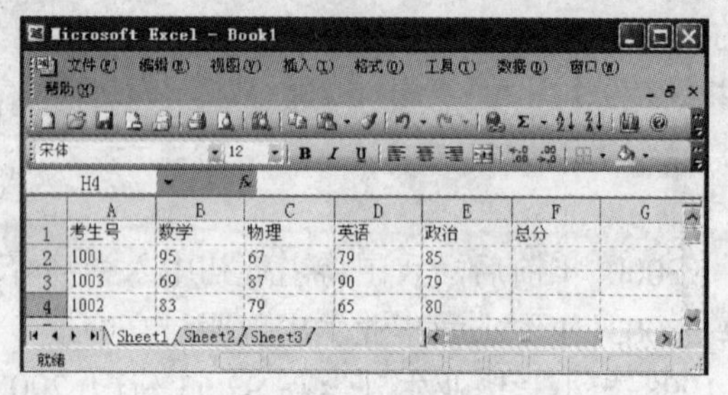

图 A.4　考生成绩源数据

4．将当前工作表Sheet1更名为“成绩表”。

一级B模拟练习（四）

一、选择题（共20题，每题1分）

1．计算机之所以能按人们的意志自动进行工作，最直接的原因是因为采用了（　　）。

A．二进制数制　　B．高速电子元件

C．存储程序控制　　D．程序设计语言

2．微型计算机主机的主要组成部分是（　　）。

A．运算器和控制器　　B．CPU和内存储器

C．CPU和硬盘存储器　　D．CPU、内存储器和硬盘

3．一个完整的计算机系统应该包括（　　）。

A．主机、键盘和显示器　　B．硬件系统和软件系统

C．主机和它的外部设备　　D．系统软件和应用软件

4．计算机软件系统包括（　　）。

A．系统软件和应用软件　　B．编译系统和应用软件

C．数据库管理系统和数据库　　D．程序、相应的数据和文档

5．微型计算机中，控制器的基本功能是（　　）。

A．进行算术和逻辑运算　　B．存储各种控制信息

C．保持各种控制状态　　D．控制计算机各部件协调一致地工作

6．计算机操作系统的作用是（　　）。

A．管理计算机系统的全部软、硬件资源，合理组织计算机的工作流程，以充分发挥计算机资源的效率，为用户提供使用计算机的友好界面

B．对用户存储的文件进行管理，方便用户

C．执行用户输入的各类命令

D．为汉字操作系统提供运行的基础

7．计算机的硬件主要包括中央处理器（CPU）、存储器、输出设备和（　　）。

A．键盘　　B．鼠标　　C．输入设备　　D．显示器

8．下列各组设备中，完全属于外部设备的一组是（　　）。

A．内存储器、磁盘和打印机　　B．CPU、软盘驱动器和RAM

C．CPU、显示器和键盘　　D．硬盘、软盘驱动器、键盘

9．五笔字型码输入法属于（　　）。

A．音码输入法　　B．形码输入法

C．音形结合的输入法　　D．联想输入法

10．一个GB-2312编码字符集中汉字的机内码长度是（　　）。

A．32位　　B．24位　　C．16位　　D．8位

11．RAM的特点是（　　）。

A．断电后，存储在其内的数据将会丢失

B．存储在其内的数据将永久保存

C．用户只能读出数据，但不能随机写入数据

D．容量大但存取速度慢

12．计算机存储器中，组成一个字节的二进制位数是（　　）。

A．4　　B．8　　C．16　　D．32

13．微型计算机硬件系统中最核心的部件是（　　）。

A．硬盘　　B．I/O设备　　C．内存储器　　D．CPU

14．无符号二进制整数10111转变成十进制整数，其值是（　　）。

A．17　　B．19　　C．21　　D．23

15．一条计算机指令中，通常包含（　　）。

A．数据和字符　　B．操作码和操作数

C．运算符和数据　　D．被运算数和结果

16．KB（千字节）是度量存储器容量大小的常用单位之一，1KB实际等于（　　）。

A．1000个字节　　B．1024个字节

C．1000个二进制位　　D．1024个字

17．计算机病毒破坏的主要对象是（　　）。

A．磁盘片　　B．磁盘驱动器

C．CPU　　D．程序和数据

18．下列叙述中，正确的是（　　）。

A．CPU能直接读取硬盘上的数据

B．CUP能直接存取内存储器中的数据

C．CPU由存储器和控制器组成

D．CPU主要用来存储程序和数据

19．在计算机的技术指标中，MIPS用来描述计算机的（　　）。

A．运算速度　　B．时钟主频

C．存储容量　　D．字长

20．局域网的英文缩写是（　　）。

A．WAM　　B．LAN　　C．MAN　　D．Internet

二、文字录入题（共15分）

当宇航员从太空中俯视我们这颗云蒸霞蔚、生机勃勃的行星时，当月球上的摄影机拍下一轮巨大的地球从月平线上升起时，我们都会为眼前的景象怦然心动。这就是我们地球母亲美丽的容颜，这就是我们人类永远的故乡。由于大气和水更多吸收太阳光谱中的红色，这颗玲珑剔透的行星便静静焕发出独特的、梦幻般的蔚蓝。地球的年龄究竟有多大？这个难题曾经考验过

许多科学家的智慧。有人想出用沉积岩形成的时间来测定，有人主张用海水含盐浓度的增加来推算，而最精确可靠、量程最大的宇宙计时器，显然要数放射性元素的蜕变了。根据对月球岩石和太阳系陨星的测定和比较，我们地球的高寿应该是46亿岁了。

三、操作题（共20分）

1．在考生文件夹下建立peixun文件夹。

2．在考生文件夹下查找所有文件大小小于 80KB 的 Word 文件，将找到的所有文件复制到peixun文件夹中。

3．将peixun文件夹中的tt.doc文件重命名为“通讯录.doc”。

4．将peixun文件夹设置为“只读”属性。

5．将peixun文件夹在资源管理器的显示方式调整为“详细资料”，并且按“日期”排列。

四、Word操作题（共25分）

（文档开始）

生硬是什么

就人而言，生硬是指人耳听到的那些东西，话音、歌声、音乐以及人们并不爱听的一些噪声都是生硬的表现形式。

从本质上说，生硬是一种振动，一个物体向后和向前运动（振动），瞬间把它附近的空气往一边推，然后返回原处时产生了一点真空，这个过程称为振动。一系列振动产生了一个波，就像把一块石头扔进水中时产生波纹一样。以波的形式运动的空气粒子使你的耳鼓膜振动，并传给内耳神经末梢，内耳神经末梢再接着把这些振动脉冲传送给大脑，大脑把它们感知为生硬。

（文档结束）

1．将文中所有错词“生硬”替换为“声音”。

2．将标题段文字（“声音是什么”）设置为二号、蓝色、空心、黑体、加粗、居中、字符间距加宽6磅。

3．将正文第一段（“就人而言……表现形式。”）设置首字下沉2行（距正文0.2厘米），其余各段文字悬挂缩进0.65厘米。

五、Excel操作题（共20分）

1．建立图A.5所示的学生比例数数据表格。

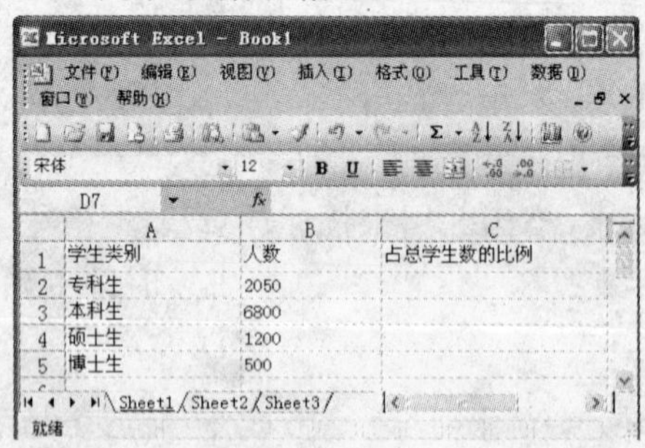

图A.5　学生比例数源数据

2．计算各类学生的比例。

3．选择“学生类别”和“占总学生数的比例”两列数据，绘制嵌入式“分离型三维饼图”。在“数据标志”选项卡中选择“百分比”数据标签，图表标题为“学生结构图”，嵌入在学生工作表的A7:F17区域中。

4．将该表格更名为“各类学生构成比例表”。

一级B模拟练习（五）

一、选择题（共20题，每题1分）

1. 世界上第一台电子计算机诞生于（　　）年。
   A. 1939　　B. 1946　　C. 1952　　D. 1958
2. 第三代计算机使用的逻辑器件是（　　）。
   A. 继电器　　B. 电子管
   C. 大规模和超大规模集成电路　　D. 中小规模集成电路
3. 计算机的三大应用领域是（　　）。
   A. 科学计算、信息处理和过程控制　　B. 计算、打字和家教
   C. 科学计算、辅助设计和辅助教学　　D. 信息处理、办公自动化和家教
4. 对计算机特点的描述中，（　　）是错误的。
   A. 无存储　　B. 精度高　　C. 速度快　　D. 会判断
5. 在计算机内部用来传送、存储、加工处理的数据或指令都是以（　　）形式进行的。
   A. 二进制码　　B. 拼音简码　　C. 八进制码　　D. 五笔字型码
6. 一般计算机硬件系统的主要组成部件有五大部分，下列选项中不属于这五大部分的是（　　）。
   A. 运算器　　B. 软件
   C. 输入设备和输出设备　　D. 控制器
7. 微型计算机中运算器的主要功能是进行（　　）。
   A. 算术运算　　B. 逻辑运算
   C. 初等函数运算　　D. 算术和逻辑运算
8. 下列关于存储器的叙述中正确的是（　　）。
   A. CPU能直接访问存储在内存中的数据，也能直接访问存储在外存中的数据
   B. CPU不能直接访问存储在内存中的数据，能直接访问存储在外存中的数据
   C. CPU只能直接访问存储在内存中的数据，不能直接访问存储在外存中的数据
   D. CPU既不能直接访问存储在内存中的数据，也不能直接访问存储在外存中的数据
9. 微型计算机Pentium 3-800，这里的“800”代表（　　）。
   A. 内存容量　　B. 硬盘容量　　C. 字长　　D. CPU的主频
10. 在下列存储器中，访问周期最短的是（　　）。
    A. 硬盘存储器　　B. 外存储器
    C. 内存储器　　D. 软盘存储器
11. 二进制数00111101转换成十进制数为（　　）。
    A. 58　　B. 59　　C. 61　　D. 65
12. 在微型计算机中，应用最普遍的字符编码是（　　）。
    A. ASCII码　　B. BCD码　　C. 汉字编码　　D. 补码
13. 下列4条叙述中，正确的一条是（　　）。
    A. 字节通常用英文单词bit来表示
    B. Pentium机的字长为5个字节
    C. 计算机存储器中将8个相邻的二进制位作为一个单位，这种单位称为字节

D．微型计算机的字长并不一定是字节的整数倍

14．静态 RAM 的特点是（　　）。

A．在不断电的条件下，其中的信息不能长时间保持不变，因而必须定期刷新才不致丢失信息

B．在不断电的条件下，其中的信息保持不变，因而不必定期刷新

C．其中的信息只能读不能写

D．其中的信息断电后也不会丢失

15．下列 4 个软件中，属于系统软件的是（　　）。

A．C 语言编译程序　　B．行政管理软件

C．Word 字处理软件　　D．工资管理软件

16．用高级程序设计语言编写的程序称为（　　）。

A．目标程序　　B．可执行程序

C．源程序　　D．伪代码程序

17．计算机病毒是（　　）。

A．一类具有破坏性的程序　　B．一类具有破坏性的文件

C．一种专门侵蚀硬盘的霉菌　　D．一种用户误操作的后果

18．HTML 的正式名称是（　　）。

A．主页制作语言　　B．超文本标识语言

C．Internet 编程语言　　D．WWW 编程语言

19．计算机网络按地理范围可分为（　　）。

A．广域网、城域网和局域网　　B．广域网、因特网和局域网

C．因特网、城域网和局域网　　D．因特网、广域网和对等网

20．下面电子邮件地址的书写格式正确的是（　　）。

A．kaoshi@sina.com　　B．kaoshi，@sina.com

C．kaoshi@，sina.com　　D．kaoshisina.com

二、文字录入题（共 15 分）

此诗望远怀人之词，寓情于境界之中。一起写平林寒山境界，苍茫悲壮。梁元帝赋云：“登楼一望，唯见远树含烟。平原如此，不知道路几千。”此词境界似之。然其写日暮景色，更觉凄黯。此两句，自内而外。“暝色”两句，自外而内。烟如织、伤心碧，皆暝色也。两句折到楼与人，逼出“愁”字，唤醒全篇。所以觉寒山伤心者，以愁之故；所以愁者，则以人不归耳。下篇，点明“归”字。“空”字，亦从“愁”字来。鸟归飞急，写出空间动态，写出鸟之心情。鸟归人不归，故云此首望远怀人之词，寓情于境界之中。

三、操作题（共 20 分）

1．在 C 盘中建立一个名为“学生文件夹”的文件夹。

2．在学生文件夹下建立名为 User1、User2 和 User3 的 3 个子文件夹。

3．在学生文件夹下的 User1 文件夹中新建 year.doc、file.txt、chap1.doc 和 taskman.exe 四个文件。

4．在学生文件夹下的 User2 文件夹中新建 Test1 文件夹和 Test2 文件夹。

5．在学生文件夹下的 User3 文件夹中新建 Year1 文件夹和 Year2 文件夹。

6．在学生文件夹下的 User3\Year2 文件夹中新建 data1.txt、data2.doc 和 data3.xls 三个文件。

四、Word 操作题（共 25 分）

（文档开始）

菩 萨 蛮

李 白

平林漠漠烟如织，寒山一带伤心碧。暝色入高楼，有人楼上愁。

玉阶空伫立，宿鸟归飞急。何处是归程，长亭更短亭。

解析：此诗望远怀人之词，寓情于境界之中。一起写平林寒山境界，苍茫悲壮。梁元帝赋云："登楼一望，唯见远树含烟。平原如此，不知道路几千。"此词境界似之。然其写日暮景色，更觉凄黯。此两句，自内而外。"暝色"两句，自外而内。烟如织、伤心碧，皆暝色也。两句折到楼与人，逼出"愁"字，唤醒全篇。所以觉寒山伤心者，以愁之故；所以愁者，则以人不归耳。下篇，点明"归"字。"空"字，亦从"愁"字来。鸟归飞急，写出空间动态，写出鸟之心情。鸟归人不归，故云此首望远怀人之词，寓情于境界之中。"空伫立"，"何处"两句，自相呼应，仍以境界结束。但见归程，不见归人，语意含蓄不尽。

（文档结束）

1. 设置字体。第一行标题为隶书，第二行为仿宋_GB2312，正文为华文行楷，最后一段"解析"为华文新魏，其余为楷体_GB2312。

2. 设置字号。第一行标题为二号，正文为四号。

3. 设置字形。"解析"加双下画线。

4. 设置对齐方式。第一行和第二行为居中对齐。

5. 设置段落缩进。正文首行缩进 2 个字符，最后一段首行缩进 2 个字符。

6. 设置行间距。第一行行间距为段前 1 行，段后 1 行，第二行行间距为段后 0.5 行，最后一段为段前 1 行。

五、Excel 操作题（共 20 分）

1. 建立图 A.6 所示的考生成绩数据表。

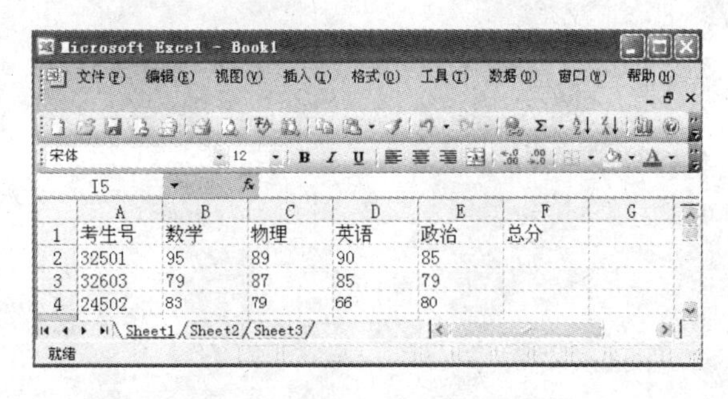

	A	B	C	D	E	F	G
1	考生号	数学	物理	英语	政治	总分	
2	32501	95	89	90	85		
3	32603	79	87	85	79		
4	24502	83	79	66	80		

图 A.6 考生成绩源数据

2. 将当前工作表 Sheet1 更名为"考生成绩表"。

3. 在"总分"列中，计算每位考生 4 门课的成绩总和（结果的数字格式为常规样式）。

4. 选"考生号"和"总分"两列数据，"考生号"为分类（X）轴标题，"总分"为数值（Y）轴标题，绘制各考生的考试成绩柱形图（簇状柱形图），嵌入在数据表格下方（存放在 A7:F17 区域内），图表标题为"考生成绩"。

反侵权盗版声明

全国信息化应用能力考试介绍

考试介绍

全国信息化应用能力考试是由工业和信息化部人才交流中心组织、以工业和信息技术在各行业、各岗位的广泛应用为基础，检验应试人员应用能力的全国性社会考试体系，已经在全国近 1000 所职业院校组织开展，年参加考试的学生超过 100000 人次，合格证书由工业和信息化部人才交流中心颁发。为鼓励先进，中心于 2007 年在合作院校设立“国信教育奖学金”，获得该项奖学金的学生超过 300 名。

考试特色

* 考试科目设置经过广泛深入的市场调研，岗位针对性强；
* 完善的考试配套资源（教学大纲、教学 PPT 及模拟考试光盘）供师生免费使用；
* 根据需要提供师资培训、考前辅导服务；
* 先进的教学辅助系统和考试平台，硬件要求低，便于教师模拟教学和考试的组织；
* 即报即考，考试次数和时间不受限制，便于学校安排教学进度。

欢迎广大院校合作咨询

工业和信息化部人才交流中心教育培训处

电话：010-88252032 转 850/828/865

E-mail：ncae@ncie.gov.cn

官方网站：www.ncie.gov.cn/ncae